나는 천재일 수 있다

THE GENIUS WITHIN

First published in 2018 by Picador an imprint of Pan Macmillan, a division of
Macmillan Publishers International Limited.

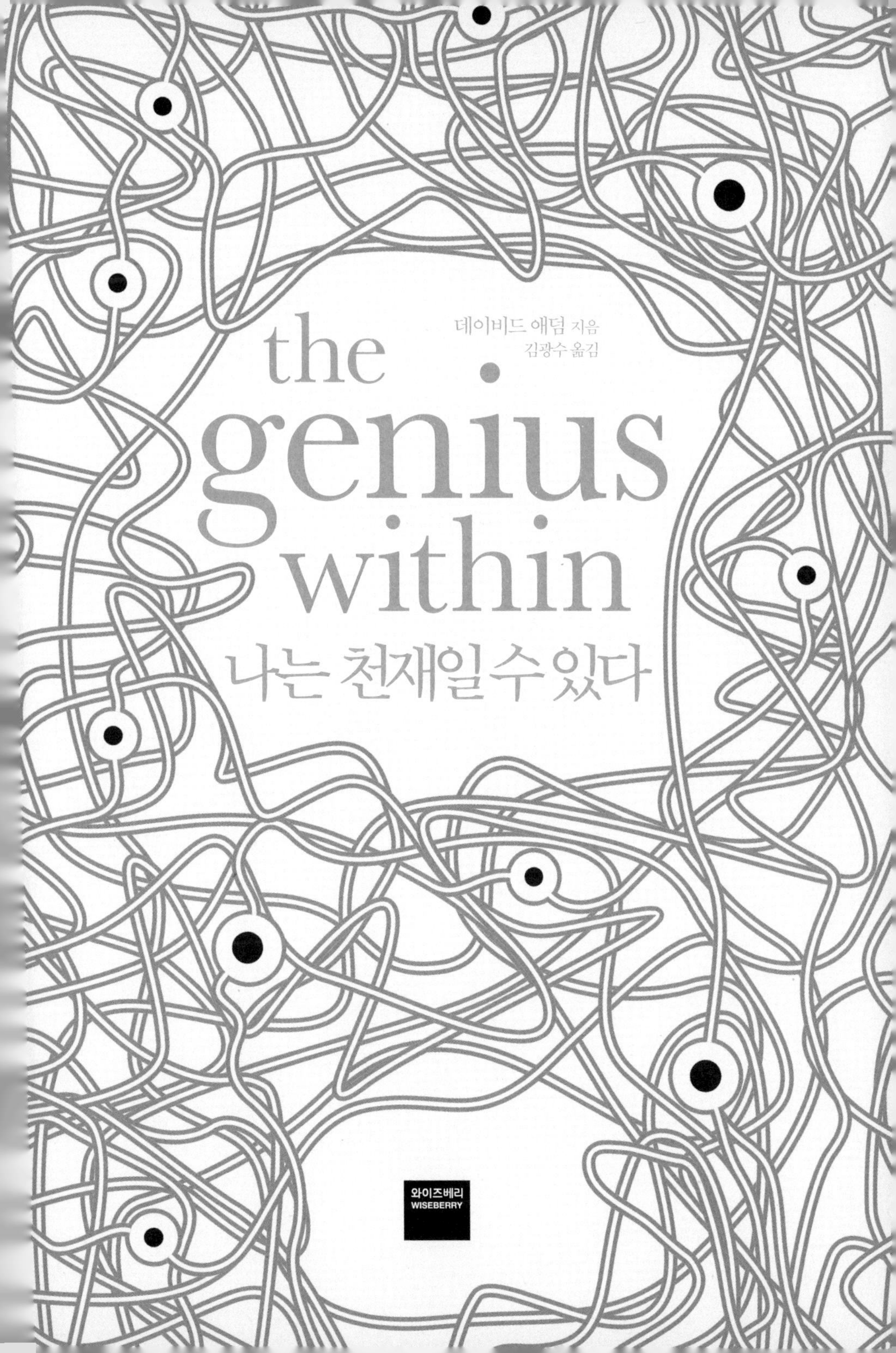
데이비드 애덤 지음
김광수 옮김
the genius within
나는 천재일 수 있다
와이즈베리
WISEBERRY

발상 자체는 꽤나 논리적이었다. 지능도 다른 것들과 마찬가지로 팔 수 있으며, 특히 스위스에서는 돈을 주고 살 수도 있다고, 식객이자 지주는 당연한 듯 말했다. 이 사례는 스위스의 저명한 교수에게 맡겨졌다. 수천 루블의 비용이 들었고, 치료하는 데 5년이 걸렸다. 말할 것도 없이, 그 백치가 똑똑해지지는 못했다. 하지만 보통 남자와 비슷한 정도로 발전했다고 한다.

—《백치》 중에서

차례

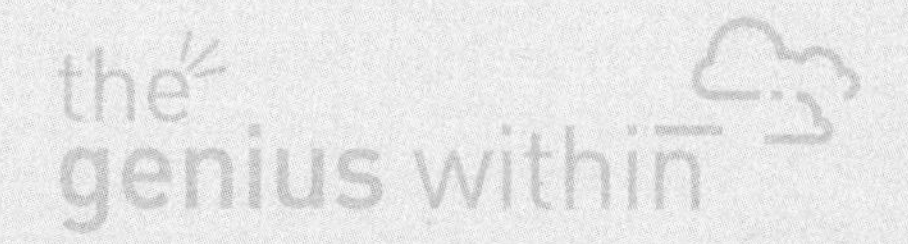
the
genius within

머리말

당신의 뇌는 여느 사람들처럼 독특하지만 그렇다고 해서 그리 특별할 건 없다. 당신과 같은 뇌는 수도 없이 많기 때문이다. 그런데 바로 당신과 같은 그 많은 뇌 중의 일부에서 가끔 특별한 일이 일어난다.

특별한 일은 나의 뇌에서도 일어났다. 그것이 이 책을 쓰게 된 이유다. 이 변화를 직접 경험하면서 나는 가능성을 알게 되었다. 집중력이 향상되고 기억력이 좋아졌으며 인지 능력도 확장되었다. 말솜씨가 유창해져 소통 능력이 훨씬 좋아졌고, 남의 말을 듣고 공감하는 능력도 향상되었다. 업무 생산성도 크게 높아졌다. 가정생활도 훨씬 행복해지고 만족스러워졌다. 이 모든 변화는 오랫동안 잠자고 있던 뇌의 일부를 활성화한 덕분이었다.

하지만 그렇게 활성화된 나의 뇌 영역을 스캔해서 정확하게 보여주기는 어려울 것이다. 우리는 인간이 뇌의 10퍼센트만 사용하고 있으며, 나머지 90퍼센트의 잠재력은 깨우지도 못한 채 방치하고 있다고 여긴다. 하지만 이 말은 사실이 아니다. 대부분의 뇌세포는 한꺼번에 여러 가지 일을 수행하느라 과부하에 걸릴 정도다. 어느 하나도 빈둥거리지 않는다.

뇌가 가진 능력의 일부만을 사용하는 것도 사실이다. 뇌가 가진 능력을 보통 '정신'이라고 부르지만 마음이나 의식, 영혼 등 어떤 이름을 붙여도 상관없다. 중요한 것은 뇌의 능력을 높일 수 있다는 사실이다. 이것은 사용하지 않은 채 잠자고 있는 뇌의 '구조'보다 '기능'에 의해 좌우된다.

뇌의 기능과 변화 방식을 이해하고 구조화하는 일은 현대 신경과학의 미개척 영역이며, 21세기 들어 새롭게 밝혀지고 있는 분야다. 고대인들은 별이 무작위로 흩어져 있는 모습을 모양과 그림으로 끼워 맞췄다. 이처럼 두뇌는 수많은 세포들의 연결과 배열을 통해 작동한다. 기억, 수학적 능력, 통찰, 천재성은 각각의 뇌세포들이 서로 연결 고리를 만들고 끊는 방식, 그리고 이 고리들을 이용하는 방식에서 비롯된다. 최근에는 이처럼 필요한 연결 고리들을 조정하고 '강화'하는 기법까지 개발되었다. 현대 뇌과학은 더 이상 관찰하는 데 그치지 않는다. 더 효율적으로 기능할 수 있도록 뇌의 작동 방식을 인위적으로 변화시킨다.

정신적 문제로 인해 치료를 받으면서 나의 뇌 기능은 훨씬 향상되었다. 나는 심한 강박 장애를 앓고 있었다. 에이즈를 일으키는

HIV(인간 면역결핍 바이러스)에 대해 비이성적일 정도로 공포를 느꼈다. 뇌 기능에 문제가 생겨 하나의 질병에 국한된 아주 작은 위험조차 정상적으로 받아들이지 못했다. 내가 받은 치료는 인지요법이었다. 일련의 정신 훈련을 통해 나를 쇠약하게 만들었던 걱정들, 이를테면 빗속에서 달리기를 하면 오염된 비가 눈에 들어갈지도 모른다는 말도 안 되는 강박에 적절히 대처하는 방법을 배웠다. 2014년에는 강박 장애와 나의 경험을 주제로 책을 썼다. 거기에서 나의 변화에 대해 이렇게 서술했다.

> 나의 의식은 두려움을 뛰어넘었다. 마치 지도상의 어느 한 집에 초점이 맞춰졌던 카메라가 거리로, 마을로, 나아가 마을 주변과 먼 풍경까지 보여주는 식이었다. 과거에는 강박 장애로 이렇게 할 수 없었다. 카메라의 초점을 확장하려 해도 렌즈에 지저분한 얼룩이 묻은 것처럼 비이성적인 공포가 엄습해 시야를 가리곤 했다. 하지만 지금은 적절한 맥락에서 상황을 받아들일 수 있기 때문에, 감염될 가능성이 희박한 HIV에 대한 두려움이 해소되었다. 이렇게 전체를 명확하게 조망하는 관점을 심리학자들은 헬리콥터 뷰라고 부른다. 적절한 고도에서는 지형뿐 아니라 그 속에 담긴 모든 것들을 바라볼 수 있다. 세상을 바라보는 우리의 시야를 회복하는 것이다. 그러다 3천 미터 상공에 이르면 위험이 아주 적은 상태와 전혀 없는 상태가 구분되지 않는다. 강박 장애에 시달릴 때는 아주 뚜렷하고 큰 차이를 느꼈는데 말이다.

내가 받은 인지요법을 흔히 대화 치료라고 부른다. 최근에는 대화 치료를 통해 뇌의 연결과 기능을 장기적으로 변화시켜 수많은 사람들의 고통을 덜어줄 수 있다는 사실이 밝혀졌다. 이 치료를 받은 사람들의 뇌를 스캔했더니 뇌세포 간의 배선이 강화된 것으로 나타났다. 그리고 뇌의 재배선이 활발한 사람들은 증상이 훨씬 더 개선되었다.

새로운 연결 고리를 통해 이전까지는 불가능했던 뇌 기능의 일부를 깨워 인지 능력을 향상할 수 있다. 그러나 뇌 속에서 새로운 연결 고리를 만들 수 있는지를 예측하기는 쉽지 않다. 어떤 사람들은 다른 사람들에 비해 빠르고 효과적으로 반응한다. 정신질환 치료에 드는 비용과 현실적인 어려움으로 인해 인지요법 치료의 효과를 얻지 못하는 사람들도 있다.

이 치료의 성공률을 높이기 위해 의사와 과학자들은 뇌를 더욱 수용적이고 순응적으로 만들 방법을 찾는다. 동일한 용량의 약물과 동일한 횟수의 치료로 더욱 효과를 높이기 위해서이다. 이것은 새로운 과학 영역인 만큼 아직까지는 실험 단계이다. 이 기법들은 약물과 자기(자석) 및 전기 자극이라는 2가지를 기반으로 뇌가 연결 고리를 만들고 조직하는 방식을 바꾸는 것이다. 약물로는 각성 효과를 유발해 기면증을 개선하는 모다피닐modafinil처럼 인지 능력과 뇌 기능을 강화하는 화합물이 포함된다. 그리고 낮은 전류를 뇌로 직접 흘려보내 (또는 뇌 속에서 촉진 활동을 통해) 뉴런의 작동 방식을 인위적으로 변화시키는 것이다.(일부는 이 기법들이 단독으로 사용되며, 전통적 인지요법을 개선하는 것이 아니라 대체한다.)

최근 의학 저널에는 새로운 기법을 동원한 획기적인 치료 사례들이 넘쳐난다. 전기 자극을 통해 우울증에서 벗어난 임산부부터 긴장성 정신분열증을 극복한 청년까지 다양하다. 전 세계에서 4명 중 1명이 정신장애로 고통에 시달리고 있다. 치료 성공담이 널리 퍼져나가면서 점점 더 많은 정신의학자와 과학자, 수련의들이 그들의 고통을 덜어주기 위해 인지강화 기법에 주목하고 있다.

그렇다면 정신적으로 건강하게 살고 있는 나머지 4분의 3에게는 어떨까? 약물과 전기 자극이 뇌의 연결 고리를 조정하는 데 도움이 된다면, 모든 사람들이 그 이점을 누릴 수 있지 않을까? 지금 우리는 질병을 치료하기보다 단지 신체 능력을 강화하기 위해 약물과 다양한 의료 기법을 활용하고 있다. 운동선수들이 더 민첩하고 더 강한 몸을 만들기 위해 근육을 강화하는 스테로이드를 사용하는 것이 대표적이다. 의사와 환자들이 인지강화 기법들을 활용하고 있다면, 다른 모든 사람들도 활용하지 못할 이유가 있을까?

그런데 효과는 있을까? 이 기법들이 지금까지 금단의 지대와 같았던 뇌의 잠재력을 끌어내는 데 도움이 될까? 그렇다면 뇌는 금지 약물 복용에서 자유로울까? 아예 허용하거나, 더 나아가 장려해야 할까? 그리하여 우리의 주의력을 향상할 수 있을까? 기억력은? 수학과 언어 능력은? 말하자면 인지강화를 통해 우리의 지능을 높일 수 있을까? 그렇다면 우리 사회에 어떤 영향을 끼칠까? 이 모든 의문에 답하기에는 이르다. 하지만 의문을 던지기에는 그리 이르지 않다. 그리고 이것이 내가 하려는 일이다.

지능은 예술과 포르노그래피의 관계와 비슷하다. 그 실체를 끊임없이 규명하려 하지만 눈에 보이지 않으면 인식하기조차 쉽지 않다. 지능을 바라보는 관점은 무수히 많은 단층선을 따라 엇갈린다. 이런 의견의 불일치 속에서 여러 가지 정책 방향이 결정된다. 아이들을 차별하며 바보로 만들고, 과분한 특권을 정당화하며, 차별과 편견, 증오를 뒷받침하는 근거로 이용되어 왔다. 하지만 수많은 입장과 주장들에도 불구하고 지능과학intelligence science은 매우 단순하며 논쟁의 여지조차 없다. 당연히 지능(지능지수)은 일부 유전된다. 대부분의 사람들이 지능 하면 떠올리는 것이 지능지수IQ다. 그리고 개인의 가치와 능력의 폭넓은 스펙트럼을 IQ와 같은 단일 수치 속으로 밀어 넣는 것은 그릇된 환원주의(다양한 현상을 하나의 기초 원리나 개념으로 설명하려는 방식 – 옮긴이)에 불과하다.

인간의 지능은 지뢰밭 과학이다. 한 사람의 지능만으로는 의미가 없기 때문이다. 지능은 사람들의 상대적 능력 차이를 평가한 것으로, 순위를 매기고 평가하고 구분하는 데 이용된다. 지능의 차이는 누구나 이해하는 엄연한 현실이며, 오랫동안 온갖 논란의 씨앗으로 자리했다. 반면 지능의 차이는 인지강화의 문을 열어주기도 한다. 그중 하나가 서번트savant 기능이다.

서번트란 대다수의 표준 척도로는 지능이 낮다고 평가되지만 한 가지 영역에서는 천재성을 보이는 사람들을 말한다. 혼자서는 옷도 입지 못하고 대화도 못하는 사람이 놀라운 계산 능력을 보이거나 일주일 동안 읽은 모든 책의 단어를 전부 기억한다. 서번트 기능은 보통 자폐와 닮은 구석이 있지만 똑같지는 않다. 서번트가 훨씬 보기 드문 사례다.

서번트 기능이 어떤 방식으로 발현되는지는 알 수 없지만 한 가지 설득력 있는 이론이 있다. 서번트는 보통 사람들에게는 금단의 영역에 해당하는 뇌의 일부 기능에 접속할 수 있다는 것이다. 그들의 뇌는 닫혔던 영역을 매우 특별한 수준까지 열어서 정신적으로 뛰어난 능력을 발휘할 수 있도록 배선과 연결 고리를 설정한다. 마치 다른 영역의 정신적 손상과 문제들에 대한 보상처럼 말이다. 하지만 이 이론에서 강조하는 것은 사용하는 방식이 다를 뿐 서번트의 뇌가 근본적으로는 보통 사람들과 다르지 않다는 점이다. 우리도 이런 능력을 찾을 수 있을지 모른다.

물론 근거가 있는 얘기다. 모든 서번트들이 타고난 것이 아니라 일부는 만들어지기 때문이다. 이런 '후천적 서번트'의 수학이나 기억, 예술적 능력이 어떻게 발현되는지는 알 수 없다. 인생을 한참 살다가 나타나기도 하고 더러는 트라우마를 겪고 나서 생기기도 한다. 노인성 치매가 예술적 능력을 일깨울 수도 있고, 뇌에 가해진 충격으로 기억력이 거의 사진에 가까울 정도로 향상되기도 한다. 뇌의 이런 변화로 지능이 향상된다고도 한다. 하지만 전부 그렇지는 않다. 후천적 서번트들과는 달리 뇌의 변화가 항상 천재성을 유발하는 것은 아니다. 모든 사람들이 아인슈타인이나 모차르트로 업그레이드될 수는 없다. 재능이란 늘 그렇듯이 한정되어 있다. 하지만 이런 정신적 업그레이드가 시사하는 바는 분명하다. 누구든 뇌를 더 효율적으로 작동할 수 있다는 것이다. 문제는 안전하고 믿을 수 있으며 통제 가능한 방식으로 뇌의 변화를 유도하는 것이다. 인지 능력을 강화하겠다며 길바닥에 머리를 들이받을 사람은 없을 것이다.

바로 여기에서 과학이 등장한다. 뇌의 재배선을 활용한 인지 치료 연구에서 정신적 기능을 향상할 수 있는 또 하나의 방법이 밝혀졌다. 과학자들은 이 연구가 적절한 안전장치를 통해 더 신중하게 진행되기를 바랄 것이다. 하지만 현실은 어떨까? '이미' 대학생들은 시험을 잘 보려고 모다피닐 같은 스마트 약물smart pills(머리가 똑똑해진다고 알려진 약물 – 옮긴이)을 암거래로 구입한다. '이미' 기억력과 집중력, 수학 능력을 높이기 위해 자기만의 뇌 자극 키트를 개발하여 자체 실험을 하고 있다. 게다가 '이미' 첨단기술 회사들은 소비자들에게 기성품을 판매하고 있다.

이 책에서는 인지강화의 미개척 영역을 탐구한다. 과학적이고 윤리적인 의문과 문제까지 다룬다. 그 과정에서 인간의 지능이 과연 어떤 의미인지, 그리고 그 지능을 이해하고 규명하며 측정하고 발전시키기 위해 인류가 어떤 노력을 해왔는지 살펴본다. 지능이 무엇이며 뇌의 어느 부분에서 발견되는지도 고찰할 것이다. 나아가 뇌가 어떻게 바뀔 수 있는지 목격하게 될 것이다. 인지강화를 필요로 하는 사람들은 물론 필요로 하지 않는 사람들에게도 도움이 될 것이다.

1장

우리의 뇌 혁명

the
genius within

고압 전류로 사람을 죽이는 데 사용된 전기의자에 대해 사람들이 잘 모르는 2가지 사실이 있다. 첫째, 전기의자를 발명한 사람은 전구를 발명한 사람과 동일 인물이라는 것이다. 바로 토머스 에디슨이다. 둘째, 에디슨이 전기의자를 발명한 이유는 자신의 전문성을 드러내기 위해서가 아니라, 전기의 미래를 두고 치열한 암투를 벌이던 경쟁자 조지 웨스팅하우스의 기술을 공격하기 위해서였다.

에디슨은 사형제도를 지지하지는 않았지만 돈을 위해서라면 자신의 도덕성쯤은 기꺼이 접어두는 사람이었다. 1880년대 후반 초강대국으로 떠오르던 미국은 교수형이 너무 야만적이라는 비판이 제기되자 사형을 집행할 새로운 방법을 찾았다. 그러다 새로운 에너지원인 전기의 살상력을 발견하게 되었다. 그런데 당시 경쟁을 벌이던 2가지 전류 방식 중 하나를 선택해야 했다.

직류 방식으로 막대한 부를 쌓은 에디슨에게 웨스팅하우스는 큰 위협이었다. 경쟁자의 교류 방식은 전선으로 송전하기가 훨씬 수월했기 때문이다. 하지만 한 가지 문제점이 있었다. 교류 방식은 고압으로 송전해야 했는데, 이것이 치명적인 약점이었다. 초기에는 주기적으로 감전사가 발생했는데, 주로 고압전선을 설치하고 관리하는 노동자들이었다.

에디슨은 바로 이 부분을 가지고 경쟁자의 방식을 낙인찍고자 했다. 그는 기회 있을 때마다 웨스팅하우스의 시스템이 얼마나 위험한지 사람들에게 알렸다. 심지어 소름 끼치는 시연회를 열어 교류 전류가 어떤 결과를 낳는지 직접 보여주기도 했다. 그는 교류 전류가 흐르는 주석 금속판 위에 유기견들을 올려놓고 맞은편 끝에 물그릇을 놓아두었다. 물을 마시려고 다가가던 유기견들이 울부짖으며 떨어져 죽자 에디슨은 사람들을 향해 그다음은 당신들 차례일지 모른다고 소리쳤다. 그러고는 가정과 회사에 공급되는 전기가 전압이 낮고 더 안전한 에디슨 코퍼레이션의 직류라면 그런 일은 절대 일어나지 않는다고 온화한 미소를 지으며 말했다.

교류 방식이 사형 집행에 사용될 수 있다는 가능성을 에디슨에게 제안한 사람은 버팔로의 치과 의사 알프레드 사우스윅이었다. 그는 술 취한 남자가 가동 중인 발전기를 만지다 감전사하는 광경을 목격한 적이 있었다. 1887년 사우스윅은 에디슨에게 편지를 써서 '어떤 상황에서든 사람을 확실하게 죽일 수 있는 것'이 어떤 전류인지 물었다. 에디슨은 최고의 사형 집행 방법은 '피츠버그의 조지 웨스팅하우스가 제작한 교류 장치'일 것이라고 답했다.

이 소식에 격분한 웨스팅하우스는 사형 집행관들에게 교류 발전기를 팔지 않겠다고 거부했다. 하지만 그의 고집은 곧 꺾이고 말았다. 어떻게 했는지 (아마도 에디슨의 입김이 작용했을 것이다) 집행관들은 원하던 장비를 손에 넣었고, 1890년 도끼 살인 사건으로 사형 선고를 받은 윌리엄 케믈러가 처음으로 교류 방식의 전기의자에서 목숨을 잃었다. 에디슨은 물론 환호했다. 케믈러가 웨스팅하우스 덕분에 사라졌으니 말이다.

사실 케믈러의 사형은 기존의 관행과 다르게 집행되었다. 그가 이끌려 간 곳은 사람들로 북적이는 교도소 지하실이었다. 여기에는 25명의 참관인들이 있었는데, 그중 적어도 여남은 명은 호기심에 찾아온 의사들이었다. 케믈러는 스스로 외투를 벗고 의자에 앉았다. 그의 몸이 가죽 끈으로 단단하게 매였고, 전극이 연결되었으며, 얼굴에는 검은 천이 씌워졌다. 집행관이 스위치를 누르라는 지시를 내리자 케믈러는 그대로 굳어버렸다.

17초 후 한 참관인이 그의 사망을 선고했다. 집행관은 고개를 끄덕이며 사형수의 머리에서 전극을 분리하기 시작했다. 바로 그때 비명 같은 외침이 들렸다. "세상에! 살아 있어."

케믈러의 의식은 없었지만 전류가 제대로 작동하지 못한 것은 분명했다. "이것 봐. 숨 쉬고 있어." 한 참관인이 소리쳤다. "제발 빨리 죽여. 어서 끝내라고." 한 언론인은 큰 소리로 절규하고는 곧바로 실신해버렸다. 몇몇 참관인들이 구토를 하는 사이에 전류가 다시 흐르다가 끊어졌다.

이윽고 케믈러가 사망하자 과학자들과 의사들, 사형제도 옹호론자들은 그의 뇌를 살펴보려고 했다. 다른 무엇보다 그들이 밝히고 싶었던 것은 죽음의 원인이었다. 전기의자가 가장 현대적이고 인간적인 사형 집행 방식이라는 것을 입증하기 위한 근거를 찾기 위해서였다. 그러나 사람들이 전기의자에 대해 잘 모르는 사실이 하나 있다. 케믈러를 비롯해 전기의자에서 죽어나간 4500명의 사형수들이 어떻게 죽었는지 어느 누구도 정확히 밝혀내지 못했다는 사실이다.

케믈러의 뇌는 마치 조리된 것처럼 보였다. 피는 굳어서 목탄 같았다. 부검 결과지에는 "타서 재가 된 것이 아니라 체액이 모두 증발했다"고 기록되었다.

반면 감전사한 사람들의 뇌에서는 세포 조직이 누더기처럼 찢어진 모습으로 뚜렷한 내부 외상 징후를 보였다. 과학자들은 대량의 전류가 말 그대로 내부 폭발을 일으킬 수 있으며, 어쩌면 혈액 속에서 가스 거품을 일으켰을 수도 있다고 결론지었다.

전기는 인간의 신체, 특히 뇌에 영향을 끼치는 것은 분명하지만, 전류가 인체에 흐르면 정확히 어떻게 되는지는 여전히 미스터리다. 이것은 미국이 (과거 식민지였던 필리핀과 더불어) 전기의자를 사형 집행에 사용하는 유일한 국가였던 이유 중 하나이다. 나아가 많은 유엔 가입국들이 이 방식을 금지한 이유, 대다수 사형수들이 상대적으로 더 확실한 독극물을 선택하는 이유이기도 하다. 또한 2015년 할로윈을 앞둔 어느 날, 런던 웸블리 스타디움 근처의 작은 아파트에서 고양이 한 마리와 살면서 중세 무기 수집에 관심이 많은 앤드루라는 우크라이나인이 내 머리에 전극을 묶고 준비되면 스스로 전원을 올리라고 했을 때, 내가 침을 꿀꺽 삼킨 이유이기도 하다. 나는 웨스팅하우스로 인해 사라지고 싶지 않았다.

전기가 뇌세포를 활성화한다?

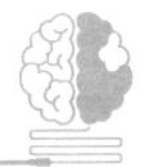

인간의 뇌는 약 860억 개의 세포들로 뒤엉켜 있다. 이들 세포가 서로 결합하고 연결되는 방식은 헤아릴 수 없을 만큼 많다. 세상의 모든 해변에 있는 모래알을 전부 합친 수보다 많을 것이다. 인간은 뇌의 10퍼센트만을 사용한다는 것은 잘못된 말이다. 뇌의 모든 세포와 조직은 과부하에 시달린다. 뇌의 모든 부분이 무언가를 하고 있고, 대부분 한 번에 여러 가지 일을 수행한다. 뇌의 90퍼센트가 남아도는 것이 아니라 오히려 한가롭게 노는 부분이 거의 없다. 하지만 뇌의 잠재력을 전부 활용하지 못한다는 말은 틀림없는 사실이다.

앤드루는 뇌의 작용에 개입해서 '뇌를 활성화한다'는 새로운 움직임을 주도하는 부류 중 한 명이다. 지하실과 창고, 대학과 군사기지, 병원에 이르기까지 과학자들과 열정주의자들은 인간의 능력치를 향상하고, 뇌의 기능을 효율화함으로써 사용하지 않는 잠재력까지 모두 발휘하기 위한 기술들을 활용하고 있다. 그들은 이것을 '신경강화neuroenhancement'라고 부르는데, '지능을 강화한다'는 의미로 이해하면 된다.

앤드루가 나에게 전기로 '신경강화'를 해주겠다고 했을 때 나는 적잖이 놀랐다. 내가 그의 아파트를 찾아갔을 때만 해도 이른바 'DIY 뇌 전기 자극기'에 대해 어떤 이야기 정도만 나눌 줄 알았다. 돌이켜보면 나는 '스스로 하라do it yourself'는 것에 대해 입장을 분명히 밝히지 않은 것 같다. 하지만 그의 제의를 거절하는 것은 무례라고 생각했다. 그러면서도 앤드루가 전극을 물에 적셔서 내 정수리에 올려놓았을 때는 전원을 켜도 되는지 확신이 없었다.

"준비됐어요?" 앤드루가 물었다.

"네." 대답은 했지만 머릿속은 그 반대였다.

"뭔가 살짝 타는 듯한 느낌이 들 수도 있어요."

그의 아파트에 있는 가구들을 보고 그 집에 사는 사람이 키보드 앞에 오래 앉아 있다는 것을 알 수 있었다. 그나마 값나가는 것은 의자뿐이었다. 편안하고 조절도 잘되며 꽤 값비싸 보이는 검정색 가죽 의자가 컴퓨터 옆에 놓여 있었다. 앤드루는 컴퓨터 앞에 앉아 있는 시간을 빼고는 무도와 호신술을 즐긴다. 아파트가 넓지 않아 내가 앉은 자리 바로 옆에는 실물 크기의 날카로운 삼지창이 놓여 있었다. 벽에는 도리깨가 걸려 있고, 무거운 쇠사슬과 막대기에는 뾰족한 쇠구슬이 달려 있었다. 이 물건들은 장식품이 아니다. 앤드루는 주기적으로 이것들을 사용한다고 했다. 무엇에 사용하는지는 잘 모르겠다.

특이한 것은 삼지창과 도리깨뿐이 아니었다. 스테레오 장비처럼 보이는 기구들이 담긴 상자가 곳곳에 있었다. 대부분 앤드루가 자석과 레이저, (직류와 교류를 가리지 않고) 전류로 자신의 뇌를 자극하는 데 필요한 것들이다. 그는 당연히 자신에게 도움이 된다고 생각한다. 게다가 효과가 있다고 확신한다. 글을 쓰거나 무언가에 집중하거나 그저 편안히 쉴 때도 앤드루는 뇌 자극기를 사용한다. 그래서 머잖아 이런 장치가 널리 활용되리라고 확신한다.

앤드루의 책상 위에는 미식축구용 헬멧처럼 보이는 모자가 하나 놓여 있었고, 그 옆을 고양이 한 마리가 조심스레 스쳐 지나갔다. 그 헬멧을 뇌 자극기로 개조했는지 전극과 전선이 주렁주렁 달려 있었다. 샌디에이고 차저스 팀 헬멧이냐고 물었는데, 농담을 못 알아들었는지 그냥 커피를 마시겠냐고 되물었다.

앤드루가 스위치를 올리면 그가 들고 있는 작은 상자에서 전류가 (많은 양은 아니지만 작은 전구를 켤 수 있는 정도로) 흘러나와 전선을 통해 내 정수리 위로 흐르고, 두개골을 통과하여 1인치 남짓한 깊이까지 파고든다. 전기 충격을 받은 뇌세포는 각성 상태가 되어 더 적극적으로 움직이면서 주변부와 연결 고리를 만들려고 한다. 인접한 뉴런(신경세포)들 사이의 경로와 회로들은 그대로 자리를 잡고 조금 더 효율적으로 작동한다. 이론적으로는 그렇다. 사실 훨씬 많은 전류를 사용하는 전기의자가 인간의 뇌에 미치는 영향도 불분명하듯이, 앤드루의 DIY 뇌 전기 자극기가 뇌에 어떤 영향을 주는지는 정확히 알 수 없다. 그런데도 그는 이 실험을 20분째 계속하고 있었다.

이윽고 앤드루는 나의 뇌로 흐르는 전류를 차단하고는 기분이 좀 다르지 않느냐고 물었다. 내가 신경강화 효과를 확실하게 느꼈기를 바라는 눈치였다. 나는 그런 것 같기도 하다고 대답했다. 하지만 나는 단지 끝났다는 안도감밖에 들지 않았다. 왠지 정신이 맑아지고 주변이 또렷하게 인식되기는 했지만 카페인 때문인 듯했다. 앞서 앤드루가 인스턴트커피를 타주면서 서너 스푼이면 되겠냐고 물었던 기억이 또렷했다.

신경과학의 혁명

어느 세대든 그 시대의 과학 혁명을 누리는데, 지금은 신경과학이 그것이다. 우리의 부모와 조부모 세대의 대표적인 과학 혁명은 지금도 활발하게 연구되고 있는 유전학이다. 또 그들의 부모와 조부모 세대, 즉 20세기 초중반에 성장하며 핵폭발의 버섯구름을 목격한 사람들에게 첨단 과학은 물리학이었다. 더 과거로 거슬러 올라가서 고조부의 조부모 세대는 화학의 사회적 영향력을 처음으로 목격했다. 그들보다 앞선 세대들 중에 운이 좋았던 일부는 의학과 해부학의 이점을 누리기도 했다.(운이 나빴던 사람들은 아마도 연구 대상이 되어 의학을 가르치는 데 도움을 주었을 것이다.)

과학 혁명은 나름의 방식으로 세상을 변화시킨다. 우리의 신체에, 학문에, 자연의 힘에, 우리의 DNA에 영향을 끼친다. 물론 결과가 좋을 때도 있고 그렇지 못할 때도 있다. 혁명은 으레 그렇게 이루어지는 법이다.

그다음 차례가 바로 뇌이며, 뇌와 함께하는 의식이다. 즉, 우리의 정체성을 형성하는 핵심(정신이라고 불러도 좋다)이다. 나아가 현대 신경과학의 영향력은 또 한 번 우리를 놀라게 한다. 자연의 한계를 뛰어넘는 것은 이제 우리 세대의 손에 달렸다. 이 과정이 어떻게 전개되느냐에 따라 우리의 후손들은 새로운 세상을 물려받게 될 것이다.

이전의 과학 혁명은 일관된 양식에 따라 이루어졌다. 첫째, 과학자들은 인간과 세상이 기능하는 방식을 탐구하고 정보를 수집한다. 원자가 결합하는 방식, 혈액이 순환하는 방식, 염기쌍이 DNA를 만드는 방식, 가스 혼합물이 공기를 형성하는 방식 등이다. 그다음에는 다른 과학자들이 그 정보를 활용하여 자연계에 개입하고 이용하며 변화를 꾀한다. 우리의 이익과 우리의 의지에 따라서 말이다.

지금은 신경과학 혁명이 우리와 함께한다. 20세기 말부터 뇌를 스캔하는 기술이 일상화되었다. 사랑과 증오의 감정을 담당하는 신경 영역에서 코카콜라와 펩시 중 어느 것이 더 좋은지를 결정하는 뇌세포에 이르기까지, 인간의 모든 성향과 관련된 영역을 다양한 색상의 이미지로 보여준다. 지금까지 신경과학자들은 대부분 복잡한 신경 활동을 관찰하고 지도화하는 데 만족했다. 이 과정에서 과학자들은 인간 행동의 가장 오래된 규칙 하나를 발견했다. '보기는 하되 만지지는 말라!'

이 규칙은 더 이상 진실이 아니다. 신경과학의 혁명이 확실해지면서 새로운 세대의 과학자들은 뇌 활동을 단순히 관찰하고 묘사하는 것에 만족하지 못한다. 그들은 뇌를 변화시키고 개선하는 것, 즉 뇌의 신경강화를 원한다.

인간의 뇌는 여전히 큰 과제 앞에 놓여 있다. 뇌 기능을 개선하고, 수많은 조합들을 지도화하며, 그 모든 기능을 강화하는 방법을 찾아야 한다. 기억력과 추론 능력, 문제 해결 능력 및 다양한 정신 능력을 향상하기 위해, 요컨대 인간의 지능 자체를 향상하기 위해 860억 개의 뉴런들을 연결하는 방법을 말이다.

지능을 강화하는 과학 기술이라는 것이 가당찮게 들릴지도 모른다. 하지만 일부 사람들은 실제로 그 가능성을 매우 진지하게 받아들인다. 토니 블레어의 임기 말에 영국 정부의 관료들은 전문가 위원단에게 그 가능성이 정치적으로 어떤 영향력을 초래할지 자문을 구했다. 당시 영국은 경쟁국 국민들의 지적 '우수성'을 끌어올리기 위해 국가적으로 프로그램을 도입할 의지가 있는지를 물었다. 그러자 위원단은 이렇게 말했다. "우리는 매우 깊은 관심을 갖고 있습니다. 서구의 일부 국가들보다 '성취'를 더 중요시하는 다른 국가들이 활용할 수 있는 전략인지, 그래서 서구를 경제적으로 불리하게 만들 수 있는지에 대해서 말입니다."

중국의 과학자들은 자국 정부의 후원을 받아 주로 잠수부들을 치료하는 데 사용하는 고압산소실을 인간의 정신적 능력을 향상하는 실험에 이용했다. 실험 결과와 상관없이, 중국의 일부 가정은 대학 진학과 안정적 직업을 위한 가장 중요한 관문인 가오카오 시험 전날 밤에 10대 자녀들을 이 산소실에 보내려고 예약을 한다. 무모한 이야기로 들린다면 이렇게 생각해보자. 인생을 통틀어 몇 안 되는 기회를 맞아 우리의 뇌를 얼마나 잘 작동시키느냐에 따라 운명이 엇갈릴 수 있다. 고등학교와 대학교 입학시험이나 학교 시험, 입사 및 승진 면접만이 성공과 실패를 가르는 것은 아니다. 좋은 첫인상뿐 아니라 말솜씨부터 단순한 이름 외우기에 이르기까지 자신의 정신적 능력을 어떻게 드러내느냐에 따라 상대방에게 깊은 인상을 주고 기회를 창출할 수 있다. 바쁘고 복잡한 이 세상에서 기회가 우리를 찾아와 문을 두드리는 일은 극히 드물다. 정신적 능력(또는 사회에서 지능으로 평가하는 것)을 보여주는 것이야말로 기회를 잡을 수 있는 가장 오래되고 확실한 방법이다.

그 반대로 뇌가 우리를 실망시킬 때마다 삶은 힘들어진다. 학교에서 체육복 바구니를 어디 두었는지 기억하지 못해 창피했던 기억, 한참 뒤에 겨우 찾았지만 너무 지저분한 반바지를 입은 모습에 친구들이 웃음보를 터트렸던 기억, 시험 점수가 예상보다 한참 낮을 때나 운전면허 시험에 떨어졌을 때의 실망감. 금요일 저녁 학교에서 가장 예쁜 여학생이랑 데이트를 했는데, 버스에서 꿀 먹은 벙어리처럼 한마디도 못 했던 기억.

이런 충격은 꽤 오래간다. 그리고 이것은 곧 뇌의 능력으로 굳어진다. 우둔하고, 똑똑하고, 빠르고, 느리고, 영리하고, 멍청하고, 민첩하고, 어리석고, 재치 있고, 아둔하고, 신중하고, 바보 같은, 이런 지적 수행 능력은 너무도 빨리 고착화된다. 사람에 대한 표현이 가변적 형용사에서 불변의 명사로 바뀌어버리는 것이다. 그 여자는 천재다, 그 남자는 멍청이다, 하는 식으로 한번 들러붙은 딱지는 평생 우리를 따라다닌다. 말하자면 한번 바보는 영원한 바보다.

그 이유는 뇌를 금단의 영역으로 여기기 때문이다. 뇌는 두개골 속에 봉인되어 있으며 신체의 다른 생리 기능과 다르다. 고대인들은 감정과 욕구를 느끼는 것은 심장이라고 생각했다. 지금도 사람들은 사랑과 용기를 심장과 연결 짓는다. 하지만 심장은 변화할 수 있다. 심장이 더 효율적으로 움직이게 하는 것은 물론 통째로 이식할 수도 있다.

과학과 의학은 우리에게 신과 같은 권능을 부여했다. 신체의 활동을 변화시키고, 기능을 향상하고, 잠재력을 극대화할 수 있게 된 것이다. 약골이나 뚱보가 될 이유가 없다. 그렇다면 약과 처방을 시도하지 않았을 뿐이다. 과학과 의학의 발전으로 우리는 신체 능력을 자유롭게 바꿀 수 있다.

하지만 정신적 능력은 그렇지 않다. 일련의 과제를 얼마나 잘 수행하는가로 측정되는 뇌의 능력은 여전히 바꿀 수 없는 것으로 여겨진다. 점수, 수치, 백분율, 등급, 반사작용, 반응, 대응, 말과 행동 등과 같은 정신 능력을 지능이라고 부른다. 근육 질량, 폐 용적, 간 기능, 모발 성장, 발기 부전, 치아 변색, 목주름, 지저분한 검버섯, 처진 가슴, 유연성, 체질량 지수, 엉덩이와 허리 비율, 부력 등의 신체적 능력과 달리 사람의 지능은 변하지 않는 것으로 간주된다.

정신 능력에 대한 이처럼 경직된 사고는 사회 구조로까지 이어진다. 개인 간의 지능에 대한 인식의 차이는 교육 체계의 근간을 고착화했고, 학교 성적으로 그 사람의 잠재력을 평가하고 등급을 매기며 인재를 선발하는 근거로 작용하고 있다. 전 과목에서 A를 받은 학생들이 앞으로도 당분간은 취업 면접에서 유리할 수밖에 없는 이유, 교육학자나 사회학자들이 개인의 지능이 유전자와 환경 중 어디에서 비롯되는지 연구하면서 당혹해하는 이유, 나아가 사람들이 신발 사이즈나 키를 말할 때처럼 IQ를 말할 때도 숫자 하나로 설명할 수 있는 이유도 모두 그 때문이다.

사람의 지능을 바꾸는 일, 뇌의 성능을 높여서 심장 이식 후보다 더 완전한 사람으로 만드는 일은 도저히 불가능해 보인다. 지금 세상에는 코의 모양이나 심지어 발가락 길이까지 선택할 수 있다. 그처럼 뇌가 정신적 능력을 발휘하는 방식을 바꿔서 삶에 지대한 영향을 끼칠 수도 있지 않겠는가. 아니, 그래야만 한다.

잠재력을 계발할 수 있는데 마다할 사람이 있을까? 데이트 상대에게 재미있는 이야기를 들려주기 위해? 뿌듯한 마음으로 아버지의 차를 운전하기 위해? 그리고 자녀가 시험에서 더 좋은 성적을 올릴 수 있는데도 마다할 부모가 있을까? 이제 과학은 당신에게 말한다. 이 모든 것이 가능하다고.

현재 신경과학 혁명은 진행 중인 수준을 넘어 가속도가 붙고 있다. 전 세계의 많은 국가들이 뇌를 파헤치고 이 분야에서 영유권을 차지하기 위한 경쟁에 뛰어들었다. 뉴런의 작동 방식을 바꾸는 연구에 수십 억 달러를 쏟아붓는다. 이 혁명은 점점 증가하는 고령 인구의 치매, 세계 인구의 4분의 1 이상이 겪고 있는 이 정신질환의 확실한 치료법을 개발하는 데 초점이 맞춰져 있다. 문제는 이 연구의 파급효과가 얼마나 확산될 수 있느냐이다.

잠든 뇌의 90퍼센트를 깨우는 기술

과학의 진보는 원하는 방향으로 강제하거나 막을 수 없다. 과학은 인간의 충족되지 못한 욕구를 찾기 때문이다. 그래서 해부학과 응급외상수술도 가슴이나 코 성형으로 분리되었다. 비료와 표적 항암제를 비롯한 화학 합성 부문도 최근에는 기분전환용 약제와 새로운 합법적 환각제에 자리를 내주었다. 유전학 기술도 과거의 질병으로부터 미래 세대를 보호하기 위한 유전병과 싸울 뿐 아니라, 성별과 안구 색 또는 키까지 선별한 맞춤형 아기의 망령까지 키워내고 있다.

모든 의학 연구의 목적이 우리의 기분과 외모를 개선하기 위한 방향으로 바뀌었다. 그렇다면 이보다 훨씬 이득이 많은 신경과학에서 이와 같은 현상이 일어나지 않으리라고 생각할 수는 없다. 우리는 뇌의 시대만을 살아가는 것이 아니다. 지능 강화라는 궁극적인 전리품과 더불어 성형 신경과학의 시대를 살고 있다.

사람들은 언제나 경쟁자들보다 우위에 서기 위한 방법을 찾는다. 어느 부모든 자녀가 최고의 환경에서 시작하기를 바란다. 더 솔직하게 말하면 교사나 미래의 고용주, 연인 등이 다른 사람보다 자신들의 자녀를 더 소중하고 가치 있게 생각해 주기를 바란다. 그러나 이런 목적을 위해 뇌 강화를 시도하는 것은, 적어도 지금까지는 금단의 지대였다. 교육이야 돈으로 살 수 있지만 능력은 과연 그럴 수 있을까? 당신은 교육을 샀는가, 아니면 그 반대인가? 하지만 현재의 인지강화는 오늘 높은 지능을 갖지 못한 사람이 내일은 가질 수 있다고 말한다.

신경강화 세상이 떠오르고 있다. 이것은 지능과 능력에 대한 우리의 생각을 새로운 곳으로 이끈다. 영국 정부가 전문가들에게 신경강화에 대해 조사해 달라고 요청했을 무렵, 의회 과학기술국은 정책 입안자들을 위해 이 주제에 대한 보고서를 작성했다. 일부 내용을 소개하면 이렇다.

"강화제를 폭넓게 사용하면 사회적으로 흥미로운 문제들이 발생할 수 있다. 현재는 기억력이나 추론 능력 등이 평균 이상인 사람들이 우대받는다. 이런 능력을 모든 사람들이 쉽게 가질 수 있다면 인지 능력의 다양성이 희석되고 '평균'에 대한 인식도 달라질 것이다."

스포츠 선수들의 약물 복용처럼 인지강화 기법의 장점이 크기는 하지만 지나치게 과장할 필요는 없다. 지능은 상대적인 것이다. 사자를 촬영하는 야생 전문 카메라맨들의 우스갯소리처럼 말이다. 배고픈 사자가 카메라맨 둘을 발견하고 으르렁거리며 달려들 자세를 취하자 한 명이 살며시 정글 부츠를 벗더니 운동화를 신고 끈을 묶었다.

"그래 봐야 사자보다 빨리 뛸 수는 없어." 동료가 말한다.

"그럴 필요까지는 없지. 자네보다 빠르면 그만이니까."

신경강화와 인지강화 부문의 성장은 도덕적이고 윤리적인 영역에서 기술적이고 사회적인 영역에 이르기까지 다양한 의문들을 낳고 있다. 현재는 2가지가 가장 큰 쟁점이다. 첫째, 실제로 효과가 있는가? 둘째, 효과가 얼마나 지속될 수 있는가?

이 책은 신경과학 혁명의 최일선에서 나온 보고서이다. 내가 그 효과를 신뢰하는 이유는 인지강화 기법으로 나의 지능을 향상시켰기 때문이다. 이 방법으로 나는 사용하지 않던 90퍼센트의 잠재력에 다가갔다. 근거가 있냐고? 그렇게 해서 나는 멘사Mensa에 가입할 수 있었다.

2장

멘사 시험

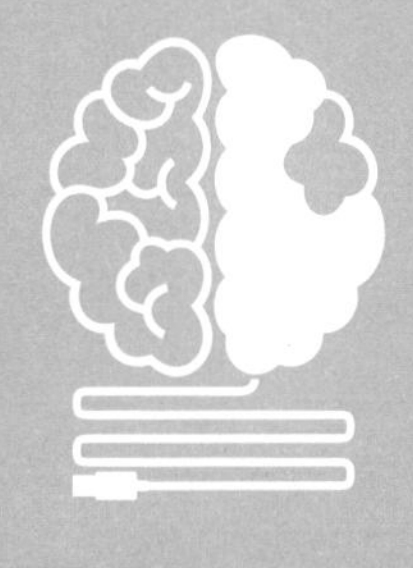

the
genius within

세계적으로 IQ가 높은 사람들이 가입하는 단체인 멘사Mensa는 아이러니하게도 어리숙한 여자를 일컫는 멕시코 속어이기도 하다. 멘사는 전 세계 상위 2퍼센트에 해당하는 IQ를 가진 사람들에게 회원 자격을 부여한다. 가장 일반적인 기준으로는 IQ 130 이상이다. 하지만 멘사에서 표현하는 방식은 조금 다르다. 그들은 회원이 98분위 이상이라는 사실을 입증해야 한다고 말한다. 그래서 회원 2명마다 지능이 상대적으로 낮은 98명씩 있다고 표현한다.

영국에는 IQ 130 이상인 사람이 100만 명도 넘는다. 하지만 2016년 영국의 멘사 회원 수는 2만 1천 명에 불과하다. IQ가 높은 사람들이 모두 멘사에 가입하고자 하는 것은 아니라는 뜻이다. 2015년 어느 토요일 아침에 내가 런던 대학교에서 만났던 사람들은 10명 남짓이었다. 그들 모두 멘사 가입을 바랐고, 몇몇은 간절히 원했다.

멘사는 매월 전국을 오가며 12회의 가입 시험을 치른다. 우리는 그중 하나를 치르기 위해 의자에 앉아 있었다. 다른 사람들은 멘사에 가입하는 것이 목적이었지만 나는 조금 달랐다. 인지강화를 위한 자체 실험을 앞두고 나의 원래 IQ를 확인하기 위해서였다.

우리는 바로 앞의 닫힌 문을 통해 스며드는 엄숙한 분위기 속에서 조용히 대기하고 있었다. 시험장 안에서는 중년 남녀가 줄지어 늘어선 책상 앞에 앉아 시험을 치르고 있었다. "시험이 진행 중이니 조용히 하세요"라고 적힌 표지판이 있었다. 주변 강의실 몇 곳을 힐끔 들여다보니 학생들이 다른 필기시험을 보고 있었다. 아마도 우리가 볼 시험보다 훨씬 중요한 것인 듯했다. 하지만 내 옆에 있던 미래의 동료 회원들 몇몇과 속삭이며 대화를 나누다 보니, 우리가 볼 시험도 그 친구들에게는 무척 중요하다는 것을 깨달았다.

잔뜩 긴장한 듯 보이는 고등학생은 대학교 입학 원서의 이력 항목에 멘사 회원 증명서를 넣고 싶다고 말했다. 한 여학생은 가족들의 권유로 참여했다고 했다. 아버지와 어머니뿐 아니라 형제자매들 모두 멘사 회원이어서 이제는 자신도 능력을 보여주어야 할 때라는 것이었다.

책상 앞에 앉은 사람들은 시험지를 두 장 받았다. 각 장에는 제한 시간이 있는 객관식 문제 세트들이 연속으로 출제되어 있었다. 시간에 비해 문제 수가 너무 많아 보였다. 이를테면 3~4분 내에 30문제를 풀어야 하는 식이었다. 여유를 부리거나 문제 하나를 가지고 깊이 생각할 겨를이 없었다. 하지만 뒤로 갈수록 점점 어려운 문제가 나오니 무작정 건너뛰는 것도 좋은 생각은 아니었다.

첫 번째 시험은 기호와 도형 문제들이었다. 다음의 도형을 정해진 방향으로 회전시키면 어떤 모양이 될지 묻는 것이었다. 이런 퍼즐 유형이 나오리라고 예상은 했지만 난이도가 생각보다 높았다. 금발의 여성 감독관이 필기를 멈추라고 할 때까지 첫 세트의 문제 중에 내가 푼 것은 겨우 3분의 2 정도였다. 그녀가 잠시 딴 곳을 쳐다보는 사이에 나는 나머지 문제들의 답을 모두 A로 찍었다. 그러면서 스스로 합리화했다. 어차피 다음 시험에서도 인지강화를 통해 어떤 식으로든 답을 쓸 테니까.

문제를 계속 풀면서 속도는 점점 빨라졌지만 더 나아졌다는 느낌은 들지 않았다. 점과 기호, 사각형과 삼각형, 그리고 이 기호와 도형들로 무엇을 해야 하는지 문제조차 이해할 수 없었다.

이윽고 첫 시험이 끝났다. 주변에 앉은 사람들의 표정을 정확히 읽을 수가 없었다. 더러는 안도하고 더러는 놀라워했던 나의 반응이 당연한 것인지 판단하기조차 어려웠다. 시험이 시작되기 전에 몇몇 사람들과 대화를 나눴는데, 두세 명은 멘사 시험에 떨어진 적이 있다고 했다. 다음 시험이 대략 어떤 내용인지를 아는 것만으로도 큰 도움이 되리라고 생각했다.

두 번째 시험은 단어 문제였다. 방식은 첫 번째 시험과 동일했다. 뒤로 갈수록 난이도가 점점 높은 문제 세트를 제한 시간 내에 풀어야 하는데, 이번에는 언어 중심이었다. 몇몇 단어는 정의를 해야 했고, 나머지는 문맥에 따라 배치하거나 문장과 절 속에 채워 넣는 식이었다. 이쪽이 한결 익숙했다. 기자였던 나는 20년 가까이 거의 매일 신문과 잡지 기사를 하나씩 쓰고 편집하고 교정해왔다. 1년에 250개, 전부 합쳐 5천 개가 넘는 기사를 썼다. 기사 하나에 1천 개의 단어를 사용했다면, 무려 500만 개의 단어가 내 머릿속에서 분류, 질의, 제외, 철자 확인, 교체, 삭제, 복원 등의 과정을 거쳐 사용되었다는 뜻이다. 게다가 이 수치는 근무 시간에 쓴 기사만을 계산한 것이다.

단어 문제도 쉽지는 않았지만 그럭저럭 풀 만했다. 'separate(분리된)'란 단어는 'unconnected(연속되지 않은)' 또는 'unrelated(관련 없는)'와 같은 의미일까? 'evade(회피하다)'는 '피하다'는 의미의 'avert'나 'elude' 또는 'escape'와 같을까?(멘사는 시험에 응시한 사람들이 출제된 문제를 공유하는 것을 달가워하지 않는다. 하지만 이 문제들은 이미 신문 기사에 나온 것들이다.) 문제를 풀던 나는 첫 번째 시험과는 다른 뇌 영역을 사용하고 있다는 느낌을 받았다. 조금 전에는 기호와 씨름하며 오답을 제거하느라 시간이 많이 걸렸다면 이번에는 하나의 단어를 선택해야 하는 문제가 더 많았다. 심지어 제한 시간 전에 끝낸 문제도 있었다. 펜을 내려놓던 나는 가족의 권유로 멘사 시험에 도전한 여학생이 궁금했다. 확실하지는 않았지만 억양으로 보아 독일 사람 같았다. 그 여학생에게 굳이 다가가 묻지는 않았지만,

주변 사람과 나누는 대화를 엿들어보니 내가 좀 남달랐던 것 같다. 대부분 두 번째 시험이 훨씬 어려웠다고 했던 것이다. 그들과 작별 인사를 하면서도 나의 500만 단어 얘기는 꺼내지 않았다. 아무튼 멘사 시험에 응시하려면 25파운드의 비용이 든다. 시험에 떨어져도 환불해주지 않는다.

지능과 계급의 상관관계

몇 세대 전에는 멘사 같은 고지능자들의 단체가 지금보다 훨씬 유별나게 보였을 것이다. 20세기 이전에는 자신의 지능에 신경 쓰는 사람이 거의 없었다. 물론 다른 사람들이 얼마나 똑똑한지도 별 관심이 없었다. 서로에 대해 거의 신경을 쓰지 않았다. 당장 해야 할 일만으로도 벅찬 상황에서 대다수 사람들에게 학교는 사치였다. 가족의 사회적 지위보다 재능과 정신적 능력에 따라 무엇을 할지를 결정한다는 사회적 이동social mobility의 개념은 계급에 기초한 엄격한 참여규칙 때문에 밀려났고, 사람들이 '더 나은 자신'을 가꾸기 위해 필요로 했던 것도 실용적인 기술이었다.

그러다 프랑스를 비롯한 몇몇 나라들이 지능을 한층 진지하게 받아들이기 시작했다. 19세기 후반, 프랑스는 프로이센과의 전쟁으로 빼앗긴 알자스로렌 지방 때문에 여전히 속앓이를 하고 있었다. 프랑스 정부는 이 지역을 되찾을 수만 있다면 어떤 대가도 치를 각오가 되어 있었다. 프랑스 사람들은 프로이센이 의무 초등교육을 도입하여 적어도 100년 동안 어린 세대들이 강제적으로 학교에 다녔다는 사실에 주목했다.

프랑스도 영리하고 민첩하며 교육받은 젊은 군인 세대가 필요하다고 판단했다. 국가 차원의 인지강화 프로그램의 필요성에 눈을 뜬 것이다. 그러던 1882년, 프랑스는 프로이센을 모방하여 초등학교를 의무교육으로 제도화했다.

초등학교 교사들은 큰 충격을 받았다. 많은 학생들이 능력이 부족한 상태이거나 배우고자 하는 의지가 없어 보였기 때문이다. 그때 이후로 교사들은 끊임없이 교육계를 뒤흔든 사회문제, 즉 상류층부터 하류층 자녀까지 요구도 다양하고 능력 차이도 제각각인 아동 집단을 어떻게 가르칠 것인지를 고민했다.

이 문제를 해결하기 위해 프랑스는 장관급 위원회를 구성하여 조사한 결과 권고안을 담은 보고서를 도출했다. 이 위원회를 이끈 상원의원 레옹 부르주아(이름과는 달리 급진사회주의자였다)는 자신의 정적 2명을 위원단에 포함시켰다. 당시 유명한 정신의학자였던 데지레-마글루아르 부르느빌과 최근에 유명해진 심리학자 알프레드 비네였다. 두 사람의 논쟁은 인간의 두뇌와 능력을 이해하기 위한 최선의 방법을 두고 심리학자들과 정신의학자들 사이에서 오늘날까지 이어지고 있는 긴 전투에서 발사된 첫 탄환이었다.

파리 소르본 대학의 유명 인사였던 알프레드 비네는 아내와 함께 두 딸(1885년에 마들렌, 1887년에 앨리스 출생)을 얻은 후로 인지와 지능 영역에 푹 빠졌다. 그는 두 아이의 학습 방식이 서로 다르다는 점에 주목했다.

마들렌은 유아기부터 신중하고 생각이 깊으며 연상 능력이 빠른 아이였다. 반면 앨리스는 외향적인 성격에 도전을 즐겼다. 다음에 무엇을 손에 쥘지 정하기도 전에 손 안에 든 것을 놓아버리는 등 마들렌과는 행동 방식부터 달랐다. 두 아이의 대조적인 성향은 성장할수록 점점 더 분명해졌다.

두 살 차이여서 더 좋은 연구 대상이었다. 그는 두 아이의 나이와 정신 능력이 어떤 관련이 있는지 실험하기 시작했다. 예컨대 마들렌과 앨리스 모두 세 살 때부터 '나를'과 '내가'를 구분할 줄 알았다. 동생 앨리스는 모방할 대상인 언니가 있는데도 두 단어를 구분하는 시기가 더 빠르지는 않았다. 반면 두 아이가 동일한 시기에 똑같이 터득한 기능도 있었다. 2개의 선을 짝지어 놓고 더 긴 선을 고르라고 했을 때 둘 다 빠르고 정확하게 구분해냈다. 과학자의 딸다웠다.

비네는 유아기의 인지 능력 관찰 사례가 새로운 교육제도에서 교사들이 맞닥뜨렸던 문제들을 해결해줄 수 있으리라고 기대했다. 학습에 어려움이 있는 아이들을 일찍 확인하면 적절한 조치를 취할 수 있을 것이다. 비네는 대부분의 삶을 이타주의자로 살았다. 그는 학습 장애를 가진 아이들에게 진심으로 다가가는 인물이었다.

1905년에 〈비정상적인 아동들의 문제〉라는 주제로 발표한 잘 알려지지 않은 논문에서도 그는 지능이 낮은 아이들이 문명사회에서 겪을 수 있는 어려움에 깊은 관심을 보였다.

논문에서 그 아이들이 학교에서 도태될 경우 범죄의 길로 빠져 상대적으로 능력 있는 사람들에게도 큰 부담이 될 수 있다고 경고했다. "그들은 사회에 아무런 기여도 하지 않으면서, 건실하고 건강한 사람들이 일군 성과를 소모하는 기생충이 된다"고 하면서, 그들을 교육제도 속에 붙잡아두고 낮은 지능 때문에 범죄행위에 유혹되지 않도록 감독해야 한다고 제시했다.

비네에게는 또 다른 동기도 있었다. 그는 자신의 경쟁자였던 부르느빌 같은 정신의학자들이 이런 아동들에 대한 대처법을 찾아내는 것을 탐탁지 않게 여겼다. 정신의학자들은 학습에 어려움이 있거나 특별 시설에 수용될 정도로 의학적 문제를 가진 아동들, 즉 매우 심각한 사례들에 관심이 많았다. 여기서 비네는 자신과 친구들을 포함한 심리학자들에게 좋은 기회를 발견했다. 그동안 자신이 주장한 내용을 사회문제로 인식하는 학교와 교육자들과 교류하는 것이었다.

비네가 도움이 필요한 아동들을 찾아내기 위해서는 그들과 일반 아동들을 구분할 방법부터 마련해야 했다. 그는 마들렌과 앨리스의 차이를 떠올리며 아동의 연령별 발달 수준을 판단할 검사를 고안했다. 4세 아동의 능력은 당시의 대다수 4세 아동의 능력치와 비교하고, 5세 아동도 일반적인 5세 아동들의 전형적인 능력치와 비교하는 것이었다. 그러기 위해 비네는 멘사 시험처럼 난이도가 점점 높아지는 30가지 검사 양식으로 하나의 척도를 만들었다.

비네의 척도에 따르면 대부분의 만 4세 유아는 자신의 눈과 코, 입을 손으로 가리키고 선생님에게 가족의 성을 말할 수 있어야 한다. 5세가 되면 사각형 그림을 따라 그리고, 대각선으로 나눠진 카드를 다시 맞출 수 있어야 한다. 8세에는 20부터 거꾸로 숫자를 세고 날짜도 알아야 한다. 이 검사는 15세까지 있었다. 15세에는 주어진 하나의 단어로 같은 운을 지닌 단어 3개를 말하고, 일곱 자리 숫자를 반복할 수 있어야 한다.

이 검사는 합격과 탈락이 없었다. 실제로 해당 연령 집단의 질문지에 담긴 모든 문항에 답하거나 하나도 답하지 못한 아동은 거의 없었다. 그보다는 자기 나이에 비해 어려운 문항에는 답하지 못하는 것이 일반적이었다. 그리고 종합적인 결과를 합산하기 위해 이런 검사도 했다. 예컨대 7세 아동이 7세 수준의 문항에 모두 답하고 8세와 9세의 문항을 절반 정도 풀었다면 지능이 평균 이상인 것으로 판별했다. 비네는 이런 식으로 정신연령mental age 개념을 창안했다. 위의 7세 아동은 응답별 가중치 계산을 통해 8세의 정신연령을 가진 것으로 평가했다. 그리고 7세의 문항을 버거워하면서도 6세의 문항을 대부분 해결했다면 정신연령은 6세에 해당하는 것으로 보았다.

무언가 허술한 느낌도 든다. 비네도 그 점을 인정했지만 별로 개의치 않았다. 그는 이 검사 기법을 특별한 용도로 활용했다. 즉, 교사들이 해당 나이의 평균보다 현저히 낮은 점수를 얻은 아동들을 판별하여 친구들과 같은 수준에 맞출 수 있도록 돕는 것이었다.

비네는 정신연령 수치는 그저 점수일 뿐 정확한 척도는 아니라고 하면서 지나치게 몰입하지 말라고 경고했다. 또한 이 검사는 아동의 반응과 행동 및 다른 성향들과 더불어 교사들이 반드시 활용해야 할 다양한 요인들 중 하나에 불과하다고 했다.

특히 비네는 '보통'의 아이들 모두 연령별 검사를 통과한 것은 아니라는 점을 강조했다. 예컨대 6세 아동 모두가 6세 검사의 모든 문항을 푼 것은 아니라는 것이다. 다른 나이도 마찬가지였다. 애초에 이 검사는 각 연령 집단의 최소 4분의 1은 또래의 평균치에 미치지 못하도록 설계되었다.(실제 검사 결과에서도 각 연령별 통과 비율이 65~75퍼센트인 것으로 확인되었다.) 그가 고안한 정신연령 개념은 경고와 면책의 의미가 모두 담긴 통계학적 도구였다. 아동의 능력이나 잠재력을 평가하는 확고한 척도가 아니라 문제를 푸는 바로 그날의 능력만을 측정하는 일종의 스냅사진이었다.

1911년 비네는 뇌졸중으로 사망하여 파리의 유명한 몽파르나스 공동묘지에 묻혔다. 작가와 지식인들의 마지막 거처이자 사무엘 베케트, 수전 손택, 장-폴 사르트르의 안식처인 그곳에. 1911년은 그나마 덜 붐벼서 비네도 한 자리를 얻을 수 있었다. 그의 정신연령 척도는 사후에도 수십 년 동안 활용되었다. 하지만 그의 경고와 주의는 철저히 묵살되었으니 아마도 한동안은 무덤 속에서 많이 혼란스러웠을 것이다.

IQ 높은 사람이 돈을 더 많이 번다

알프레드 비네의 업적은 멘사 시험과 같은 IQ 검사의 토대를 마련했다는 것이다. 온라인에서 흔히 볼 수 있는 단순한 문제들은 무시하라. 최신 IQ 검사에는 수백 파운드의 비용이 들고 몇 시간 동안 진행된다. 그 문제들은 기밀 사항이며 공인된 심리학자들을 비롯한 전문가들만이 다룰 수 있는 내용이다. 언어와 수학부터 공간 인식과 단기 기억에 이르기까지 인지 능력의 다양한 영역을 검증한다. 그리고 자녀를 직접 관찰하며 정립한 알프레드 비네의 점수 산정 원칙은 그로부터 1세기가 넘도록 토대 역할을 하고 있다. IQ 점수는 상대 척도이다. 다른 사람들의 전형적인 능력치와 비교한 수치인 것이다. 바꿔 말하면 IQ는 사람들을 지능 순서에 따라 배치하는 방식이다.

IQ 검사에 비판적인 사람들도 꽤 많다. 그들은 인간이 지닌 갖가지 능력과 잠재력을 하나의 수치로 한정하는 것 자체가 어리석다고 지적한다. 옳은 말이다. 하지만 그들은 실제로 누구와 논쟁을 벌이고 있는 것일까? 오히려 자신들을 전적으로 이해하는 사람, IQ 검사는 반드시 그런 식으로 진행되어야 한다고 확신하는 사람들을 찾기 가 더 어려울 것이다.

IQ라는 개념 자체를 비웃는 비판가들도 있다. 남다른 IQ를 가진 똑똑한 10대들을 다룬 인터넷 기사에 달린 댓글을 보면 알 수 있다. 이들은 IQ 검사가 진짜 지능을 측정하는 것이 아니라고 주장한다. 그러나 지능과 무관한 부분까지 파악하지 않고서는 지능의 실체를 충분히 규명하기 어렵다.

한가지 측면에서 보면 이들의 비판도 틀리지 않다. 확실한 것 하나는 IQ가 해결 능력을 반영한다는 사실이다. 이 논리에 따르면 IQ 검사는 개인의 IQ를 측정하는 유용한 방법이라고 할 수 있다. 하지만 여기서 놓친 부분이 있다. IQ는 개인의 능력을 평가하는 척도로 개발된 것이 아니라 능력 차이를 비교하는 방법이라는 사실이다. 그리고 평균적으로 IQ가 높은 사람은 세상의 다양한 분야에서 더 높은 성취를 보인다.

펜과 시험지로 치르는 대부분의 IQ 검사에서 높은 점수를 받은 학생들은 공부에 더 많은 시간을 투자하고 성적도 높다. 이 학생들이 학교에서만 똑똑하고 사회에 나와서는 똑똑하지 않을까? 그렇지는 않다. 직장에서도 상사와 동료들 사이에서 실적과 관리 능력을 최고로 평가받는 직원들은 대부분 IQ가 높다. 뿐만 아니라 고도의 전문성을 지닌 하이칼라 직종에서 비교적 단순한 블루칼라 직종에 이르기까지 모든 부문에서 성취와 IQ의 연관성이 발견된다. 이런 경향은 군대에서 더욱 두드러진다. IQ가 높은 신병들이 훈련에서 더 높은 성과를 거둔다.

실적은 급여로 이어지니 IQ가 높은 사람들이 당연히 돈을 더 많이 번다. 게다가 그들은 건강도 더 좋다. 그렇다면 기사에 소개된 똑똑한 10대들은 어떨까? 그들이 성장하면서 고혈압이나 심장병, 비만, 병원 치료가 필요한 정신질환에 걸릴 가능성은 상대적으로 낮다. 그래서 장수할 가능성도 더 높다. 몇몇 연구에서는 IQ가 상대적으로 낮은 사람들이 흡연과 같은 조기 사망 위험에 노출될 가능성이 더 높은 것으로 나타났다.

높은 IQ는 창의력과 음악적 재능, 특허 취득, 예술상 수상 등과도 관련된다. IQ가 높으면 인종차별과 성 차별적 신념에 빠질 가능성이 낮다. 종교에 휘둘리지 않으며 정치에 관심을 보이는 경향이 있다. 권위에 쉽게 굴복하지도 않는다. 또한 미국의 우익 웹사이트들이 즐겨 사용하는 자동 모욕 댓글 생성기의 표현을 빌리자면, 물담배를 피우고, 국기를 태우고, 떼지어 생활하고, 군대를 비방하고, 세금을 낭비하고, 잘난 척하고, 광기 어린 좌파 자유주의자가 될 가능성이 크다.

하지만 인생에서 성공으로 간주되는 것들(좋은 성적, 높은 급여, 좋은 건강)과 IQ의 관련이 큰데도 높은 지능이 오히려 찬밥 대우를 받는 직종도 있다. 그중 하나가 미국 경찰이다. 1999년 코네티컷주의 경찰에 지원한 사람이 지능검사에서 굉장히 좋은 성적을 얻었지만 탈락했다.

경찰 측은 영문학을 전공한 로버트 조던이 훗날 경찰 업무에 싫증을 느껴 자신의 인지 능력을 발휘할 수 있는 다른 직업으로 이직할 것을 우려했다. 그렇게 되면 그를 훈련하는 데 투자한 비용을 허비하는 셈이었다. 조던은 경찰의 결정에 불복하고 소송을 제기했지만 패소했다. 법원은 그가 차별받은 것이 아니라며, 경찰은 시험 성적이 너무 높거나 낮은 자원자를 탈락시킬 권리가 있다고 판결을 내렸다. 결국 조던은 경찰이 아니라 교도관으로 일하게 되었다.

당신의 IQ는 얼마인가?

멘사 시험을 치르고 결과지를 받기까지 이삼 주일 걸렸다. 하지만 봉투에 멘사라는 단어가 선명하게 찍혀 있었기에 아내가 봉투를 여는 데는 몇 초밖에 걸리지 않았다. 아내는 곧바로 나에게 전화해서 소식을 알렸다.

"어머, 당신 가입됐어요. 그럴 줄 알았어요."

머리가 지끈거렸다. 벌써 가입되면 인지강화로 멘사에 들어가겠다는 구상을 어떻게 입증한단 말인가?

그때 또 한 가지 생각이 불쑥 떠올랐다. 가입되었으니 이제 진짜 멘사의 일원이다. 자부심이 솟구치더니 곧바로 부끄러운 마음도 생겼다. 멘사에 가입되었다는 소식을 다른 사람들에게 말할 때 나도 모르게 으스대고 조금은 별난 모습을 보였던 것이다. 파티에서 만난 사람이 멘사 회원이라는 것을 어떻게 알 수 있을까? 그들 스스로 말할 것이다.

어쩌면 인지강화의 시야를 조금 더 넓혀야 할지도 모른다는 생각이 들었다. 사람들은 멘사를 상위 2퍼센트, 즉 50명당 1명으로 이루어진 집단이라고 생각한다. 하지만 이보다 훨씬 배타적인 단체들도 있다. 이 엘리트 집단의 회원들은 아마도 멘사가 너무 비대하다며 깔볼지도 모른다.

예를 들어 멘사의 전체 회원 중 TOPS Top One Percent Society에 가입할 수 있는 비율은 절반도 안 된다. 그리고 TOPS 회원 중에 OTS One in a Thousand Society에 가입할 자격이 되는 비율은 10명 중 1명 미만이다. 그 위에 있는 단체들은 이름도 비밀스럽고 철자도 제각각이다.

에피다 소사이어티 The Epida Society, 밀레니야 The Milenija, 스디크 소사이어티 The Sthiq Society, 루도마인드 Ludomind 등이 있다. 유니버설 지니어스 소사이어티는 2330명 중 1명, 에르고 소사이어티 The Ergo Society는 3만 1500명 중 1명꼴이다. 메가 소사이어티는 100만 명 중 1명이고, 기가 소사이어티는 10억 명 중 1명이다. 산술적으로 따지면 전 세계 인구를 통틀어 7명만 가입이 가능하다. 당신이 그들 중 한 명과 친구라면 그 사실을 말해 주자.

이 계보의 맨 꼭대기에는 자칭 그레일 소사이어티 Grail Society라는 단체가 있다. 이 단체의 회원 자격 기준은 턱없이 높은 76억 명 중 1명으로 현재까지는 회원이 없다. 이 단체를 운영하는 네덜란드 출신의 기타리스트 폴 쿠이즈만스는 약 2천 명이 도전했지만 모두 실패했다고 말한다. "지금까지 누구도 가까이 다가오지 못했다는 사실을 명심하세요."

나는 멘사 시험 결과를 유심히 살펴보았다. 내가 옳았다. 예상대로 첫 번째 시험은 통과하지 못했다. 하지만 멘사도 옳았다. 이 단체의 규칙에 따르면 나는 그럴 필요가 없었다. 자원자는 2가지 유형의 시험 중 하나만 통과하면 된다. 두 번째 시험인 언어 영역에서 나는 충분히 높은 점수를 얻었다.

기호 문제인 첫 번째 시험Culture Fair Scale(문화공평성 척도)에서 나는 총 183점 중에 128점을 얻어 백분위 중 96번째에 해당했다. 꽤 좋은 성적이지만 멘사의 기준에는 미치지 못했다. 반면 두 번째 단어 시험The Cattell Ⅲ B Scale(언어 척도)에서는 총 161점 중 154점을 얻었다. 멘사 결과지에 설명된 대로 98분위에 해당하는 점수였다. 그래서 구독료 50파운드만 지불하면 가입할 수 있었다.

가입하지 않을 이유는 없었다. 이제 정확한 IQ 검사 결과를 갖고 있으니 계획대로 인지강화 실험을 한 후에 다시 한 번 멘사 시험에 응시하여 점수를 더 높이면 된다. 굳이 관계자들에게 회원이라고 밝힐 필요는 없다. 내 생각에는 첫 번째 시험(기호와 추상적 추론)이 타고난 정신 능력을 판단하는 데 더 적합한 것 같았다. 그래서 이 시험을 목표로 인지강화 실험을 해서 점수를 더 높이기로 했다.

하지만 시간이 조금 필요했다. 단기간에 IQ 검사를 다시 한다면 이미 문제와 응답 요령에 익숙해져 내적으로 발전된 효과가 얼마나 큰지 또는 얼마나 빨리 사라질지 확인하기 어렵기 때문이다. 일부 보고서는 단기간에 다시 치른 검사에서 최대 10점까지 향상되며, 3개월 이후에는 효과가 사라진다고도 하고, 6개월까지 지속된다고도 한다. 완벽을 기하기 위해 나는 1년을 기다리기로 했다. 멘사 가입에 실패한 사람들에게도 1년 뒤에 다시 응시하라고 요구하기도 한다.

덕분에 내 지능을 향상시켜 IQ를 끌어올릴 방법을 찾을 시간도 충분했다. 다만 그 과정이 생각처럼 간단하지는 않았다. 이제 연구를 시작하는 사람에게는 지능의 개념을 명확히 규명할 방법을 찾기조차 쉽지 않았다. 지능이란 누구나 인식하고 있지만 구체화하기는 까다로운 모호한 개념이다. 따라서 지능을 향상하겠다는, 즉 인지강화라는 목표도 실체를 명확히 규명하기가 쉽지 않았다. IQ를 높이는 것만으로 충분할까? 이 화두를 가지고 지난 수십 년간 많은 사람들이 논쟁을 벌였다. 나 역시 이 고민을 하며 열두 달을 보냈다. 이제 질문을 바꿔보자. 당신의 머리는 얼마나 우수한가?

3장

지능의 문제점

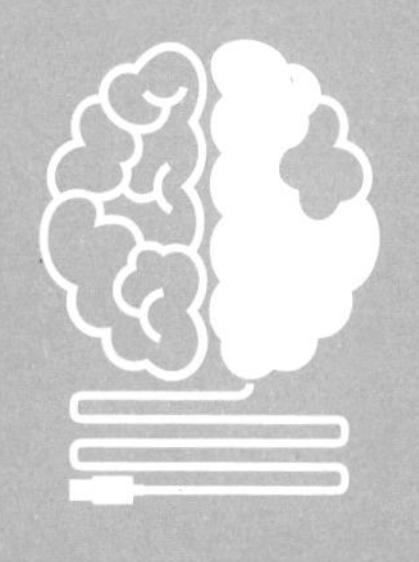

the
genius within

다음의 문제로 당신의 지능을 시험해보자. 10명의 남자들로 이루어진 집단에 대한 간단한 문제이다. 남자들에 대한 몇 가지 정보를 제시하면 이렇다.

> 남자들 중 1명은 콧수염이 있다.
>
> 3명은 안경을 썼다.
>
> 1명은 대머리다.
>
> 대머리 남자에게는 콧수염이 없다.

10명의 남자들이 서로 악수를 했을 때 이들이 악수한 횟수는 총 몇 회인가?

여유 있게 생각하되 시간을 너무 많이 쓰지는 말자. 결국 대부분의 사람들이 정답을 맞히겠지만 유독 빨리 계산해내는 사람들이 있다. 중요한 것은 우리가 당신의 지능을 측정하고 있다는 사실이다.

답을 구했다면 함께 곰곰이 생각해보자.

정답은 45회다.

왜 그럴까? 첫 번째 남자가 악수하는 사람은 9명이고, 두 번째는 8명, 이런 식으로 계속된다. 55라고 답했다면 10명이 자기와 악수한 횟수까지 더한 것이다. 많은 사람들이 90회라고 답하는데, 대머리 남자가 콧수염 남자와 한 번 악수를 했다면 콧수염 남자는 더 이상 대머리 남자와 악수할 필요가 없다는 사실을 생각지 못한 것이다. 그리고 100회라고 대답한 사람은 아마도 별 생각 없이 10에 10을 곱했을 것이다.

45회라고 답했다면 아주 훌륭하다. 하지만 시간이 얼마나 걸렸을까? 단 몇 초? 1분 이내? 더 많이 걸렸는가? 빨리 풀수록 당연히 IQ가 높다.

IQ 시험을 하나의 질문으로 압축하기는 불가능하지만 앞의 문제는 우리가 얻으려는 것에 매우 근접하다. 이 문제로 논리력과 추론 능력, 수학 능력, 공간 인식, 반응 속도, 부적절하고 산만한 정보를 제외하는 능력을 시험할 수 있다. 안경과 콧수염, 대머리는 주의를 분산하는 전형적인 장치이다.

그러나 이처럼 단순한 문제를 해결하는 데도 문화적 인식이 필요하다. 악수라는 용어를 이해하는 것부터 시작해서 악수가 두 사람 사이에서 이루어진다는 사실부터 알아야 한다. 더 난해한 것은 문제에 명시되지는 않았지만, 한 쌍이 악수하는 횟수는 오직 한 번이라는 사실도 인지해야 한다. 단순해 보이지만 생각보다 복잡하다. 지능도 마찬가지다.

지능이란 무엇인가?

지능이 아주 높은 사람들도 무엇 때문에 자신들이 영리한지 그 이유를 찾아내려고 애쓴다. 1921년 영국 교육심리학 저널의 편집인들이 심리학과 철학 분야의 세계적인 석학 14명을 초빙하여 단순한 질문 하나를 제시했다. "지능이란 무엇입니까?"

반응은 제각각이었다. 2명은 답변을 거부했다. 한 사람은 질문 자체가 근본적으로 고루하다는 이유였고, 다른 사람은 대답하기 불가능하다는 이유였다. 나머지는 두 사람이 제시한 이유 안에서 제각기 다른 답변을 했다. 그들이 제시한 개념들은 그 자체로 의미가 있었다. 하지만 완전히 다른 답변도 많았고, 충분히 논쟁할 만한 내용도 있었다.

한 사람은 사실과 진실을 이용하는 능력이 지능이라고 했고, 다른 사람은 추상적 사고를 활용하는 기능이라고 했다. 또 다른 몇몇은 지능을 신속하게 반응하거나 집중하거나 적응하는 능력으로 규정했다. 그리고 지능은 정신 능력을 획득하기 위한 정신 능력이라고 말한 사람도 있었다.

'획득한 지식과 보유 지식.' 몇몇 정의는 이렇게 단순했다. 반면 복잡한 정의도 있었다. '본능적 적응을 억제하는 능력, 시행착오를 상상하며 억제된 본능적 적응을 재평가하는 능력, 수정된 본능적 적응을 행동으로 실현함으로써 사회에서 개인적 이점을 확보하는 능력.' 한 사람은 여러 가지 특징을 단순히 나열하는 식으로 정의했다. '감각, 지각, 연관성, 기억력, 상상력, 차별, 판단, 추론.'

최근의 전문가들이라면 그동안 많은 연구와 경험을 바탕으로 이보다 훨씬 합리적인 정의를 내놓을 것이라고 생각하면 오산이다. 1986년에 심리학자들이 시행한 연구를 보면 지능의 본질에 대한 견해가 여전히 제각각임을 알 수 있었다. 즉, 1921년의 응답과 매우 흡사했다.

2007년에는 스위스의 전문가들이 지능의 정의를 담은 논문을 발표했는데, 무려 70여 가지로 늘어났다. 여기에는 환경에 적응하고 경험에서 이익을 창출하는 능력, 자신의 행동과 목표의 관련성을 '아주 조금이나마' 인지하는 능력 등이 포함되었다. 한 연구자는 시간이 지날수록 더 나은 결과를 이끌어내는 것이 지능의 의미라고 했고, 또 다른 연구자는 성공적인 삶을 유지하는 정신 능력이라고 했다.

스위스 연구원들은 정의를 나열하는 데서 한 걸음 더 나아갔다. 각각의 정의들을 대조하고 가장 보편적인 단어와 주제를 찾아낸 다음 하나의 간결한 문구로 집약하려고 시도했다. 상당히 효과적인 접근이었다. "지능이란 광범위한 환경에서 목표를 달성하는 능력을 나타낸다." 그들은 이 정의를 비격식적인 표현이라고 했지만 그보다 덜 격식을 갖춘 표현도 있다. "지능이란 원하는 것을 얻기 위해 해야 할 일을 하는 것이다."

지능의 개념을 설명하고 정의하려 했으나 결국 헛수고한 사람들은 심리학자나 철학자들뿐이 아니다. 컴퓨터 과학자들도 지능의 명확한 기능들을 규명해서 인간의 지능을 복제한 기계를 만들고자 했다.

인공지능에 대한 탐구는 미국 뉴햄프셔주 다트머스 대학에서 인간의 의식을 주제로 개최된 회의에서 시작되었다. 1956년 여름 두 달 동안 전자, 언어, 수학 등 다양한 분야의 전문가 10명이 모였다. 그들은 단순히 가능성을 논하는 차원이 아니라, "언어를 사용하고, 추상과 개념을 형성하며, 현대인들의 다양한 문제들을 해결하고, 스스로 발전하는 기계를 만들어내는 방법을 찾기 위한" 프로젝트의 기반을 구축하고자 했다.

그로부터 60년이 지났지만 인공지능 개발의 속도는 그들의 예상보다 훨씬 더뎠다. 하지만 당시에 그들의 만남과 그 모든 전제는 오늘날 우리가 알고 있는 것들이 근본적으로 잘못되었다는 가정에 기초한 것이었다. 심지어 회의가 열리기 전부터 주최자들은 이렇게 약속했다. "이 연구는 학습의 모든 측면이나 지능의 다른 특징들을 원론적으로 상세하게 설명할 수 있으며, 따라서 이 과정을 모방한 기계를 만들 수 있다는 가정하에 진행될 것이다."

원론적으로는 가능할지도 모른다. 하지만 실제로는 지능의 특징을 명확하게 설명하거나 복제하는 것은 차치하더라도 그 특징들이 무엇인지조차 밝혀낼 수 없다. 인공지능이 실현되었을 때의 무시무시한 미래를 비관하는 사람들은 자기 인식이 가능한 기계와 지각 능력을 가진 컴퓨터를 경계하고 있지만, 사실상 이 시대 최고로 꼽히는 로봇조차 수건 하나 제대로 접지 못한다.

지능이라는 용어의 기원을 보더라도 과학자나 철학자들이 지능의 개념을 명확히 설명하기 어려운 이유를 짐작할 수 있다. 지능intelligence은 아리스토텔레스와 호메로스가 인간의 의식이 '실체'를 판단하는 방식을 설명할 때 사용한 고대 그리스어 '누스nous(지성, 이성)'를 라틴어로 번역한 '인텔리게레intelligere'에서 유래했다. '누스'는 원래 종교적이고 형이상학적 의미(신을 신성한 지성으로 묘사하던 관습)로 사용되었다. 따라서 인간의 정신 능력도 과학적으로 설명하려 했던 영국의 계몽주의 저술가들은 영적인 표현처럼 들리는 '인텔리전스'라는 단어를 무시해버렸다. 그들은 '경험적으로 이해했다'는 식의 표현을 더 좋아했다. 당시에 지성과 지능은 유익한 무언가를 이루어내는 능력이라기보다 학술적 탐구와 학문적 의문을 해결하는 것으로 한정되었다.

이렇게 복잡하다 보니 신뢰할 수 있고 유용한 지능의 정의를 정럽하는 것 자체를 포기한 사람들도 있었다. 그래서 철학자들은 '지능이란 지능의 결핍이 없는 상태를 말한다'고 결론지었다.

심리학자들도 이 문제를 다룬 바 있다. 우둔한 행동은 어디에서 비롯되는가? 사람들은 어리석은 행동의 유형을 3가지로 설명한다. 첫째는 필요한 능력이 뒷받침되지 않는 확신이고, 둘째는 주의를 기울이지 못하는 것이며, 셋째는 통제력 결핍이다. 이 3가지를 통해 누구도 생각지 않은 지능의 또 다른 정의를 내릴 수 있다.

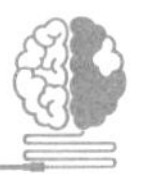

그때그때 달라지는 지능

근본적인 문제는 지능에 대해 객관적인 정의를 내리기 어렵다는 점이다. 누구나 동의하는 중립적인 사실은 물론 경험과 문화, 가치관도 지능에 영향을 미친다. 사회에서 중요하다고 생각하는 것들이 지능에 반영된다는 것이다.

더글러스 애덤스의 《은하수를 여행하는 히치하이커를 위한 안내서Hitchhiker's Guide to the Galaxy》에 등장하는 인간과 돌고래들은 각자 자신들이 지구상에서 가장 똑똑한 종족이라고 생각한다. 인간은 문명과 일, 전쟁을 창조했기에 스스로를 가장 영리하다고 생각했다. 자신들과 달리 모든 돌고래들이 지금까지 한 일이라고는 바다에서 첨벙거리며 재밌게 노는 것뿐이라고 생각했다. 돌고래들이 인간보다 자신들이 더 똑똑하다고 생각하는 이유도 마찬가지였다.

인간 세상에서 지능은 상황에 따라 달라진다. 서구 문화에서는 생각을 정리하고 분류하여 이성적인 논쟁에 가담할 수 있는 능력으로 보았다. 그래서 사고를 전개하는 속도와 빠른 반응을 중시한다. 반면 동양 사회에서는 사회적 역할을 하고 복잡한 것들을 인지하고 대응하는 능력으로 간주한다. 그래서 동양 문화에서는 사고의 속도보다 깊이를 중시하며 너무 빠른 해결책은 오히려 미심쩍게 여긴다.

수업 중에 입을 꼭 다물고 있는 학생들에 대해 어떻게 생각할까? 영국과 유럽의 교사들은 그 학생들의 지식이 모자라기 때문이라고 생각하는 반면, 아프리카의 어느 부족은 말수가 적은 것을 남다른 능력의 징후로 본다. 영어에서 '인텔리전트intelligent'와 같은 뜻으로 쓰이는 '브라이트bright(영리한)', '샤프sharp(날카로운)', '인사이시브incisive(예리한)'는 모두 거의 고집에 가까운 확신을 의미한다. 또 '인텔리전트'와 같은 뜻의 짐바브웨 단어 '느그와레ngware' 역시 '빈틈없는', '주의 깊은'이라는 뜻이다.

그렇다면 다음에 소개하는 논쟁에서 가장 뛰어난 지능을 보여주는 사람은 누구일까?

1930년대 소련의 저명한 심리학자 알렉산드르 루리야는 중앙아시아 농부들의 지능을 시험하고 싶었다. 그는 추상적인 문제들에 해답을 구하는 추론 능력을 측정하고자 했다. 루리야는 추론 능력을 중요하게 여기기도 했지만, 학력과 지식이 모두 빈약한 농부들에게 지식과 관련된 질문을 하는 것은 불공정하다고 판단했다.

루리야는 아시아 농부들의 문화에 부합하기 위해 그들의 경험을 반영한 질문을 만들어냈다. 추론 능력을 시험하는 그의 질문은 이렇게 시작되었다. "눈이 많이 내리는 북극의 곰은 흰색이다. 북극에 있는 노바 젬블라 지역은 항상 눈으로 덮여 있다."

그러고는 질문을 던졌다. "노바 젬블라에 사는 곰은 무슨 색인가?"

정보를 구분해서 필요한 것만을 조합하는 비교적 단순하면서도 추상적인 사고 능력을 시험하는 가정형 질문이다. 그리고 농부들의 삶에서 추상적 사고가 필요한 경우는 드물다. 특정 상황을 직접적으로 경험한 적 없는 농부들은 그 상황에 대입하기가 어려웠다.

농부들은 예상하지 못한 익살맞은 대답을 내놓았다. 루리야의 질문을 제대로 이해하지 못한 것이다.

한 농부가 답했다.

"내가 어떻게 알겠어요? 북극에 가본 적도 없는데."

다른 농부가 덧붙였다.

"왜 이런 걸 물어보는 거죠? 당신은 가봤겠지만 난 안 가봤어요."

또 다른 농부는 이렇게 말했다.

"아무개가 곰이 하얗다고 하던데. 그 사람은 만날 거짓말만 해요."

루리야는 다시 도전했다. 이번에는 망치, 톱, 도끼, 통나무 같은 사물들을 제시하고 종류가 다른 것을 가려내라고 했다. 사물을 개념화하고 그룹으로 분류하는 능력을 시험하는 것이었다. 그러나 이

번에도 허사였다. 농부들에게 연장을 분류하는 일은 생활과 아무 관련 없는 생뚱맞은 일이었다.

한 농부는 이렇게 답했다.

"모두 필요해요. 통나무를 자르려면 톱과 도끼가 필요하고, 두들기려면 망치가 필요하죠."

루리야가 '통나무'라고 대답한 사람도 있다고 말했더니 이렇게 말했다. "그 사람은 장작을 많이 갖고 있나 보죠. 우린 안 그래요."

심리학자들은 지능의 개념에 합의한 적이 없으면서도 지능이 실재하는 무언가라고 확신한다. 즉, 행동이나 실행을 지시하고 사람들이 보여주는 차이를 설명할 수 있는 무언가라는 것이다. 그리고 지능이 무엇이든 간에 측정 가능한 것이라고 확신한다.

초창기 과학자 프랜시스 골턴은 21세기의 관점에서 보면 천재이자 바보처럼 보인다. 그와 같은 부류들에게 주어진 특권을 감안하면 아마도 그의 명성은 우연히 얻어진 것이다.

아버지의 강압으로 의료계에 들어선 골턴은 마취 전 수술대에서 들리는 비명 소리에 질려 수학으로 방향을 틀었다. 신경쇠약에 걸린 골턴은 아프리카로 날아가 오늘날 갭 이어gap year(직장이나 학업을 잠시 중단하고 다양한 경험을 쌓는 기간-옮긴이)라고 불리는 시간을 가졌다. 그는 나일강에서 하마를 사냥하는가 하면, 낙타를 타고 사막을 횡단했다. 독학으로 아랍어를 배우고 매춘부에게서 성병이 옮기도 했다.

골턴은 여행하면서 '가장 위대하거나 가장 극단적인' 사람에게 수여할 목적으로, 런던 극장에서 얻은 모조 왕관을 들고 다녔다. 그 왕관은 지금의 나미비아 지역에 살던 어느 유력 부족장의 머리에 씌워졌다. 세상에서 가장 뚱뚱한 사람이라는 이유였다.(그날 밤 부족장은 답례로 자신의 조카딸을 발가벗긴 채 골턴의 텐트로 들여보냈다. 하지만 골턴은 그녀의 몸에 바른 버터와 붉은 안료가 하얀 리넨 정장에 묻을까 봐 그냥 내보냈다.)

런던으로 돌아온 골턴은 아프리카 오지에서 살아남는 법을 주제로 책을 썼고, 그 후로 과학자의 길을 걷기로 다짐했다. 그는 늘 무언가를 측정하기를 좋아했다. 아프리카에서는 천체와 지평선의 각도를 측정하는 육분의를 이용해 멀리서 원주민 여성의 체형을 감정한 적도 있다. 그리고 과학계의 망령처럼 떠돌고 있는, 완벽한 차를 끓여내는 공식을 도출하려고 고민했다. 또 의미 있는 최초의 기상도를 완성했고, 전국에 있는 못생긴 여자들의 분포도를 최초로 만들기도 했다.

사촌인 찰스 다윈이 진화론을 발표하자 골턴도 측정 대상을 사람으로 선회했다. 거북이와 피리새의 개량 과정도 매우 훌륭했지만, 그가 특별히 매료된 대상은 인간 특질의 유전과 선택이었다. 그가 추적하고 싶었던 것은 종의 기원이 아니라 인간이 지닌 정신 능력의 기원이었다.

골턴은 현대적 가치에 위배되는 사람이었다. 성 차별주의자였기 때문이다. 그는 피아노 조율사, 와인 감별사, 양모 선별가 등 감각적 선별 능력으로 높은 임금을 받는 직종은 모두 남성들이 차지하고 있다는 사실을 지적했다. 그래서 남성의 지적 우수성이 눈과 귀, 코 및 기타 감각기관에서 발현된다고 추론했다. 반면 지적으로 떨어진 사람들이 느리고 굼뜬 것은 감각 기능의 결함 때문이라고 주장했다.

"외부 사건과 관련된 정보는 오직 감각 경로를 통해 인지한다." 그가 쓴 글의 한 대목이다. "그리고 감각을 인식하는 능력이 확대될수록 판단력과 지성이 작동할 수 있는 영역도 확장된다."

따라서 골턴이 지능을 측정하는 방식도 결국 감각을 시험하는 것이었다. 그는 반사 능력과 반응 시간을 측정하기 위한 장치를 직접 설계해서 나무와 금속으로 만들었다. 그리고 표적을 가격하고, 먼 거리에서 읽고, 비슷한 색을 구분하고, 당기고, 쥐어짜고, 강하게 호흡하는 등 다양한 활동을 시험하기 위해 수천 명의 자원자들을 모집했다.

골턴은 자원자들을 시험하는 과정에서 그들의 머리 크기와 키, 몸무게, 직업 등을 기록했고, 그가 뛰어나다고 판단한 사람과 뛰어난 감각을 관련지을 만한 방식이 있으리라는 확신을 얻었다.(당시 영국 총리였던 윌리엄 글래드스턴도 런던에 있던 골턴의 인체측정학 실험실에 자원자로 방문했다.) 하지만 결과는 그의 예상을 완전히 빗나갔다. 일부 문제점이 드러났고, 밝혀진 사실들도 계속 어긋날 뿐이었다.

골턴이 인간의 지능을 탐구하기 위해 만든 토대는 튼튼하지 못했다. 사람들의 차이를 설명할 만한 어떠한 것도 찾아내지 못했는데도 자신이 무언가 중요한 일을 하고 있다고 믿었다. 다른 사람들도 그와 비슷한 일을 했는데, 그보다 훨씬 많은 것들을 증명했다.

그다음으로 똑똑한 아이는 누구인가?

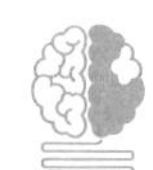

찰스 스피어먼은 당대의 과학자들 중 가장 저명한 인물이었다. 그는 원래 군인이었다. 버마에서 복무한 경력으로 훈장도 받았지만, 군대에서 보낸 14년을 "인생이 길다는 젊은 시절의 망상에서 비롯된 인생 최악의 실수"라고 자평했다.

스피어먼의 진짜 소명은 심리학과 지능 연구였다. 그는 자신의 표현대로 '계몽주의 철학자들이 길거리 심리학으로 치부하면서' 과학적 명성마저 잃게 된 지능 연구 부문을 회복하려 했다.

스피어먼은 골턴의 감각적 차이와 정신적 성취도 검사를 기반으로, 파리의 알프레드 비네처럼 아동들에게 초점을 맞췄다. 그의 접근 방식도 우연처럼 보이기는 하지만, 20세기 초에는 과학 연구 절차도 달랐다. 오늘날의 연구들은 대부분 정부의 지원을 받기 때문에 수준 차이는 있으나 공적인 책임도 진다. 그래서 모든 프로젝트는 인가 신청서, 평가서, 윤리 승인, 자원자 동의 양식 등 문서를 남긴다. 하지만 당시의 스피어먼에게는 어려울 것이 없었다. 아이들을 연구하고 싶다면 그저 마을 모퉁이를 100미터 남짓 걸어 동네 학교로 가서 몇몇 학생들을 빌리면 그만이었다.

그로부터 몇 달 동안 20여 명의 최고학년 학생들이 옥스퍼드 인근 애플턴 마을에 있던 스피어먼의 집을 방문했다. 그는 아이들을 대상으로 15분간 시력과 청력, 두 물체의 무게 구별하기 등의 검사를 진행했다. 특히 시력 측정 방식이 까다로웠다. 스피어먼은 두 장의 카드 중에 어느 것이 더 어두운지 말하라고 했다. 최대한 공정하게 검사하기 위해 매번 동일한 밝기의 창문 한복판에서 동일한 거리와 동일한 각도에 카드를 놓았다.

다음에는 두 번째로 높은 학년 30여 명을 한 학급에 모아 자체 제작한 모노코드라는 장치로 여러 쌍의 음표들을 들려주었다. 학생들은 각 쌍의 두 음표 중 더 높은 소리에 숫자 1이나 2를 적으면 되었다.

교실은 아이들로 북적거렸다. 여섯 살부터 열 살 사이의 학생들이 가득 들어찼고, 군인 출신의 대머리 아저씨는 아이들에게 조용히 앉아 있으라고 하면서 직접 만든 악기로 세상에서 가장 지루한 음악을 연주했다. 과연 제대로 진행되었을까? 스피어먼이 후속 보고서(지금도 심리학의 고전으로 꼽힌다)에서 냉정하게 지적했듯이 "부정행위를 막는 데 필요한 방법들을 찾아냈다." 그는 교장과 몇몇 교사들의 도움을 빌리고, '집중력을 유지하기 위한 작은 상'을 내걸면서 자신이 원하는 결과를 얻을 때까지 꽤 오랫동안 교실에서 정숙을 유지했다.

그런 다음 스피어먼은 사회적 지위가 높은 지역으로 갔다. 수준이 더 높은 아이들을 찾기 위해 두 번째 학교를 물색한 것이다. 이렇게 찾은 학교는 해로 지역 최고의 사립학교 진학을 목표로 소년들을 가르치던 '최고 수준의 예비학교'였다. 하지만 너무 급하게 진행되는 바람에 검사는 엉망이었다. 학생들을 일일이 검사할 여유가 없었기 때문이다. 학생들은 스피어먼이 공들여 준비한 무게 검사를 대충 지나쳐 버렸고, 색깔 카드 역시 주변의 밝기 변화에 아랑곳없이 한 번 보고 지나쳤다. 감독할 사람이 없었기에 학생들이 메모 내용을 서로 비교하는 것도 막지 못했고, 진지하게 검사에 임하도록 관리기도 힘들었다.

모노코드를 들고 다시 왔을 때는 그나마 운이 좋았다. 이번에는 몇몇 교사들이 들어와 질서를 잡아주었다. 스피어먼이 인정한 대로, 이곳의 '사회적 지위와 문화'는 '동네 학교와 완전히 상반된 것'이었다.

자기만의 방법으로 아이들의 감각을 측정했지만, 개개인의 지능을 검사할 방법도 필요했다. 첫 검사 결과는 매우 양호했다. 하지만 그는 교사들이 각각의 학생들을 '총명함', '보통', '우둔함' 중에서 어떻게 평가하는지, 그리고 순위까지 결과에 포함하고 싶었다. 교사들은 불가능하다고 말했지만 스피어먼은 개의치 않고 이렇게 말했다. "그냥 아이들 중에 누가 가장 총명한지만 말씀해주세요." 교사들은 기꺼이 그러겠다고 했고, 대답을 들은 스피어먼은 그다음으로 똑똑한 아이가 누구인지 물었다. 이런 식으로 그가 원하는 답을 얻을 때까지 반복했다. 마지막으로 '학교 수준 이상의 예리함과 상식'을 가진 친구들을 자유롭게 선별할 가장 나이 많은 두 학생도 찾아냈다.

프랜시스 골턴은 지능과 성과의 연결 고리를 입증하려다 실패했지만 스피어먼은 성공했다. 한 걸음 더 나아간 덕분이었다. 그는 첫눈에 분명하게 보이는 것을 수학으로 입증하는 통계학적 기법을 창안했다. 그리하여 여러 과목별 명단에서 같은 이름이 주로 맨 위에 올라 있다는 사실도 확인했다. 이를테면 고전문학에서 우수한 성적을 보인 학생은 프랑스어 성적도 우수할 가능성이 높았다. 그가 발견한 또 하나는, 검사 과정에서 '사고'를 많이 한 학생일수록 이 부류에 더 가깝다는 점이다. 이것은 하위 단계에서도 마찬가지였다. 음악을 어려워하는 학생들은 영어에서도 낮은 점수를 받을 가능성이 높았다. 스피어먼이 증명한 것처럼, 서로 달라 보이는 척도들이 결국 같은 결과를 나타내고 있었던 것이다.

사고가 필요할 때마다 학생들은 무언가를 활용했다고 스피어먼은 결론지었다. 총명한 학생일수록 그런 경향이 많았고, 이것이 그들의 뛰어난 인지적 성과로 이어진다는 것이었다. 최근의 표현대로 이런 학생들은 더 많은 'X-인자X-factor'를 갖고 있다고 할 수 있다. 스피어먼은 이런 능력을 일컬어 '일반지능'이라고 불렀다. 그리고 훗날 이 용어를 다시 '일반인자general factor' 또는 줄여서 'g'로 명명했다.

스피어먼은 군대 시절의 경험을 떠올리며 자신의 발견이 유익하리라고 확신했다. 그리고 학교 성적을 비롯해 인간의 폭넓은 능력을 판단하는 데 중요한 역할을 할 것이라고 말했다. 1904년에 연구 결과를 논문으로 발표하면서 그는 이렇게 마무리했다.

> 우리는 그리스 구문론에서 받은 높은 점수가 군대를 지휘하거나 행정구역을 운영하는 능력의 기준이 아니라는 사실을 주장할 필요 없다. 그보다는 '일반지능'을 검사하는 다양한 수단을 확보하고 후보자의 특정 지위에 적합한 다른 자질들과 비교하여 일반지능의 상대적 중요성을 분명하고 객관적인 방식으로 확인해야 한다.

스피어먼의 견해가 대수롭지 않게 여겨질지도 모른다. 하지만 그의 견해는 인간의 능력과 관련하여 지금까지 제기된 주장들 중에서도 논란과 논쟁의 여지가 가장 큰 과학적 발견이다. 그의 주장은 인간의 지능과 능력, 교육에 대한 다양한 통념들을 단숨에 뒤집었다. 그리고 대자연이 인간을 공평하게 창조하지 않았음을 역설했다. 그의 주장은 불쾌하고 비과학적이며, 온갖 차별을 옹호하고, 증오와 편견, 속물근성을 뒷받침하는 데 이용되었다. 또 사람을 죽이고, 강제로 사지를 절단하고, 수용소에 집어넣고, 무방비 상태로 대중 앞에서 조롱거리로 만드는 것을 정당화하는 데도 악용되었다. 스피어먼의 연구 결과는 1세기가 지났는데도 여전히 사람들을 억압하는 데 이용되고 있다.

스피어먼의 대발견은 '긍정적 집합체'로 알려져 있다. 수학, 영어, 프랑스어, 역사 등 공부를 잘하는 아이는 어떤 과목에서든 늘 학급 최고였다. 어쩌면 음악과 미술, 체육까지도 말이다. 이 긍정적 집합체는 대상을 가리지 않기 때문에 지적 우수성도 제한적인 동시에 무작위로 분배된다. 실패도 마찬가지다. 사실 성적과의 연관성은 최하위층으로 갈수록 더욱 뚜렷하다. 모든 분야에서 최선을 다해 최고의 결과를 얻는 사람들도 있듯이, 모든 분야에서 성과가 저조한 사람들도 있다.

스피어먼의 'g'는 어쩌면 지금까지 들어보지 못한 가장 중요한 과학 이론일지도 모른다. 그런데도 그의 이론이 널리 알려지지 못한 이유는 말 그대로 너무 이론적이기 때문이다. 누군가의 'g,' 즉 그 사람의 '일반지능'은 측정하기 어렵고, 심리학자나 신경과학자들도 이것을 측정할 방법을 찾지 못했다. IQ가 가장 가까운 대안이지만, 그 때문에 많은 사람들이 IQ를 혐오하기도 한다. 일반지능이 정해져 있다는 발상에 따른 모든 사회적, 정치적 짐들이 IQ의 뒤편에 잔뜩 쌓여 있다.

지능은 가치 있는 것이며, 높을수록 더 낫다는 암묵적인 가정도 무거운 짐 중의 하나이다. 지적인 것은 바람직하므로 인간의 진보도 그 방향으로 나아가야 한다. 재능을 낭비하고 기회를 실현하지 못하는 것보다 큰 죄악이 있을까?

이런 편견에 동의하는 사람은 많지 않을 것이며, 이런 편견이 자신의 행동과 태도를 얽매기를 바라는 사람은 없을 것이다. 하지만 이 편견은 엄연한 현실이다. 동물과의 관계에서도 우리는 이 점을 확인할 수 있다. 사람들이 개를 먹는 것에 반대하는 이유 중 하나는 개가 지능을 가진 피조물이기 때문이다. 아무런 거리낌 없이 요리하는 아둔한 양이나 소보다 훨씬 더 말이다. 문어도 마찬가지다. 거울을 보고 자신을 인식할 정도로 똑똑한 동물을 냄비에 넣어서는 안 된다고 주장하는 사회운동가들이 많다.

지능을 높일 수 있는가?

지능의 본질은 철학적 정의나 학문적 고민을 넘어서는 것이다. 지능이 어떻게 작동하고 어떻게 향상될 수 있는지에 대한 생각은 능력과 잠재력을 바라보는 방식에 영향을 끼친다. 더구나 지능은 변하지 않는 수치이므로 높아질 수 없다고 믿는다면 성적이 낮은 학생들을 방치할 수도 있고, 학생들이 인생의 방향을 설정하는 데도 영향을 미친다.

학생들 10명 중 4명은 지능이 변하지 않는다고 믿는다. 어떻게 하더라도 자신의 정신 능력을 높일 수 없다는 것이다. 하지만 다른 4명의 생각은 반대다. 지능은 향상시킬 수 있으며 그러기 위한 최선의 방법은 열심히 노력하는 것이라고 생각한다.(나머지 2명은 이도저도 아니다.) 어느 쪽이 옳든, 즉 지능을 높일 수 있느냐 없느냐 하는 사실 자체는 학생들의 성적에 영향을 미치지 않는다. 어느 쪽을 믿느냐에 따라 태도와 노력, 성과가 달라진다.

하지만 지능을 높일 수 있다고 믿는 편이 더 낫다. 지능이 변하지 않는다고(실체 이론The entity theory) 믿으면 자신의 지능이 어느 정도인지 더 많이 신경 쓴다. 하지만 그렇다고 해서 성공 가능성이 높은 것은 아니다. 이런 아이들은 무언가를 제대로 해내지 못할 거라고 판단되면 아예 배우려고 하지도 않을 수 있기 때문이다. 자신의 약점을 개선하고자 노력하기보다 감추거나 거짓으로 덮으려 한다. 그리고 심리학자들이 말하는 '핑계 만들기'에 열중한다. 시험 전날 밤에 열심히 공부하기보다 시간만 때우며 TV를 보는 것처럼 말이다. 성적이 좋지 못할 때를 대비해 미리 핑계를 만들어놓는 것이다.

이런 아이들은 지능이 높으면 충분히 성공할 수 있다고 믿는다. 지능이 낮은 사람들이나 노력하고 인내하는 것이라고 생각하며 아무것도 하지 않는다. 상황이 나빠지면 쉽게 포기하고, 속임수를 쓰고, 자존감을 상실하고, 결국 더 나쁜 상황에 빠진다. 지적 한계에 부딪힌 것이니 어쩔 수 없는 일이라고 생각하기 때문이다.

반면 지능을 높일 수 있다고(발달 이론The incremental theory) 믿는 아이들은 학습에 대해 훨씬 건강한 태도를 갖고 있다. 그들은 성적만큼이나 노력에 가치를 부여하며 실패하더라도 새롭게 각오를 다지고 다시 시작한다. 그들에게는 한계가 없다.

두 부류 아이들의 실제 정신 능력은 현격한 차이가 없어 보인다. 그러므로 지능이 변하지 않는다고 생각하는 아이들의 문제는 바로 노력 부족이다. 이 아이들은 재능을 낭비하기 쉽다. 그러나 능력이 조금 부족하더라도 더 긍정적인 태도를 지닌 아이들은 좋은 결과를 얻을 수 있다.

전문가들은 두 부류의 아이들이 왜 이런 생각을 갖게 되었는지 명확한 근거를 찾으려 한다. 아이들이 어렸을 때 들었던 칭찬의 말에 미묘한 차이가 있을지도 모른다. "그림을 정말 잘 그리는구나. 너 천재 아니니?" 이런 말로 능력을 인정받은 아이는 소질을 타고났다고 생각할 수 있다. 반면 "그림을 정말 잘 그리는구나. 정말 열심히 그렸네"라는 칭찬을 들은 아이는 노력과 실천으로 그런 그림을 그릴 수 있었다고 믿을 것이다. 칭찬이 일반적인지 아니면 구체적인지도 중요하다. "그림을 참 잘 그렸구나"라는 표현은 아이에게 지능이 향상될 수 있다는 믿음을 심어줄 가능성이 높다. "거봐, 잘 그릴 수 있잖아"라는 말보다 더 유익한 표현이다.

지능의 본질에 대해 서로 다른 신념을 가지는 것은 학생들만이 아니다. 교사도 마찬가지다. 수학 문제 하나 제대로 못 푸는 아이에게, 교사는 모든 사람이 수학을 잘하는 것은 아니라며 걱정하지 말라고 위로한다. 이런 교사는 지능이 변하지 않는다고 믿기 때문에 이 아이는 수학 능력이 없다고 판단해버릴지도 모른다. 교사는 아이의 수학 능력을 높이고자 고민하지 않을 것이며, 아이에게 수학을 가르치는 방식도 완전히 바뀔 것이다. 하지만 사람 일을 누가 알겠는가?

4장

치료와 속임수

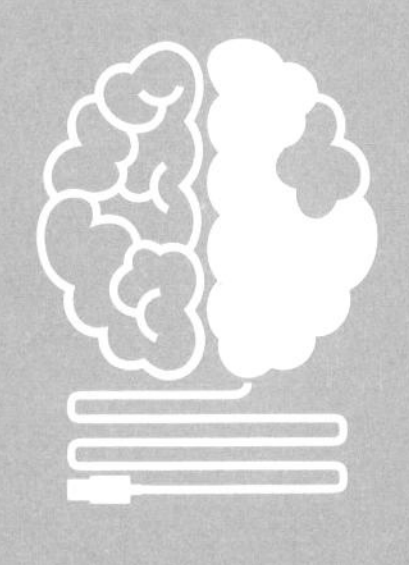

the
genius within

실제로 신경강화는 정신질환 치료법으로 연구 중에 있다. 나는 운 좋게도 전문가를 만나 정신적 문제에 대해 약간의 도움을 받았지만, 강박 장애를 비롯한 정신질환을 가진 많은 사람들은 나처럼 운이 좋지 못했다. 더구나 무모하다시피 한 방법까지 찾는 사람들도 있었다.

강박 장애를 비롯한 정신질환 치료법은 과거보다 나아졌지만 발전 속도는 최근 들어 오히려 더뎌졌다. 치료법은 대부분 뇌의 화학 구조를 바꾸는 약물 요법과 스스로의 태도와 사고, 행동을 바꾸는 심리요법을 병행한다. 2가지 방법을 적절히 조율하면서 대부분의 환자들과 대부분의 시간을 함께하며, 상당한 개선의 여지가 있는 것도 사실이다.

특히 어려운 부분은 이른바 대화 치료라고 불리는 심리요법에 대한 환자들의 반응이 일정하지 않다는 점이다. 인지요법의 하나인 대화 치료는 3개월 동안 매주 몇 시간씩 계속 진행된다. 그리고 집단으로 진행하면서 환자들이 자신의 사고방식과 그릇된 인지 습관을 깨닫고 극복할 수 있는 훈련과 행동 반응을 제시하는 데 초점을 맞춘다.

하지만 인지요법의 효과는 간헐적으로 나타난다. 치료 효과가 나타나기까지 시간과 속도도 환자마다 다르다. 효과가 나타나기는 했으나 순식간에 사라지기도 하고, 변화가 꽤 오래가는 경우도 있다.

많은 환자들이 인지요법의 효과를 보지 못하는 이유 중 하나는 뇌가 경직되어 있기 때문이다. 상자의 자물쇠가 너무 탄탄해서 반응 속도가 느린 것이다. 이 경우에는 인지력 개선제나 미세한 전기 자극으로 의식에 영향을 미칠 수 있다.

정신질환자의 뇌에 전기 자극을 가한다고 하면 전기충격을 떠올린다. 형벌을 받는 것과 비슷한 전기충격 요법ECT은 《뻐꾸기 둥지 위로 날아간 새》에 묘사되어 악명을 떨쳤다. 이것은 마취 없이 대량의 전기를 흘려보내 뇌에서 전기 폭풍이라 할 수 있는 발작을 일으키는 것이었다. 뇌에서 눈보라처럼 쏟아지는 신호로 인해 신경의 끝에 있는 근육은 경련을 일으키고, 심한 경우 팔다리가 부러질 정도로 나뒹굴곤 했다. 왜 발작을 일으켜서 우울증이나 정신질환을 치료하는 것일까? 컴퓨터 전문가들의 흔한 조언처럼 오류가 생긴 장치를 계속 껐다 켰다 하는 것과 같은 이유다. 의식의 재가동(리셋) 단축키, 즉 'Ctrl-Alt-Delete'와 같다.

전기충격 요법은 지금도 일부 성공 사례가 보고되면서 우울증 치료에 이용되고 있다. 그러나 이 요법은 너무 극단적이어서 사람들이 선뜻 하려고 하지 않는다. 오늘날 정신의학자들이 시험하는 전류는 그보다 훨씬 약하며 대상도 다르다. 의사들의 견해는 뇌 전부를 재가동하기보다 버그를 고치는 데 도움이 된다는 것이다. 두개골에 직접 전기를 가하면 뇌 국부가 강화되거나 약화될 수도 있고, 심지어 의식이 켜졌다 꺼졌다 할 수도 있다고 생각한다. 이 이론에 따라 뇌의 활성도가 비정상적으로 높거나 낮은 부분을 추적해서 정신질환의 원인을 밝혀낼 수 있다면 새로운 방식의 전기 자극으로 증상을 호전시킬 수 있다. 뇌의 활동을 열어주고 숨은 잠재력을 끌어낼 수도 있다는 것이다. 그래서 더 많은 사람들이 구원받을 수 있다.

최근에는 약한 전류를 두개골을 거쳐 뇌로 전달하는 방식이 다양한 정신질환을 치료하는 데 활용되고 있다. 그 결과는 매우 고무적인 편이다. 기적에 가까운 치료 효과를 보인 사례도 많다. 항우울제 같은 정신질환 치료제를 복용할 수 없는 임신부에게 처치한 경우도 있다. 이런 사례들이 흥미롭기는 하지만 자칫 학문적 편향으로 이어질 수 있다. 같은 치료를 받았는데도 증상이 개선되지 못한 환자들은 조용히 잊혀지는 반면 극적으로 회복된 사례만 잇따라 발표되는 것이다. 내과와 외과 의사들이 실수를 묻어버린다면 정신의학자와 임상심리학자들은 자신들의 실패 사례를 책상 서랍 속에 숨겨버릴 수도 있다.

최근 들어 통제된 연구와 실험 사례들이 드문드문 발표되기 시작했다. 2016년에 출간된 연구 보고서에는 뇌 전기 자극이 우울증과 정신분열증뿐 아니라 섭식 장애, 불안, 강박 장애의 조기 증상을 완화하는 데 도움이 된다는 근거를 제시했다.

《정신의학연구 저널》에 발표된 이 보고서에는 반복된 전기치료요법으로 "여러 가지 주요 정신질환의 증상을 개선할 수 있다"고 결론짓는다. 하지만 경고의 말도 덧붙인다. "이 분야는 아직 유아기 단계이며, 임상적 효능에 대해 결론을 내리기 전에 몇 가지 방법론적이고 윤리적인 문제부터 해결해야 한다."

모든 사람들이 경고에 귀를 기울이는 것은 아니다. 일반적으로 실험 단계에 있는 의약품이나 새로운 요법의 안정성과 효능을 검증하기 위해 수백 명을 대상으로 임상 실험을 한다. 승인을 얻기 전까지는 그 약품이 꼭 필요한 사람들에게도 투약할 수 없다. 하지만 뇌 전기 자극은 다르다. 화재경보기 같은 데 쓰이는 땅딸막한 배터리 하나와 전선 몇 가닥, 약간의 지식이나 지침만 있으면 얼마든지 가능하다. 긍정적인 사례들이 의학 저널을 채우기 시작하면서, 강박 장애와 우울증, 양극성 장애를 지닌 사람들(전통적 치료법으로 효과를 보지 못해 절망하던 사람들)이 뇌의 이상을 조절하기 위해 전기 자극을 실험할 방법을 찾고 있다. 또한 자폐아를 둔 부모들도 깊은 관심을 보인다.

단지 정신질환의 문제만은 아니다. 뇌의 다른 오작동이나 오류 회로 역시 전기 자극의 표적이 될 수 있다. 2013년 런던의 어느 특수학교 학생들에게 전기 자극으로 가벼운 뇌 마사지를 시행했다. 전기 자극이 학습 장애를 극복하는 데 도움이 되는지 살펴보기 위해서였다. 페어리 하우스 스쿨에서 수학 성적이 바닥이던 여덟 살에서 열 살 사이의 학생 6명의 머리에 특수 모자를 씌우고 20분간 전기 자극을 총 9회에 걸쳐 실시했다. 비슷한 모자를 착용했지만 전기 자극을 가하지 않은 비교 집단에 비해 뇌 자극을 받은 학생들이 수학 시험에서 현저히 나은 성적을 올렸다.

이런 연구 사례들이 보고되면서 신경강화는 의학적으로 활용되는 것을 넘어서 사회 전반으로 확장되었다. 신경과학 기법들의 한 가지 공통점은 성형수술과 달리 새로운 무언가를 도입하려는 것이 아니라, 뇌 속에 이미 존재하는 잠재력을 끌어내거나 활성화하는 것이다. 실제로 점점 더 많은 사람들이 이 기법들을 활용해 자신의 숨은 잠재력을 깨우려고 한다. 앞서서 경험한 많은 사람들의 발자취를 따르고 있다.

영국의 사이클 선수 톰 심프슨은 자신의 숨은 능력을 깨우고 싶었다. 그의 목표는 세계에서 가장 유명한 자전거 경주대회인 투르 드 프랑스에서 우승하는 것이었다. 1967년 어느 여름날 아침, 심프슨은 암페타민 몇 알을 녹인 브랜디를 들고 자전거 경주에서 가장 어려운 코스로 꼽히는, '프로방스에서 가장 높은 산인 몽 방투'로 향했다. 하지만 결국 정상에 이르지 못했다.

멘사에서 결과지를 받기 몇 개월 전, 나는 톰 심프슨의 죽음을 애도하기 위해 자전거를 타고 몽 방투에 건립된 기념비 앞을 지나갔다. 사실상 나는 이곳을 두 번 지나간 셈이다. 한 번은 아주 천천히 올라갔고, 또 한 번은 아주 빨리 내려갔다. 기념비는 정상에서 몇백 미터 떨어진 도로 가장자리에 세워져 있다. 사각형 모양의 기념비에는 꽃이나 손으로 쓴 메모지가 아니라 사이클 선수들의 다채로운 물병들이 2단으로 장식되어 있었다. 기념비는 주변 풍경과도 너무나 잘 어울린다. 사이클 선수들이 몽 방투를 두려워하는 이유는 풀 한 포기 없을 뿐 아니라 잦은 강풍이 부는 오르막 비탈 때문이다. 부서진 석회암들로 이루어진 경관은 멀리서 보면 마치 눈이 쌓인 것 같고 가까이에서는 달 표면처럼 보였다. 정상에는 붉은색과 흰색으로 치장된 거대한 탑이 있다. 한 바퀴씩 힘겹게 페달을 굴리며 가까이 다가서는 선수들에게 그 탑은 점점 거대한 모습을 드러낸다.

1967년 톰 심프슨의 몸속에 퍼진 암페타민은 땀 배출을 막아버렸다. 그 때문에 정상을 향해 페달을 힘껏 밟을수록 몸은 더 과열되었다. 정신이 혼미해진 심프슨은 좌우로 휘청거렸다. 바닥에 쓰러진 그는 구경꾼들에게 자전거에 다시 앉혀달라고 부탁했다. 마지막으로 다시 안장에서 미끄러진 심프슨은 그대로 말이 없었다.

심프슨의 죽음은 전문 사이클 선수들에게 경종을 울렸다. 당시에는 사이클 선수들 중 상당수가 암페타민과 같은 약물과 각성제를 복용하고 있었다. 하지만 그의 죽음과 더불어 사이클 선수를 포함해 운동선수들에 대한 금지 약물 규정이 만들어졌다.

특정 질병을 치료하기 위해 개발한 약물이 엘리트 집단의 신체 능력을 향상하는 데 활용되는 사례들이 많다. 원래 목적이 퇴색된 것이다. 최근에 가장 눈에 띄는 사례는 지구력을 요하는 스포츠 선수의 약물 복용이다.

근육 형성에 남용되는 단백동화 스테로이드는 원래 암을 포함한 소모성 질환을 가진 사람들의 성장과 식욕을 돋우기 위해 개발되었다. 최근 사이클 선수들에게 금지된 합성 적혈구 생성인자(에리스로포이에틴EPO)는 신장과 장 질환의 합병증으로 종종 나타나는 빈혈을 치료하는 데 주로 사용된다.

낮은 지능을 치료할 수 있다?

건강한 사람들이 신체 강화를 위해 다양한 약물을 복용하는 것을 금지하는 규정이 마련되었지만 이런 추세를 막지는 못하고 있다. 정신질환을 치료할 목적으로 연구되고 있는 신경강화 요법도 예외는 아니다.

훗날에는 주류가 되었지만 과거에는 초보적이고 선구적이던 요법들처럼, 신경강화도 지금은 마치 공상과학처럼 언급되는 게 사실이다. 대니얼 키스의 소설 《앨저넌에게 꽃을Flowers for Algernon》이 좋은 예다. 이 소설은 지적장애가 있는 청소부였다가 실험 단계의 치료를 통해 천재로 거듭난 주인공 찰리 고든의 일기 형식으로 전개된다. 인지 능력이 향상된 찰리는 자신을 변화시킨 연구 프로젝트를 적극적으로 받아들이지만 머잖아 이 정신 능력이 사라질 것임을 알고 낙담한다.(앨저넌은 찰리에 앞서 처음으로 이 실험에 적용된 쥐다. 찰리와 비슷하게 정신 능력이 확연하게 개선되지만 결국은 다시 무너져 치명적인 결과로 이어진다.) 지능과 함께 자의식이 높아진 찰리는, 치료 이전에 친구라고 생각했던 사람들이 실제로는 자신을 놀림감으로 대했다는 사실을 깨닫고 분노하다가 나중에는 그런 자신을 부끄럽게 여긴다.

찰리는 이렇게 적어 내려간다. "참 이상하지. 팔이나 다리나 눈이 없이 태어난 사람을 이용하지 않을 정도로 정직한 마음과 감성을 지닌 사람들이, 어떻게 지능이 낮은 사람을 학대하는 것은 아무렇지 않게 여길까?" 이 이야기는 1968년에 영화 〈찰리Charly〉로 만들어졌고, 주인공을 맡은 클리프 로버트슨은 아카데미 남우주연상을 수상했다.

비록 평론가들의 호평은 덜했지만 상업적으로 성공한 〈리미트리스Limitless〉 역시 2001년에 출간된 앨런 글린의 《다크 필드The Dark Fields》를 원작으로 제작되었다. 이 작품은 주인공 에디 스피놀라가 이상한 약물을 복용하고 지능과 창의력, 학습 능력이 크게 향상되면서 벌어지는 인생 역전 이야기다. 불과 며칠 만에 책 한 권을 완성한 에디는 금융업계에서 새로운 인생을 시작해 돈을 벌어들인다. 이 놀라운 변화는 엄청난 지식을 바탕으로 흐름을 읽어내는 새로운 능력 덕분이다.

에디가 말한다. "그 무렵 나는 늘 바쁘게 움직이는 내 모습이 좋았다. 잠시도 게으르지 않았다. 스탈린, 헨리 제임스, 어빙 탈버그의 전기를 읽었다. 책과 카세트테이프로 일본어를 배웠다. 온라인으로 체스를 하고 끝이 없을 것 같은 난해한 퍼즐도 풀었다. 어느 날은 지역 라디오 방송국의 퀴즈 프로그램에 참여해 1년치 헤어용품을 상품으로 받았다. 직접 따라 해보지 않고도 인터넷으로 단 몇 시간 만에 무엇이든 배울 수 있었다. 꽃꽂이, 리소토 만들기, 양봉, 자동차 엔진 분해 같은 것들을 말이다."

인지강화를 다룬 또 하나의 작품은 테드 창의 1991년 단편《언더스탠드Understand》이다. 이 소설에도 익사 직전에 뇌가 손상된 레온이라는 남자에게 실험 약물이 투여된다. 원래 손상된 뇌 기능을 되살리는 데 쓰이는 약물이 실제로는 레온의 지능을 크게 높였다.

레온은 이렇게 설명한다.

> 내 이성이 발달하면서 신체에 대한 통제력도 같이 향상되었다. 인간이 진화 과정에서 지능을 얻은 대가로 신체 능력을 희생했다는 말은 잘못이다. 신체

를 지배하는 것은 정신이기 때문이다. 나의 육체적인 힘은 증가하지 않았지만 조정 능력은 평균을 훨씬 웃돈다. 점점 양손잡이로 변해 가고 있다. 게다가 나의 집중력으로 바이오피드백(생체 자기제어) 기능을 더욱 효율적으로 다룬다. 그래서 조금만 연습하면 심장박동수와 혈압을 올리거나 낮출 수도 있다.

지금까지 소개한 3가지 사례들이 비슷비슷하게 들릴지도 모른다. 하지만 중요한 차이가 있으며, 그것이 인지강화에 대해 큰 시사점을 던진다. 찰리는 정신적인 결함이 있고, 이것이 삶의 질에도 악영향을 미친다. 많은 윤리학자들의 주장대로, 사회는 이런 상황을 개선할 의무가 있다. 삶의 질이 나아지기를 바라는 것은 레온도 마찬가지다. 하지만 〈리미트리스〉의 영웅 에디는 이미 많은 것을 이루었다. 그는 지능을 강화해서 기본적인 권리보다 은행 잔고를 늘렸다. 찰리와 레온의 인지강화는 치료라고 할 수 있다. 그렇다면 동일한 방식으로 에디를 돕는 것은 속임수라고 해야 할까?

생명윤리학자들은 신체를 치료하는 것과 강화하는 것을 어떻게 구분할지 오랫동안 고민해왔다. 건강한 사람이 인간의 한계를 뛰어넘을 정도의 신체적 능력을 향상하려면 약물을 투여할 수밖에 없는 것일까? 2가지를 명확하게 구분하기가 쉬운 일은 아니다. 예를 들어 신장이 평균 이하인 두 소년에게 성장호르몬을 투여한다고 하자. 한 소년은 호르몬 결핍을 유발하는 뇌종양 때문에 키가 작고, 다른 소년은 유전적으로 부모의 키가 작다.

전통적인 윤리에 따르면 치료라는 이름으로 첫 번째 소년에게 성장호르몬을 투여할 것이다. 두 번째 소년은 강화로 분류되어 허용되지 않을 것이다. 이것은 과연 공정한가? 두 번째 소년에게는 그렇지 않다. 왜냐하면 키가 작은 남성은 삶의 질이 떨어진다는 연구 결과가 있기 때문이다. 여성과 고용주에게 차별을 받는다는 것이다. 삶의 질을 향상하는 것이 치료의 목적 아닌가?

비아그라의 효능이 발견되기 전까지 의사들의 사전에 '발기부전'이라는 진단명조차 없었다. 일흔 살 남성의 정력이 예전만 못하다면 그것은 라이프스타일의 변화일 뿐 의학적 문제는 아니었다. 따라서 이 문제를 해결하는 것은 치료가 아니라 보너스 차원의 강화였다. 제약회사들이 기대했던 효과도 이것이 아니었다. 비아그라는 협심증과 고혈압을 치료하기 위해 개발되었다. 이러한 질환을 개선하는 효과는 미미했지만 우연히 발견한 부수적인 효과 덕분에 수십 억 달러를 벌어들였다.

치료와 강화를 어떻게 구분하든, 논리적으로 따져보면 결국 두 개념은 하나로 귀결된다. 치료가 '정상' 또는 '보통' 상태로 복귀하는 것을 의미한다면, 중년 남성의 혈액 속에 있는 콜레스테롤 수치를 낮추기 위한 심장 이식이나 스타틴 약물 사용도 금지될 것이다.

이것은 의미론적 또는 철학적 차원을 뛰어넘는 문제이다. 가격과 접근성에 따라 치료와 강화가 나뉜다. 한정된 자원을 감안할 때 가장 바람직한 방법은 치료의 우선순위를 정하는 일이다. 그래야

'잘못된 것'을 바로잡을 수 있다. 하지만 '정상'과 마찬가지로 '잘못된 것'의 개념도 기술과 기대치가 향상됨에 따라 계속 변하게 마련이다.

신체뿐 아니라 인지 영역까지 향상할 수 있다면 치료와 강화를 구분하는 근거는 더욱 약해진다. '정상' 개념을 규정하기가 더 어려울 뿐 아니라 효과를 얻었을 때의 이익도 나날이 달라지기 때문이다. 정치인들은 우리가 지식경제에 살고 있다고 입버릇처럼 말한다. 지식은 힘이다. 반대로 지식이 적다는 것은 위험을 의미한다. 특히 정치나 군사, 경제 부문에서 더 많은 지식을 가진 경쟁자가 더 빨리 행동한다면 말이다.

지능을 높이는 약물

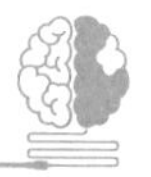

2012년 가을, 나는 대학 졸업생들을 대상으로 하는 TV 퀴즈쇼 〈유니버시티 챌린지〉의 크리스마스 특별 시리즈에 출연해달라는 제의를 받았다. 내가 어떻게 선정되었는지는 모르겠지만 유독 언론인들이 많이 출연하기는 했다. 나는 제작진이 실수를 깨닫고 마음을 바꾸기 전에 출연하겠다고 답했다.

〈유니버시티 챌린지〉는 유명한 프로그램이었다. 정답을 들어도 잘 모를 정도로 어려운 문제도 있었다. 그리고 출연한 팀들이 화면에 서로 겹쳐서 배치되었다.(알고 보니 세트 자체를 그렇게 만들었다.) 그날 이후로 남보다 빨리 정답을 말하지 못했을 때, 또는 정답을 전혀 생각해내지 못했을 때 얼굴에 좌절감이 드러난다는 것을 알게 되었다.

"반려견은 평생의 동반자이다. 그저 그런 크리스마스 선물이 아니다." 어느 문제의 정답이다. 이 문구를 나도 알고 있었다. 어릴 적 자동차 스티커에서 하도 많이 봐서 뇌 어딘가에 저장되어 있었던 듯하다. 조지아가 미국 플로리다주 북부에 붙은 주의 이름이라는 것도 알고 있었다. 하지만 남보다 빨리 대답하지 못했다.(우리 팀이 이겼지만 다음 라운드에 진출할 성적은 아니었다).

노화된 뇌에 약간의 전기를 흘려보내서 기억을 되살리는 소위 '스마트 약물smart drug'을 투여했다면, 이것은 속임수일까? 이것은 더 이상 이론에 그치지 않는다. 뉴욕의 과학자들은 전측두엽에 전기 자극을 가해 학생들의 일반 상식 시험 점수를 높일 수 있다는 사실을 검증했다. "인체에서 가장 넓은 기관은 무엇입니까?"와 같은 질문의 정답을 생각해내는 데 도움을 주었기 때문이다(정답은 피부이다).

학생들이 이미 알고 있는 무언가를 떠올리는 데 도움을 주는 것이 정말 '강화'일까? 그렇다면 이런 식의 인지 조작이 진한 커피 한 잔의 효과와 다를 게 있을까? 또는 학생 시절에 먹던 각성제하고 비교했을 때는 어떨까? 또는 균형 잡힌 식단, 절주, 숙면 등에 효과가 있을까?

과학적인 질문은 곧장 철학적 의문으로 이어지고, 결국 지능을 정의하는 방식에 대한 논쟁으로 되돌아간다. 인지 능력은 아는 것을 의미할까, 아니면 행동하는 것을 의미할까? 지능이란 정보의 저장을 의미할까, 아니면 정보의 사용을 의미할까? 지능검사는 분명 실용적인 행위를 측정하는 것이다. 그에 비해 학문적인 시험은 지식 검증에 중점을 둔다. 2가지 차이는 지능의 다양성이 아니라 사람마다 다르다는 것, 즉 생화학적 차이를 의미하기도 한다. 예를 들어 지식을 활용하려 해도 신경과민이나 수줍음 등으로 인해 머뭇거릴 수 있다. 반면 자신감이 있다면 아는 것을 더 적극적으로 표현할 수 있다.

심리적으로 위축되어 있는 사람들의 불안감을 누그러뜨려 시험이나 TV 퀴즈쇼 등에서 능력을 발휘하도록 돕는 약물을 인지강화제라고 해야 할까? 그렇다면 다른 사람들에게는 불공정하다는 이유로 속임수라고 보아야 할까? 동일한 시험을 오후보다 오전에 진행하는 것은 불공정하지 않는 것일까? 하루 동안의 생체리듬이 사람마다 제각각인데, 시험 일정을 오전으로 정하면 누군가에게는 유리하고 다른 누군가에게는 불리하지 않을까? 아니면 생리 기능을 더 잘 통제하는 것도 지능이 높은 사람들의 또 다른 특징이자 이점이라고 여겨야 할까? 결과적으로 지능이 강화되면 이미 가지고 있는 것을 활용하는 데 도움이 된다.

인지강화제로 무엇을 사용할 것인지, 즉 인지강화제를 통제하거나, 허용하거나, 규제하거나, 금지하거나, 권장하거나 또는 그냥 연구만 할 것인지에 대한 고민은 시간과 장소를 가리지 않는다. 한 극단에는 스스로를 트랜스휴머니스트라고 부르는 사람들이 있다. 그들은 스스로를 가능한 수준까지 향상해서 사회를 더욱 발전시킬 권리와 의무가 있다고 주장한다. 그들이 추구하는 신경과학 혁명 모델은 레온 트로츠키의 지속적 격변 철학과 같은 맥락이다.

인지강화제가 위험하고 도덕적으로도 의심스럽다고 주장하는 사람들은 이보다 더 신중한 입장이다. 노스캐롤라이나주 듀크 대학의 관리자들은 모다피닐 같은 처방제를 학생들이 무단으로 복용하는 것을 부정행위로 간주하고 금지했다. 이 약물은 원래 기면증을 비롯한 수면 장애가 있는 사람들의 각성을 유도하기 위해 개발되었다. 하지만 건강한 사람들에게는 집중력과 반응 시간을 향상하고 피로를 줄이는 데 효과적인 학습 보조제로 사용된다. 이 약물을 금지한다면 시험을 얼마나 앞두고 약물 검사를 해야 할까? 더 오래, 더 열심히 공부하기 위해 매주 이 약물을 복용하다가 시험 당일은 복용하지 않는다면 이것도 부정행위로 보아야 할까?

모다피닐을 비롯한 스마트 약물이 학생들의 집중력을 높여 학습 내용을 기억하는 데 도움이 된다면, 아마도 전통적 관점에서는 속임수라고 할 것이다. 다른 학생들은 같은 도움을 받지 못했기 때문이다. 하지만 스마트 약물은 교육의 가장 보편적인 목표 중 하나인 잠재력 향상에 도움이 되지 않는가?

모다피닐을 통해 원하는 것을 얻을 수 있다는 근거도 있다. 말하자면 인생에서 공평하고 동등한 출발선에 설 수 있다는 것이다. 출발선상에서 인지 능력이 떨어질수록 모다피닐의 도움이 더 많이 필요하다. 여기서 윤리적으로 흥미로운 의문 하나가 생긴다. 스마트 약물은 모두가 그 이점을 누릴 때 비로소 공평한 것인데, 모두가 동일한 수준의 혜택을 얻지 못한다면 어떨까? 예를 들어 지능이 낮은 아이들이 보통의 수준까지 올라간다면 어떨까? 언뜻 바람직하게 들리지만, 이것을 되레 못마땅하게 여기는 사람들이 있다. 시험에서 더 나은 성적을 올리기 위해 사교육을 할 수 있는 사회적, 금전적 능력이 충분한 사람들 말이다.

그렇다면 누가 인지강화를 활용해야 할까? 원한다면 누구나 해도 되는 것일까? 자신은 원하지 않지만 다른 사람들은 그럴 수 있을 때 경쟁적 압박을 견딜 수 있을까? 또는 부모와 상사가 대놓고 압박하는 것은 어떨까? 다른 사람들의 목숨이 달린 일을 하는 사람들이 항상 정신적으로 최고 수준을 유지할 수 있도록 도와야 할까?

비행기 조종사와 외과 의사들은 피곤한 상태에서 실수를 많이 한다. 판사들도 상황에 따라 다른 판결을 내리기도 한다. 예를 들어 오전 첫 심사나 식사 직후의 심사에서 가석방에 더 관대한 경향이 있다. 판결을 받는 사람들 입장에서 정의란 사실상 판사들이 아침에 먹는 음식과 같은 셈이다. 사회는 더 공정한 대우를 바라지 않아야 할까? 인지강화가 이것을 달성하는 데 도움이 되는데도 우리는 그렇게 하지 말아야 하는가? 우리에게는 그렇게 해야 할 의무가 있지 않은가?

비행기 조종이나 맹장 수술을 하려면 전문 시험을 통과해야 하는데 인위적인 도움을 받아 합격했다. 그런데 그들이 시험에 합격하고 나서 한동안 스마트 약물을 복용하지 않는다면 어떻게 될까? 시험 합격을 무효화하고 자격도 취소할 것인가? 그렇다면 밤새 파티를 즐기던 의사가 겨우 잠에서 깨어 휘청거리며 병원에 출근하는 것과 다를 게 있을까?

의문은 많지만 정답은 없다. 다만 인지강화가 절대 사라지지 않을 것이라는 사실만큼은 자신 있게 말할 수 있다. 이미 인터넷으로 누구나 구입할 수 있는 모다피닐 같은 스마트 약물은 시작에 불과하다. 과학자들과 제약회사들은 더 개선되고 더 효과적인 인지강화제를 연구하고 있다. 그리고 장기적 안전성과 효능뿐 아니라 윤리적 의문도 계속 탐구해야 한다.

나도 직접 탐구하기 위해 모다피닐을 파는 웹사이트를 찾아냈다. 나는 신용카드로 그것을 주문했다.

5장

약물과 기능

the
genius within

극단주의자들의 자살폭탄 테러는 사람들이 일상에서도 불안에 떨 만큼 우리 가까이 있다. 마치 제2차세계대전 당시 일본의 가미카제 조종사들을 처음으로 대면한 미국 해군들이 느꼈을 가늠하기 힘든 충격과 공포, 혼란을 야기한다. 당신을 죽이기 위해 목숨까지 기꺼이 버리는 적, 살아서 돌아가기 위해 속도를 조절하기는커녕 자신의 죽음까지 불사하며 무작정 비행기를 몰고 돌진하는 조종사들은 신형 무기나 마찬가지다.

무엇이 가미카제 조종사들을 기꺼이 죽음으로 내몰았을까? 일왕에게 헌신하며 항복을 수치로 여기는 일본 특유의 문화 때문이다. 미군이 우월한 군사력을 앞세워 일본을 압박할 때 가미카제 항공대는 마지막 비행에 나섰다. 자신들의 삶에 대한 애착보다 적을 향한 분노가 더 컸던 용감한 이상주의자들의 영웅적 희생이었다. 일본에서 그들은 나라를 위해 희생한 고귀한 애국자였다. 하지만 그들이 메스암페타민(마약류로 분류된 중추신경 흥분제 - 옮긴이)에 중독되어 있었다는 사실은 알려지지 않았다. 가미카제 조종사들은 표적에 도착하기까지 오랜 시간 비행하면서도 의식이 또렷해야 했다. 지휘관들은 이 약물을 복용하면 고도의 쾌감이 오래 지속되기 때문에 조종사들이 중간에 마음을 바꿀 가능성도 희박하다는 것을 알고 있었다.

1940년, 일본은 메스암페타민에 흠뻑 취해 있었다. 1919년 일본 화학자 오가타 아키라는 무기력증과 우울증을 치료하기 위해 이 약물을 처음 개발했다. 그러다 전쟁이 발발하자 일본군 사령부는 이 약물이 군인과 노동자들이 각성 상태를 유지하는 데 도움이 될 것이라고 판단했다. 그래서 짧은 시간 내에 대량생산을 했고, 히로폰이라는 이름을 붙여 쉽게 복용할 수 있는 알약으로 만들었다. '졸리지 않게 한다', '중장비 작업에 적극 권장한다'는 사령부의 광고처럼 히로폰은 비밀 아닌 비밀병기였다.

"정신이 깨어 있어야 하는 야간 작업이나 다른 고된 일에도, 가장 강력한 신형 암페타민, 히로폰 알약!"

전쟁 후에도 일본은 인지강화제로 메스암페타민의 사용을 금지하지 않았다. 제약회사들은 이 알약이 지친 노동자들과 퇴역 군인들, 그리고 1945년의 항복과 히로시마와 나가사키의 원자폭탄 공포에서 벗어나지 못하는 사람들이 사회에 적응할 수 있도록 도와준다고 홍보했다. 하지만 메스암페타민의 중독성과 복용자들의 범죄가 잇따르면서 1951년 일상적 복용이 금지되었다.

대부분의 사람들이 더 이상 약물 복용을 하지 않았다. 하지만 유독 한 집단은 예외였다. 대학 입학시험을 준비하는 고등학생들과 학기 시험을 앞둔 대학생들은 계속 암시장에서 이 약물을 구입했다. 1954년 상황이 점점 심각해지자 일본의 교육부 차관은 대학교를 포함한 모든 학교에 약물 남용을 근절하기 위한 적극적인 조치를 취해달라고 요청했다. 이때의 학생들이 이른바 스마트 약물을 복용한 최초의 사례였다. 그리고 60년이 흘렀지만 이 약물의 사용은 아직도 근절되지 않았다. 오히려 스마트 약물은 최근에 더 대중화되었다.

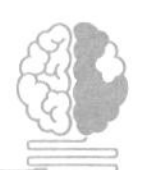

약에 취하던 시대

2014년 가을, 영국의 관리들이 버튼의 미들랜드 양조장 타운에서 문이 잠긴 창고를 급습하여 단일 사건으로는 최대량의 약물을 압수했다. 무려 2만 정 이상의 알약이 발견되었고 종류도 수십 가지가 넘었다. 영국은 이미 약물 꾸러미를 찾아내 압류한 노르웨이 세관에게 기밀정보를 받아 신속하게 대비했다.

영국 의약품 및 건강관리제품 규제청MHRA의 집행 책임자 앨러스테어 제프리는 약물 압수 사실을 발표하며 이렇게 말했다. "이번 사건은 매우 불미스러운 동향을 보여줍니다. 다른 사람들보다 지적 우위를 점하기 위해 기꺼이 건강을 위험에 빠뜨릴 수도 있다는 발상은 지극히 우려스럽습니다." 게다가 엄청난 돈벌이이기도 했다. MHRA는 이 은닉물의 가치가 20만 파운드에 달하며, 해외의 제약 업체에서 저렴하게 구입하여 학생들에게 되판다고 설명했다.

관계 당국이 주시하고 있는데도 스마트 약물은 계속 영국으로 밀려 들어왔다. 그중 소량이 우리 집에 도착했다. 버튼에서 단속이 있은 지 몇 개월 후, 그 약물은 아무것도 찍혀 있지 않은 갈색 봉투에 담겨 우리 집 현관 매트에 놓였다. 내가 온라인으로 구입한 알약은 모다피닐이었다. 이 약을 판매하는 사람들은 이 약을 복용하면 인지 능력이 획기적으로 향상된다고 단언한다.

다른 인지강화 기법들과 마찬가지로 모다피닐도 처음에는 치료제로 사용되었다. 1970년대 프랑스에서 기면증을 포함한 수면 장애를 치료하는 데 주로 사용되다가 부작용을 낳은 암페타민보다 훨씬 안전한 약물을 연구하는 과정에서 등장했다. 모다피닐 처방이 점점 늘어나자 의사들은 피로 및 다른 질환에도 이 약물의 효과가 있는지 의문을 갖기 시작했다. 그래서 다발성 경화증과 근긴장성 이영양증을 비롯한 여러 질환에 공식적인 허가 없이 사용하기 시작했다. 또 시간이 흐르면서 과학자들은 각성 효과뿐 아니라 인지 기능이 향상된다는 것을 발견했다.

최근에 모다피닐을 허가 없이 사용하는 사례가 폭발적으로 늘어나고 있다. 의료계에서는 치료 저항성 우울증과 주의력 결핍 과잉행동 장애ADHD를 포함한 다양한 영역에서 암페타민 같은 각성제 대체 약물로 모다피닐을 연구하고 있다. 그리고 여러 국가의 군대에서 보병과 항공기 탑승자들에게 모다피닐을 지급하고 있다. 2015년 세계 브리지 연맹WBF이 모다피닐을 금지하고 국제 토너먼트 참가 선수들을 대상으로 약물 검사를 시작했다. ESL 원 쾰른 프로 비디오 게임 토너먼트 주최자들도 마찬가지였다. 다음은 학생들이다. 정확한 수치를 구하기는 어렵지만 몇몇 조사를 보면 영국 대학생의 4분의 1가량이 공부를 위해 모다피닐이나 그와 유사한 약을 복용한 적이 있는 것으로 나타났다. 외과의사들의 5분의 1가량도 복용한 적이 있다고 응답했고, 과학자들의 비율도 비슷했다.

스마트 약물의 활용 범위와 법규정은 나라마다 다르다. 콜롬비아는 약국에서 모다피닐을 구입할 수 있다. 러시아는 소지 자체가 불법이다. 영국은 처방약이므로 소지는 가능하지만 판매나 공급은 불법이다. 그러면 알약 몇 개를 인도에서 우편물로 받아보는 것은 괜찮을까? 말하자면 회색지대인 것이다.

모다피닐을 비롯한 스마트 약물의 판매는 호황을 이루고 있지만 구매자는 주의해야 한다. 생각보다 위험이 많이 따르기 때문이다. MHRA은 이렇게 지적했다. "온라인으로 구입하는 의약품의 상당수가 위조품이거나 비규격 제품이거나 불량품이다. 당신이 구입한 약품에 위험한 물질이 섞여 있지 않다는 보장은 어디에도 없다."

위조 의약품 시장은 매우 거대할 뿐 아니라 파키스탄의 심장질환자부터 미국에서 오염된 스테로이드와 혈액 희석제를 복용하는 사람에 이르기까지 해마다 많은 사람들의 목숨을 앗아간다. 약효도 기대하기 어렵다. 위조 모다피닐은 대부분 카페인 알약과 다름없다. 그래서 나는 온라인으로 구입한 스마트 약물이 진품인지 확인하고 싶었다. 하지만 알다시피 구입하기는 쉬워도 진짜인지 확인하기는 그리 만만치 않다.

인도에서 날아온 갈색 봉투에는 뭄바이 포트 지역의 회사 이름과 주소가 찍혀 있었다. 뒷면의 흰색 스티커에도 같은 이름과 주소가 있었는데 이것은 세관신고서였다. '내용물의 양과 상세 설명(이를테면 '남성용 순면 셔츠 두 벌' 같은)' 항목에 '견본 무해 의약품'이라고 적혀 있었고, 체크란에는 선물 표시가 되어 있었다.(좋은 생각이었다. 선물이 해로울 리 없을 테니.) 그리고 잠시만 검색해도 이 회사가 신혼여행과 패키지 관광 상품을 취급하는 여행사임을 확인할 수 있었다. 조짐이 썩 좋지는 않았다.

봉투 속에는 알약을 밀봉한 투명 플라스틱 팩 위에 모다피닐의 브랜드명인 모드비질이라는 문구와 함께 또 다른 뭄바이 회사 두 곳의 이름과 주소가 찍혀 있었다. 두 곳 모두 자칭 제약회사라고 소개되었고, 인터넷을 꼼꼼히 검색해보니 언제든 원한다면 상당량의 모다피닐을 생산할 수 있는 지식과 시설을 갖춘 회사들로 보였다.

각각의 투명 팩에는 제조 일련번호와 생산 날짜(2015년 1월), 유통기한(2017년 12월)이 인쇄되어 있었다. 아마도 구매자들에게는 이런 표식들이 꽤 믿음직스러워 보였을 것이다. 백문이 불여일견이라고 일단 먹어봐야 하겠지만, 아직 나는 이 납작한 알약을 먹을 준비가 되어 있지 않았다.

인터넷으로 구입한 약물의 진품 여부는 스마트 약물을 판매하는 웹사이트에서 가장 많이 등장하는 문의 사항이다. 모다피닐의 경우 쉽게 확인할 방법은 없다. 일부 사용자들은 모다피닐을 식초에 담가 거품이 나는지 살펴보라고 조언하지만, 이런 방법으로는 어떤 첨가물이 들어 있는지 판단할 수 없다. 진짜 모다피닐을 복용하면 소변에서 악취가 난다고 하지만 이것 역시 과학적 근거가 없다.

전문가의 도움이 필요했지만 도와줄 의사가 없었다. 대형 계약만을 취급하는 시험연구소에 문의했지만 개인과는 거래하지 않는다는 답변만 돌아왔다. 그래서 내 이름 대신 지구 건너편에서 무해한 약품을 보내준 신혼여행 전문 여행사의 이름으로 의뢰할까 생각했다. 하지만 그럴 바에는 대학교에서 일하는 화학자들에게 의뢰하기가 훨씬 쉬울 것 같았다. 그들도 시험 결과에 흥미가 있을 테니 말이다. 검증 없이 수입된 약물을 복용하면 건강을 해칠 수 있다고 수없이 경고하고 있지만, 실제로 그 약물들을 세밀하게 분석한 사람은 없었다.

내가 보낸 이메일은 정중히 거절당하거나 동료들에게 떠넘겨지거나 혹은 그냥 무시당했다. "흥미롭지만 제가 도울 수 있는 내용은 아닙니다." 이런 답변만 돌아올 뿐이었다. 두세 달 씨름한 끝에 마침내 한 곳을 찾아냈다. 연구 기금을 마련하기 위해 자체 장비를 활용하여 상업적인 활동을 하던 어느 대학교 연구팀에서 간단한 검사 정도는 해줄 수 있다고 연락해왔다. 하지만 계약이 성사되기 전에 그 대학교 홍보 담당자에게 내가 그 학교 학생들에게 이런 약물을 홍보하려는 게 아니라는 것을 설명해야 했다. 그런 다음 연구팀에 백지수표를 보내면 되었다. 그들이 약속대로 최소한의 금액을 수표에 적으면, 나는 인도에서 온 모다피닐을 보낼 터였다. 엄밀히 생각하면, 이 모다피닐이 진품이라고 판명 날 경우 나는 결국 불법 공급업자가 되는 셈이었다. 물론 이 모든 과정이 끝난 후에 그 대학교 과학자들이 내 모다피닐을 복용할 리는 없겠지만.

연구팀의 숙련된 기술자가 230파운드를 받고 약 1시간 동안 분석해주기로 했다. 내가 의뢰한 모다피닐을 질량분석기에 집어넣고 다시 단결정 X선 회절기에 투입했다. 그렇게 해서 얻은 결과는 '의심의 여지 없는' 진품이었다. 그리고 알약 하나를 면밀히 관찰하며 잘리거나 다른 약물과 섞인 부분이 있는지도 검증했다. 적어도 과학자들의 말대로라면 그 알약은 진짜였다. 대학교 측은 불법 공급업자가 된 것이나 다름없는 내게 나머지 약물을 돌려주었다. 그렇게 모다피닐은 다시 우리 집 현관 매트에 놓였다.

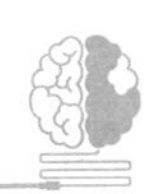

나는 아침 8시에 첫 알약을 복용했다. 약간의 시리얼과 토스트를 먹은 다음 하얀색 십자무늬의 마름모형 알약을 많은 양의 물과 함께 꿀꺽 삼켰다. 2시간 뒤 나는 평소처럼 카페에 앉아 노트북으로 이 책을 쓰고 있었다. 무언가 다른 느낌을 기대하면서. 다른 사람들의 모다피닐 경험담을 가급적 읽지 않으려 했다. 선입견에 사로잡히고 싶지 않아서였다. 하지만 효과가 나타나기까지 몇 시간이 걸릴 수 있다는 부분만큼은 눈여겨보았다. 약효가 16시간 동안 지속될 수 있다는 글도 있었다. 나는 자정이 넘도록 깨어 있고 싶지는 않았지만 너무 일찍 일어나 아침을 먹고 싶지도 않았다.

아무튼 무언가 다른 느낌이 드는 것은 확실했다. 글 쓰는 것부터 달랐다. 한층 집중해서 글을 쓰는 듯한 기분이었다. 쓰고 있는 글과 노트북 화면과 내가 연결된 느낌이었다. 규칙적으로 돌아가는 크리스마스 음악도, 다른 사람들도, 뛰어다니는 아이들도 작업에 방해가 되지 않았다. 문장을 생각하는 것과 동시에 노트북에 입력했다. 내가 매일 이 카페를 찾는 이유는 무료 리필이 가능하기 때문이다. 하지만 30분 동안 몇 번 홀짝거리지도 않은 첫 잔은 탁자 한쪽으로 밀려나 차갑게 식어가고 있었다.

이런 기분이 그저 플라세보 효과에 불과한 것일까? 나는 감각을 예민하게 만들고 인지 능력을 높이기 위해 약을 먹었다. 그런데 정말로 감각이 예민해지고 인지 능력이 높아지는 느낌이었다. 타이핑을 계속하고 싶었다. 그래서 그렇게 했다. 나는 '집중'했고, '의욕적인' 느낌도 받았다.

그 전에는 한번 앉으면 2시간 정도 글을 썼다. 하지만 시간이 흐를수록 집중력은 서서히 떨어지고 속도도 차츰 느려졌다. 하지만 그날은 그렇지 않았다. 몇 시간이 지났는데도 여전히 몰두하고 있었다. 노트북 화면이 평소보다 크고 반갑게 느껴졌다. 그 속으로 빨려 들어가는 듯했고, 부드럽고 빠르게 화면에 나타나는 단어들도 한층 친숙한 느낌이었다. 정말 놀라웠다. 설령 이것이 플라세보 효과라고 한들 무슨 상관인가?

조종사들이 이 약을 먹고 헬리콥터나 전투기를 운전해도 괜찮은지는 모르겠다. 감각이 예민해진 것은 좋은데 충동적인 느낌과 함께 키보드를 두드리지 않을 때는 손가락도 움찔거렸다. 그래서 면도도 하지 않은 턱을 자꾸만 쓰다듬었다. 운전을 하고 싶다는 생각도 들지 않았다. 2시간 동안 말을 하거나 일어서지도 않았다. 그러고 싶지 않았다. 머릿속에서 온갖 일들이 다 일어나는 듯했다.

모다피닐을 복용한 날은 화요일이었다. 보통 화요일 저녁에는 스쿼시를 하는데 질 때가 많았다. 친구 마이크와 스쿼시를 한 지도 몇 년이 지났다. 스쿼시를 해본 적이 없는 사람들에게는 이언 매큐언의 소설 《토요일Saturday》을 추천한다. 이 책에 확실하게 묘사되어 있다.

스쿼시는 코트 영역과 포지션을 놓고 상대방과 직접 싸워야 하기 때문에 테니스보다 격렬하고 집중력이 필요한 스포츠다. 상대방이 옆을 지나갈 때는 마치 코트가 흔들리는 느낌도 든다. 마이크와 나는 공을 치러 달려가면서 서로를 밀치기도 한다. 지극히 개인적인 스포츠다.

마이크가 주로 이기는 이유 중 하나는 스포츠 심리학자들이 흔히 말하는 TCUP(압박감 속에서도 냉철하게 생각하기) 때문이다. 쉽게 흥분하고 짜증을 잘 내고 금방 기가 꺾이는 나는 집중력을 잃은 채 공을 치면서도 무언가 잘못되었음을 깨닫는다. 내가 마이크보다 정신적 실수가 훨씬 많다는 것이다. 또 하나의 이유는 의욕이다. 지지 않으려는 마이크의 욕구는 이기기를 바라는 나의 욕구보다 훨씬 강하다. 나는 마이크를 3 대 0으로 뭉개버리는 것보다 치열하게 싸워 3 대 2 정도로 질 때 기분이 더 좋다.(물론 내가 그럴 수 있는 입장은 아니며 3 대 0으로 이긴 적도 없다.) 모다피닐은 이런 정신적 실수를 줄이는 데 도움이 될 것이며, 경쟁 스포츠에서 이런 약물을 금지해야 하는 이유도 여기에 있다.

오늘 밤 나는 스포츠 정신을 훼손하는 약물 사기꾼이자 약물 복용자, 협잡꾼이 될 것이다. 하지만 과학 연구를 위해서라면 나의 스포츠 정신 정도는 기꺼이 희생할 수 있다. 스쿼시에서 마이크를 이기는 데 필요한 정신적 능력을 모다피닐을 통해 얻을 수 있다면 이 약은 그야말로 스마트 약물이다. 그리고 금요일에 또 한 알을 복용할 것이다. 짐과 골프를 쳐야 하니까.

그날 저녁 나는 익숙한 패배감을 안고 집으로 돌아왔다. 스쿼시에서 졌던 것이다. 한동안 나는 똑똑하게 경기를 했다. 판단도 정확했고 집중력도 있었다. 기분이 좋았다. 특별한 기술을 구사하지 않고도 공을 정확히 라인을 따라 벽에 때렸다. 늘 자신만만하던 친구의 실수를 유도해서 첫 게임을 이겼다.

두 번째 게임에서는 내 인생에서 가장 멋진 샷을 날렸다. 물론 마이크나 우리를 지켜보던 다른 사람들은 그렇게 생각하지 않았겠지만. 그의 약한 서비스 리턴은 앞 벽의 윗부분에 맞고 원을 그리며 내게로 향했다. 나는 달려들어 강한 스매시를 날렸고 공은 앞 벽 오른쪽 구석으로 낮게 날아갔다. 받아치기 어려운 샷이었다. 스쿼시는 공을 너무 세게 치면 반발력이 커져 벽에서 멀리 날아가기 때문에 오히려 상대가 치기 쉽다. 앞 벽과 옆 벽이 만나는 모서리 부분으로 치면 그 중간으로 떨어지기 때문에 상대가 받아치기 어렵다. 평소에 나는 이 샷을 어려워했지만 이번만큼은 왠지 시도해봐야 할 듯했다.

이번에만 그렇게 하고 다음에는 그러지 않았다. 나중을 생각해서 방법도 바꿨다. 압박감도 있었던 터라 이제는 조금 안전한 샷을 택했다. 머리 위에서 아래로 공을 내려치는 대신 라켓 헤드 부분으로 공을 위로 밀어 쳤다. 튀어나온 공은 내 왼쪽 어깨 위로 아치를 그리며 날아가 왼편 뒤쪽 구석에 떨어졌다. 마이크도 나만큼이나 놀랐다. 재빨리 앞으로 달려가 스매시를 노렸지만 몸의 균형을 잃은 채 저만치 굴러가는 공을 그저 바라봐야 했다. 그렇게 두 번째 게임도 내가 이겼다. 약이 오른 마이크는 물병을 집어 들고 혼잣말로 투덜거리더니 분노의 한마디를 내뱉었다. '집중!' 나는 옅은 미소를 머금었다.

세 번째 게임에서도 3점을 내가 먼저 따냈다. 믿을 수 없었다. 마이크에게 이긴 적도 있었지만 3 대 0은 한 번도 없었다. 얼마나 놀라운 결과인가! 얼마나 대단한 일인가! 얼마나 멋진 일인가! 내가 마치 말콤 글래드웰이 된 듯했다. 복잡한 문제에 대해 단순 해법을 제시하는 베스트셀러 작가이자 유명한 캐나다 언론인 말이다. 내 책의 도입부에 이 이야기가 실리면 얼마나 좋을까. 물론 사람들이 믿지 않을 테니 마이크에게 그날 있었던 일들을 증명하는 이메일이라도 부탁해야 할 터였다. 그날 밤 내가 얼마나 침착하고 냉철하며 집중해서 게임을 했는지, 그런 나의 모습에 자신이 얼마나 놀랐는지를 말이다. 이메일 내용을 각주로 달거나 부록으로 출판할 수도 있다.

"6 대 3."

뭐라고?

"점수 말야. 6 대 3이라고. 내가 이기고 있어." 마이크가 서브를 넣으며 말했다. 나는 다시금 옆 벽을 거쳐 앞쪽 구석에 떨어지는 영리한 리턴을 시도했다. 위험했지만 마이크가 전혀 예상하지 못한 코스였다. 하지만 공은 라인을 건드리고 말았다. 아웃.

"7 대 3."

내게 찾아왔던 모든 것들, 금지된 각성제 효과이든 플라세보 효과로 인한 자신감이든 아니면 게임의 정신적 측면을 세심하게 고려하면서 생긴 집중력이든, 모두 사라져버렸다. 과거의 시원찮았던 나로 돌아왔다. '압박감 속에서도 냉철하게 생각하는' 능력은 깨끗이 사라졌다. 마이크는 다음 세 게임을 내리 이겨 결국 승자가 되었다. 비록 마이크가 이기고 나는 졌지만 3 대 2의 짜릿한 게임이었다. 그래도 우리 둘 다 원하는 것을 얻었다.

처음 두 경기는 아주 이상했다며 마이크가 술집에서 털어놓았다. "게임을 계속 이어가기가 쉽지 않았어. 엉뚱한 판단을 반복했고. 그런데 넌 전혀 실수하지 않았어." 나는 하마터면 그날의 진실을 털어놓을 뻔했다. 그래서 입을 감자칩으로 채웠다. 다음 화요일에는 오늘보다 1시간 늦게 모다피닐을 먹어야겠다고 생각하면서.

1984년부터 2004년까지는 마음만 먹으면 누구나 약물로 속임수를 쓸 수 있었다. 그 당시 세계 반도핑 기구WADA에서 제시한 금지 각성제 목록에는 카페인밖에 없었고, 카페인을 복용했다는 이유로 2명의 올림픽 선수들이 징계를 받았다. 몽골의 유도 스타 바카아바 부이다아는 1972년 뮌헨 올림픽에서 은메달을 획득했지만 카페인 과다 섭취로 박탈당했다. 호주 출신의 근대5종 선수 알렉스 왓슨은 1988년 서울 올림픽에서 퇴출당했다(왓슨은 명예 회복 후에 1992년 바르셀로나 올림픽에 출전했다).

커피처럼 기분 전환으로 섭취하는 카페인은 문제될 것이 없다. 하지만 카페인 수치가 기준치 이상이면 선수가 불공정하게 카페인을 이용한 것으로 규정한다. 기준점이 그렇게 높지도 않았다. 여섯 잔의 고카페인 커피를 마시면 거의 위험 수준에 이르렀다.

카페인은 지난 수 세기 동안 각성제로 이용되어왔다. 작가 볼테르와 발자크는 하루 10여 잔의 커피를 마셨다. 내가 대학을 다니던 1990년대에는 카페인 농축 알약이 있었지만 함량은 꽤 적었다. 한 알에 50밀리그램으로 고카페인 커피 반 잔 정도였다. 요즘 학생들은 카페인이 200밀리그램이나 들어 있는 알약을 복용할 수 있다.(독일에서는 카페인 알약이 피로회복용 관리약품으로 분류되며 '코페이눔Coffeinum'으로 불린다.)

의사들이 권장하는 하루 카페인 섭취량은 최대 400밀리그램 정도이다(스타벅스에서 가장 큰 컵이 500밀리그램 남짓이거나 그 미만이다). 하지만 이보다 훨씬 많은 카페인을 섭취하는 사람들이 많다. 오하이오주에 사는 42세 남성은 자살하려고 카페인 함량이 200밀리그램인 알약 120알을 통째로 삼켰다. 다행히 목숨은 건졌지만 나흘 동안이나 정신이 오락가락하며 심한 구토와 설사에 시달렸다. 체내에 무려 24그램(2만 4천 밀리그램)이라는 기록적인 양의 카페인을 주입한 탓이었다.

과학자들은 밀리그램당 각성 효과가 카페인보다는 모다피닐이 훨씬 크다고 추정한다. 카페인 600밀리그램과 모다피닐 400밀리그램의 효과가 동일하다는 것이다. 내가 가진 모다피닐 200밀리그램 한 알의 효과는 고카페인 커피를 한꺼번에 세 잔 마시거나 프로플러스 여섯 알을 먹는 것과 같다는 의미다.

하지만 중요한 차이도 있다. 카페인은 자극적이지 않은 인지강화제로 피로한 사람이 정상처럼 느끼는 정도의 효과일 뿐 정상적인 사람이 초인적인 느낌을 가지는 것은 아니다. 니코틴도 마찬가지다. 하지만 모다피닐은 다르다. 커피가 피로를 떨치는 효과가 있다면, 모다피닐은 처음부터 피로감 자체를 없애는 것으로 보인다. 사람을 정상으로 돌려놓는 것이 아니라 그 이상의 능력을 발휘하게 하는 듯하다.

스마트 약물의 효능을 지나치게 과장하는 경우가 있다. 그러나 모다피닐이 인지 기능에 긍정적이고 중대한 영향을 미친다는 분명한 근거가 있다. 건강한 자원자들을 모집하여 일련의 숫자 기억하기, 의사 결정, 문제 해결, 공간 계획 등 여러 가지 과제를 주었더니 모다피닐을 복용했을 때 성과가 더 높았다. 2015년 8월, 하버드와 옥스퍼드 대학교의 과학자들이 가장 신뢰도 높은 실험 사례들을 종합적으로 분석한 결과 모다피닐이 세계에서 가장 안전하고 효과적인 스마트 약물이라고 결론지었다.

여기서 말하는 안전성이란 단시간 이내를 뜻한다. 사실 장기적인 효과는 누구도 정답을 제시할 수 없다. 모다피닐의 만성적 복용을 추적한 과학자들도 없을뿐더러 이 약물이 인간의 뇌에서 어떻게 작용하는지도 확실하지 않다. 약물이 인간의 뇌에서 어떤 작용을 하는지 추적하기는 무척 어렵다. 다른 신체기관들과 달리 뇌에서 벌어지는 일을 혈액 샘플 검사로 설명할 수 없다. 뇌는 시럽 같은 용액에 담겨 있는데, 주요 혈액 공급 기관에서 분리된 순환계에 놓여 있고 혈액뇌장벽에 의해 분리되어 보호받는다.

화학물질과 약물의 수치 및 이 수치가 뇌척수액에서 유발하는 변화를 직접 확인하는 현실적이면서도 유일한 방법은 척추에 바늘을 삽입하여 뇌척수액을 채취하는 것이다. 하지만 이런 요추천자(척추천자) 기법은 위험해서 쉽게 시행하지 않는다. 대학생들이 일련의 숫자들을 기억하는 데 스마트 약물이 얼마나 도움이 되는지를 연구할 때 이 방법을 배제하는 이유도 그 때문이다.

신경과학자들은 동물과 세포배양을 통한 실험과 뇌 스캔 연구 등을 통해 모다피닐이 신경전달물질의 활동을 촉진하는 것으로 추정한다. 이렇게 되면 분리된 뉴런들의 연결이 활성화되어 뇌 기능에 직접적인 도움을 줄 수 있다. 특히 모다피닐은 신경전달물질인 도파민과 노르에피네프린을 생성하고 방출하는 카테콜아민계에도 영향을 미치는 것으로 보인다. 이것은 고도의 정신 기능과 관련된 전두엽의 일부분을 활성화하는 한편 이웃한 영역에서는 활성을 억제함으로써 인지 활동에 필요한 자원을 최소화한다.(그래서 모다피닐을 복용하면 집중력이 유지된다고 느낀다.)

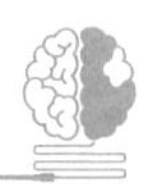

일부 과학자들은 모다피닐이 인지 장치를 더 빨리 가동한다는 주장에 동의하지 않는다. 이 약물은 단순히 주의력과 의욕을 향상할 뿐이라고 생각하기 때문이다. 모다피닐을 복용한 경험이 있는 나는 그들의 논점도 충분히 이해된다. 내가 경험한 효과들이, 실제로는 의욕이 강해졌기 때문이거나, 아니면 하던 일을 멈추고 다른 무언가를 하고 싶은 욕망을 크게 줄여주었기 때문일 수도 있다.

그러나 지능지수IQ가 내부의 작용이 아니라 뇌에서 출력된 결과물이라면 논점 자체가 잘못된 것이 아닐까? IQ 검사나 시험 결과는 신경이나 자신감 부족 등을 고려하지는 않는다. 그리고 의욕이 향상됨으로써 높은 점수를 받을 수 있다면, 거꾸로 누군가의 점수에 부정적인 영향을 끼칠 수도 있지 않을까?

모다피닐은 안전하다는 인식이 대부분이지만 부정적으로 생각하는 사람들도 있다. 특히 내가 약을 복용하기 전에 읽은 보고서가 그랬다. 2명의 강박 장애 환자가 치료를 받고 1년 가까이 상태가 크게 호전되었는데, 모다피닐을 복용하고는 급작스럽게 원래 상태로 돌아갔다는 내용이었다. 정신의학자들은 그 이유를 밝혀내지 못했다. 아마도 뇌의 일부에 영향을 미쳐 강박 증세가 되살아난 듯했다.

2015년에 터키의 정신의학자들이 작성한 보고서에 따르면, 매일 오후에 한두 시간 정도 잠을 자야 할 정도로 극심한 졸음을 느껴 모다피닐을 처방받은 환자가 성욕과다증에 걸렸다고 한다. 그녀는 여전히 매일 침대에 눕고 싶어 했지만 이제는 잠을 자기 위해서만이 아니었다. 자녀가 둘인 45세의 이 여성은 과도하게 늘어난 성욕이 문제라는 사실을 인지했다. 그것은 75세의 남편도 마찬가지였다.

하지만 모다피닐이 내게는 이런 영향을 미치지 않았다.

모다피닐 말고도 건강한 사람들이 인지 능력을 향상하기 위해 사용하는 다양한 약물들이 있고, 더 많은 종류가 개발되고 있다. 벤제드린을 포함해 의료용 암페타민 종류가 지난 수십 년에 걸쳐 시장에 출시되었고(1940년대에는 영국 공군 조종사들에게 지급되었다), 알츠하이머 치료제로 도네페질 같은 신약들이 개발되고 있다. 가장 일반적인 학습용 약물인 리탈린은 주의력 결핍 과잉행동 장애ADHD 아동과 성인에게 처방된다(과다 처방을 우려하는 목소리도 있다). 이 약물은 집중력과 각성 상태를 유지하는 데 도움을 주는데, 같은 이유로 경쟁 스포츠 종목에서는 금지되었다. 야구 선수가 ADHD 진단을 받지 않는 한 이 약물은 미국 메이저리그에서는 불법이며, 진단을 받으면 '치료 예외'로 인정된다. 그래서인지 미국의 야구 선수들 사이에는 ADHD가 유행처럼 번져 진단율이 나머지 전체 인구의 2배에 이른다.

인지강화제는 아마추어 선수들 사이에서도 인기다. 독일에서 철인3종 경기에 출전한 선수들 약 3천 명을 대상으로 시행한 익명의 조사에 따르면, 지난 12개월 동안 신체를 강화하는 약물 복용을 한 비율이 13퍼센트였고, 인지강화를 위해 약물 실험을 한 적이 있다고 응답한 비율도 15퍼센트에 달했다.(독일에서는 카페인 알약 때문에 이런 결과가 나왔을 것으로 추정했다.)

스마트 약물의 매력에 끌리는 사람은 비단 운동선수들만이 아니다. 《영국 스포츠 의학 저널》은 2016년 한 사설에서 선수가 아닌 사람들도 약물 검사를 받아야 한다고 주장했다. 복잡한 통계와 방대한 정보를 바탕으로 빠른 판단을 해야 하는 스포츠팀 감독과 코치들도 약물 복용의 이점을 누릴 수 있기 때문에 불공정한 경쟁이라는 것이다.

똑똑해지는 약물이라고 하지만 실제로는 꽤 멍청한 측면도 있다. 스마트 약물은 활성 성분으로 뇌를 포화시켜 그중 일부가 적합한 표적을 찾아내는 것이다. 뇌의 특정 영역과 특정 기능, 이를테면 기억이나 문제 해결 기능을 표적으로 정하기는 불가능하다. 그러기 위해서는 뇌 전체의 구성 요소들을 분해한 후 우리가 가장 관심 있는 부분, 즉 지능과 관련된 부분을 조금 더 확대해야 한다.

이것은 약물로 가능한 일이 아니다. 더 세부적이고 직접적인 접근법이 필요하다. 지능의 비밀을 파헤치는 연구에서도 이것이 가장 일반적인 전략이다. 실제로 지능을 연구하는 사람들은 오랫동안 이런 직접적인 접근법을 권장해왔다.

6장

상호부검협회

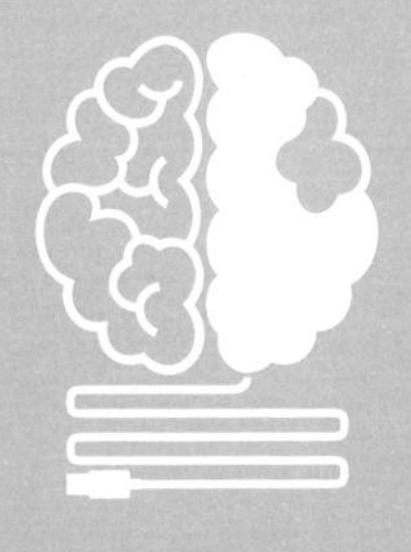

the
genius within

1892년 미국의 저명한 시인 월트 휘트먼이 사망하자 그의 뇌는 과학자들에게 맡겨졌다. 그다음에 무슨 일이 일어났는지 휘트먼이 직접 볼 수 없어서 참으로 다행이었다. 과학자들은 그의 뇌를 땅바닥에 내동댕이쳤다. 미국에서 가장 인기 있는 시구절의 원천인 휘트먼의 뇌는 바닥에 부딪쳐 산산조각이 났다. 휘트먼이 그 유명한 시구를 떠올릴 때 적어도 이런 생각을 하지는 않았을 것이다. '나를 다시 보고 싶다면, 신발 밑이나 잘 뒤져보시오.'

어찌 됐든 연구할 만한 좋은 두뇌가 아직 많았다. 19세기 후반은 이른바 신사 과학자들의 시대였고, 사후에 자신의 뇌를 샅샅이 조사해도 좋다고 허락하는 것이야말로 가장 신사다운 덕목이었다.

휘트먼도 대의를 꿈꾸었다. 지능의 해부학적 근간을 구축하기 위한 일환으로 그도 사후에 자신의 뇌를 떼어내도 좋다고 허락했다. 초창기 신경과학자들은 지능의 지표를 뇌 속에서 찾았고, 그 과정에서 하나의 단순한 가정을 세웠다. 뇌가 클수록 좋다는 것이었다.

뇌가 클수록 지능이 높다는 가정은 그럴듯하다. 뇌는 체중의 2퍼센트를 차지하면서도 호흡하는 산소의 20퍼센트를 소모한다. 또 섭취하는 음식의 5분의 1이 수십억 개에 달하는 뇌세포의 에너지원이 된다. 뇌세포가 많을수록 할 수 있는 일도 많고, 진화 과정에서 뇌의 크기가 커졌다는 사실은 더 복잡하고 지능적인 행동을 할 수 있도록 발달했다는 의미다. 우리가 공룡을 우습게 여기는 것도 뇌 크기가 호두만 하다고 알고 있기 때문이다(실제로 공룡의 뇌는 제법 크다).

뇌가 클수록 지능이 높다

초창기의 IQ 분석 방법처럼, 높은 지능의 근원을 찾기 위해 뇌의 크기를 측정하고 비교하는 발상도 원래는 프랑스에서 시작되었다. 파리에서 한 무리의 학자와 교수, 성직자들이 그 이름도 화려한 상호부검협회라는 단체를 결성했다. 회원들은 자신이 사망하면 다른 회원들이 자신의 두개골을 열고 신선한 뇌를 꺼내 대중에게 공개해도 좋다고 서약했다.

상호부검협회의 회원들은 살면서 입증하지 못한 것을 죽어서라도 밝힐 수 있기를 바랐다. 이미 죽은 몸에는 영혼이 없는 만큼, 종교적 가르침과는 달리, 인간이 다른 동물들보다 영적으로 더 높은 존재일 이유가 없었다. 새로 가입한 회원들도 엄숙한 선서와 함께 대의에 따르겠다고 서약했다. "과학적 유물주의와 급진공화정을 신봉하는 자유사상가로서, 나는 어떠한 성직자나 교회의 간섭 없이 죽음을 맞이하겠습니다."

이와 비슷한 뇌 기증자 단체가 러시아와 독일, 스웨덴에서도 싹을 틔웠다. 그러나 제대로 정착한 곳은 미국이었다. 프랑스 인근의 대서양 국가들과는 달리 신을 외경하는 미국인들은 고차원적 권능의 부재를 입증하고 싶지 않았다. 그들은 존경받는 동료들을 포함해 자신들이 고차원적 권능 자체임을 입증하려 했다. 그래서 사망한 사람의 뇌 크기와 모양을 통해 자신들이 다른 사람들보다 뛰어난 지능을 갖고 있다는 것을 증명하고 싶었다.

뇌의 활동을 관찰할 수 있는 스캐너가 등장한 지도 1세기가 넘었다. 그러나 뇌 기능에 대해 우리가 알고 있는 지식의 상당수는, 뇌의 손상과 질병의 영향을 직접 관찰하던 휘트먼 시대의 자연실험에서 비롯된 것들이다. 그중 가장 인상적인 연구는 1860년대로 거슬러 올라간다. 당시 신경과학자 폴 브로카는 실어증에 걸린 뇌졸중 환자를 통해 손상된 전두엽(현재는 브로카 영역으로 불린다)에서 언어의 생성과 조절을 관장하는 영역을 밝혀냈다.

그렇다면 인지 능력을 조절하는 부분, 즉 지능의 영역도 찾을 수 있지 않을까? 일부 과학자들은 실제로 그렇게 생각했다. 골상학으로 알려진 연구학파는 두개골 표면의 물리적인 굴곡을 관찰하는 방식으로 지능을 인간의 핵심적인 특성이라고 주장했다. 골상학자들은 지능이 높으면 뇌 영역도 커져서 두개골 밖으로도 드러난다고 주장했다. 요즘도 지능을 설명하는 데 사용되는 몇몇 중요한 용어들이 이 시기에 등장했다. 예를 들어 지식인을 의미하는 하이브로highbrow라는 용어는 원래 골상학자들이 튀어나온 이마와 영리함을 연결 지어 만든 물리적 표현이었다(반대말이 로브로lowbrow). 따라서 머리를 검사하려면 요즘처럼 정신의학자가 아니라 골상학자를 먼저 찾아가야 했다.

골상학자들의 영향력이 쇠퇴하면서 지능에 대한 연구는 두개골 밖에서 안으로 전환되었다. 새로운 세대의 연구원들은 시체를 연구하기 시작했다. 그들도 처음에는 뇌를 그냥 버렸다. 따뜻한 물로 빈 두개골을 세척하고 눈이 박혀 있던 움푹한 부분을 헝겊과 천으로 메웠다. 뇌의 크기를 측정하기 위해, 즉 뇌 소유자의 영리함을 추정하기 위해 두개골의 빈 공간을 물이나 겨자씨, 산탄 등으로 채우고 다시 내용물을 부어 용량을 측정했다. 두개골은 수집과 보관이 편리했다. 더러는 소장품처럼 수백 개씩 수집하는 경우도 있었다.

과학이라는 이름으로 두개골을 측정하기는 했지만, 지능을 연구하기 위해 두개골을 활용한 데는 검은 의도가 있었다. 수집한 해골의 대부분은 인종 차이를 뒷받침하는 데 사용되었던 것이다. 더 정확히 말하면 백인들이 다른 인종보다 우월하다는 것을 입증하기 위한 것이었다.

두개골을 가장 적극적으로 수집했던 사람들 중에 조지 모턴이라는 인류학자가 있다. 모턴은 남아프리카와 호주를 포함해 전 세계에서 1천 개 이상의 두개골을 수집하여 측정했다. 그는 백인들의 두개골 공간이 흑인들에 비해 일관되게 크다고 주장했다. 이 주장은 백인과 흑인이 전혀 다른 종족이고 뇌가 더 큰 만큼 더 우월한 존재라는 믿음을 뒷받침하는 근거가 되었다.

이 비교 실험에 사용된 머리와 두개골은 모두 익명이었고, 더러는 전장에서 가져왔다. 그래서 활용 범위에 제약이 따를 수밖에 없었다. 민족성을 제외하고, 죽은 사람의 삶이 어땠는지, 어떤 일을 했고 얼마나 똑똑했는지 전혀 알 수가 없었다.

뇌가 클수록 더 똑똑하다는 것을 증명하기 위해 초창기 과학자들은 한 걸음 더 나아갈 필요가 있었다. 자신들이 측정한 큰 머리와 두뇌를 실제 소유자들의 능력이나 업적과 연결 지어야 했다. 월트 휘트먼과 동료들은 바로 이 부분에서 기회를 포착했다.

뇌가 큰 사람들이 모인 브레인 클럽

프랑스의 상호부검협회에서 영감을 받은 미국 북동부의 남성들이 브레인 클럽이라는 단체를 결성했고, 나중에 미국 인체측정학회라는 조금 더 거창한 이름으로 바뀠다. 프랑스와 마찬가지로 이 단

체의 회원들도 사후에 자신의 뇌를 적출하여 뛰어남의 원천을 조사하도록 서약했다.

이 학회의 가입자는 최대 300명 정도로 추정되지만, 가입 사실을 공개적으로 언급한 회원은 드물었다. 자발적으로 기록에 남긴 경우는 더욱 적었다. 하지만 월트 휘트먼은 그렇지 않았다. 뇌를 연구하는 동료들에게 매료되었던 이 시인이 아마도 뇌 기증에 동의하고서도 가족에게는 알리지 않았으리라고 역사가들은 추측한다. 그래서 그가 사망한 후에 형 조지 휘트먼은 뇌 기증 소식을 듣고 소스라치게 놀랐을 것이고, 부검도 원치 않았을 것이다.

브레인 클럽 회원들의 전제는 단순했다. 뇌가 크고 무거울수록 능력과 잠재력도 클 것이라고 추론하며, 뇌 소유자에게 더 높은 지위를 부여할 필요가 있다는 것이었다. 서로의 뇌를 적출하여 무게를 측정하면서 이 전제는 확신으로 변했다. 뇌의 무게를 측정하여 일람표를 작성했고, 물리학자, 변호사, 작곡가, 해학가, 수학자, 정치인, 경제학자, 편집인, 작가, 지질학자, 판사 등 뇌가 가장 무거운 전문직 동료와 지인들이 최상위권에 포함되었다. 그중 논란의 여지가 없는 뇌 무게 챔피언은 러시아의 시인이자 소설가 이반 투르게네프였다. 그의 뇌는 2012그램으로 2킬로그램 벽을 깬 최초이자 유일한 뇌로 기록되었다.

그 반대 또한 옳다고 브레인 클럽은 믿었다. 뇌가 상대적으로 작고 능력도 부족할 것으로 추정한 벽돌공이나 대장장이, 노동자 등 지위가 낮은 사람들은 대부분 일람표의 중간쯤에 있었다.

일람표 하단에는 가장 작고 발육도 덜 되어서 도덕적이고 지적인 성과를 거두기에는 지능이 상대적으로 낮은 사람들이 있었다. 이들은 대부분 범죄자들이었고, 이런 뇌는 수없이 많았다.

그 시대에 가장 악명 높았던 범죄자들의 뇌 중에는 나이아가라 폭포 근처에서 미국 대통령 윌리엄 매킨리와 악수할 때 저격한 무정부주의자 리언 촐고츠도 있었다. 매킨리 대통령은 일주일 넘게 사경을 헤매다 사망했다. 그리고 다음 달이 끝나갈 무렵, 촐고츠는 신속한 재판으로 유죄 판결을 받고 곧바로 전기의자에서 사형되었다.

사망한 지 1시간 후, 촐고츠의 시신은 수술대 위에서 조각났다. 연구원에게 그의 뇌는 뜻밖의 횡재였지만, 사안의 심각성을 감안하면 뇌를 적출하여 평가한 사람이 의대 4학년생이었다는 사실은 뜻밖이었다. 하지만 촐고츠의 뇌는 평범했다. 범죄 성향이 뇌의 크기와 물리적 특징으로 나타나리라고 믿었던 사람들에게는 무척 실망스러운 소식이었다. "정상적인 뇌 구조에서 나타나는 정도의 편차가 일부 범죄자나 타락한 계층에서도 흔히 발견되는 것은 충분히 예견된 사실이다." 젊은 의대생이 부검 보고서에 남긴 대목이다. "범죄자들의 뇌가 구조적으로 비정상이라고 확증할 만한 근거가 너무 빈약하고 불확실하다."

그 의대생은 촐고츠가 사회적으로 타락한 사람이기는 하지만 정신적 질병은 아니라는 결론을 내렸다. "우리 모두의 내면에는 사나

운 짐승이 잠자고 있다. 그 짐승이 깨어나는 원인이 항상 정신병 때문만은 아니다."

그 의대생의 이름은 에드워드 앤서니 스피츠카로 의사로서의 경력이 시작되기도 전에 끝날 뻔했다. 촐고츠가 사형된 후 스피츠카의 말을 받아 적은 파렴치한 속기사가 그 내용을 언론에 팔아넘기려고 했기 때문이다. 스피츠카는 여러 의학 저널에 편지를 써서, '왜곡된 내용'을 공표할 경우 자신은 즉각 부인할 것이라고 경고했다.

짧은 경력에도 불구하고 스피츠카가 대통령 암살자의 시신을 절개할 수 있었던 이유는 아마도 그의 아버지 때문일 것이다. 에드워드 앤서니 스피츠카의 아버지는 에드워드 찰스 스피츠카로, 아버지 역시 훗날의 아들처럼 신경학계의 업적으로 사회에 영향을 끼쳤다.

그중 가장 유명한 사례는, 1881년에 제임스 가필드 대통령을 암살한 찰스 기토가 정신이상자라고 증언한 것이었다. 불편한 심기를 드러내며 법정에 선 아버지 스피츠카는 자신은 콜롬비아 수의과대학 교수이며 정신의학자가 아니므로 검찰이 제기한 기소 혐의를 부인해야 했다.

"당신은 수의사죠?"라는 질문을 받자 그는 곧바로 되받아쳤다.

"바보 같은 질문을 던지는 멍청이들한테는 그렇다고 할 수 있죠."

하지만 그의 증언에도 불구하고 기토는 유죄 선고를 받고 교수형에 처해졌다.

아버지 스피츠카는 1장 첫 부분에서 소개한 윌리엄 케믈러가 전기의자에서 처형될 때 참관했던 인물이다. 그리고 미국 브레인 클럽의 창립 회원이었고, 1902년에 이 단체의 운영을 아들에게 맡겼다. 브레인 클럽을 관리하게 된 아들 스피츠카는 아버지가 소중히 여기던 자산이 끔찍한 상황에 처해 있음을 깨달았다. 그때까지 창립 회원 3명의 뇌를 보관하고 있었는데, 그중 2개는 납작하게 뒤틀려 있었다. 다른 회원들이 기부한 뇌도 부서진 것이 2개 이상이었고, 그중 하나는 10년 동안이나 경화액 속에 둥둥 떠 있었다. 물론 월트 휘트먼의 뇌는 사라지고 없었다.

아들 스피츠카는 지능과 존중의 이정표인 뇌 연구의 활로를 개척했다. 사형된 촐고츠의 뇌를 분석해서 얻은 호평으로 고무된 그는 범죄자와 선하고 위대한 사람을 가리지 않고 더 많은 뇌를 연구했다. 사망한 아버지의 뇌를 적출하여 측정한 사람도 아들 스피츠카였다.

두개골을 절개해 뇌를 분석하면서 이 젊은이의 과학적 목표는 명확하게 드러났다. "아르키메데스나 호머, 미켈란젤로, 뉴턴 같은 사람들의 천재성을 존경하는 것만으로는 부족하다. 그들의 위대한 지성이 어디에서 비롯되는지 알고 싶다." 많은 위인들이 자신의 뇌를 기꺼이 과학자들에게 맡기는 것에 대해서도 그는 이렇게 덧붙였다. "다른 사람들보다 머리가 더 좋거나 더 나쁜 이유를 밝히는 것이 우리에게 주어진 임무이다."

사실 이때의 뇌 연구는 미숙하고 엉성하며 신뢰하기 어려웠다. 과학적으로 적절하게 진행됐다면 조사하는 뇌가 존경받던 동료의 것인지 아니면 범죄자의 것인지 연구원들이 몰라야만 했다. 그러나 초창기 과학자들의 연구 방식은 그렇지 못했다. 누구의 뇌를 측정하는지 이미 알고 있었던 데다, 성공한 사람들의 뇌가 상대적으로 더 크다고 간주했고 결과도 그러기를 바랐기에 측정도 그런 방향으로 진행되었다.

예상치 못한 결과가 나왔을 때는 아예 폐기하거나 어떤 식으로든 이유를 갖다 붙였다. 예를 들어 위대한 인물의 뇌가 특별히 가벼울 때는 노화로 퇴화되었기 때문이라든지, 아니면 서투른 연구원이 머리에서 뇌를 꺼내는 과정에서 일부가 구석 어딘가에 남아 있었을 것이라는 식의 핑계를 댔다. 그리고 보잘것없는 사람의 뇌가 지나치게 무거울 때는 질병이나 뇌 보존용 화학물질 때문이라고 했다. 그렇게 데이터는 과학자들이 신봉하는 것과 세계질서에 맞춰 적당히 손질되었다. 이런 식의 인지 편향은 과학자들이 흔히 빠지는 함정이다. 초기 인류학자들은 지능의 신비를 탐구하면서 번번이 이런 함정에 빠졌다.

처형된 범죄자들의 뇌를 연구한 아들 스피츠카는 머리가 나쁜 사람들의 뇌가 비정상적으로 무거운 이유를 질병이나 이상 현상으로 설명했다. 뇌의 무게를 정당한 과학적 분석에 포함하는 것은 불공정하다고 그는 말했다. "뇌수종 환자의 부푼 머릿속에 담긴 거대하고 흐물흐물한 덩어리로는 중력의 법칙을 발견할 수도, 검안경을 발명할 수도, 햄릿을 창조할 수도, 현대 자연사를 창시할 수도 없다."

그리고 이렇게 덧붙였다. "여기서 우리가 관심을 갖는 뇌는 건강한 정신을 가진 사람들, 즉 살아가면서 특정 직종과 예술, 과학 등에서 두드러진 업적을 이루었거나, 인간의 문제에 열정적이고 성공적으로 참여하여 높은 명성을 얻은 사람들의 뇌를 말한다."

초창기 지능 연구자들의 방식이 엉성하기는 해도 무언가를 이해하고 있었던 것은 확실하다. 큰 두뇌와 높은 IQ는 분명 관련이 있다. 엄청난 영향까지는 아니더라도 상당한 영향이 있다. 머리의 크기도 마찬가지다. 뇌가 크면 그 뇌를 담을 머리도 당연히 커야 한다. 유치하지만 우수한 지능을 측정하는 가장 간단한 방법은 줄자로 머리 둘레를 재는 것이다.

2007년 에든버러의 과학자들이 스코틀랜드의 국가 영웅 로버트 브루스(1314년 배넉번 전투에서 잉글랜드를 격퇴한 인물)의 지능을 가늠하기 위해 머리를 측정했다. 1819년 브루스의 시신을 발굴하면서 제작한 두개골 주형을 분석한 과학자들은 그의 IQ가 128 이상이었을 것으로 추정했다.(브루스의 시신은 평화로운 안식을 취하지 못했다. 그가 죽자마자 심장을 적출해 스페인의 무슬림과 싸우던 십자군에 보냈고, 스코틀랜드로 돌아와서도 파내고 묻기를 두 번 이상 반복했다.)

스코틀랜드가 영국의 지배에서 벗어났다는 선언이자 훗날 미국 독립선언서에 영감을 주었다고 평가되는, 1320년 아브로스 선언의 배경이었던 남자에게 걸맞은 지능이라고 과학자들은 주장했다.

두개골 크기와 지능의 확고한 연결 고리는 브레인 클럽과 상호부검협회 회원들을 흡족하게 만들었고, 그들이 추구하는 길이 틀리지 않았음을 보여주었다. 하지만 인지강화에는 아무런 도움이 되지 않는다. 왜냐하면 머리와 뇌를 더 크게 만들 방법은 없기 때문이다.

뇌 기능을 강화할 방법을 찾기 위해서는 더 정교하게 내부를 들여다봐야 한다. 뇌의 형태와 구조가 지능의 원천이라는 정보가 드러나지 않을까? 그렇다면 천재들의 뇌에서도 그것을 발견할 수 있지 않을까?

앨버트 아인슈타인이 사망하자 그의 뇌와 관련된 이상한 이야기가 떠돌았다. 아인슈타인도 드러내기를 꺼렸던 지능의 비밀을 입증하기 위해서라도 그 이야기를 할 만한 가치가 있을 것이다.

아인슈타인은 자신의 뇌가 표적이 되리라고 예상했나. 하지만 상호부검협회의 회원들과는 달리 자신의 뇌가 실험실의 전시물이 되기를 바라지 않았다. 그래서 죽기 전에 자신의 유해를 비밀리에 화장해서 뿌려달라고 분명하게 지시했던 것으로 보인다.

그런데 1955년 아인슈타인의 사망 원인(대동맥 파열)을 밝히기 위해 부검하는 과정에서 그의 뇌가 비밀리에 적출되었다. 부검을 맡았던 병리학자가 자신의 이름을 알리려고 그의 뇌를 빼돌린 것이다. 토머스 하비라는 병리학자는 아인슈타인의 뇌를 200개 이상 조각내고, 1천 개 이상의 조직 슬라이드를 만들었다. 하비는 이 분야 전문가들의 의견을 구하기 위해 슬라이드를 미국 전역으로 보냈다. 그리고 나머지 뇌 조직은 프린스턴 대학교에 있는 자신의 집무실 수납장 용기 속에 보관했다. 그는 미국 육군을 포함하여 아인슈타인의 뇌 조직을 연구하고자 했던 여러 기관의 문의와 요구에도 수십 년 동안이나 거절하며 버텼다. 뇌 조직 슬라이드에 대한 연구가 한 번이라도 제대로 이루어졌다면 전혀 특이한 게 없다는 사실이 밝혀졌을 것이다. 조각난 아인슈타인의 뇌는 서랍 속에서 먼지만 쌓였고 지금까지도 대부분이 그렇게 남아 있다.

1970년대 후반, 어느 언론인이 하비의 행적에 대한 기사를 쓰자 연구를 위해 새로운 뇌 조각을 요구하는 과학자들의 요청이 쏟아졌다. 이번에도 이 야심찬 병리학자는 슬라이드를 들고 우체국으로 달려갔다.

하비가 직접 찍은 상세 사진들을 곁들인 이 샘플들은 새로운 연구의 물결을 촉발했고, 연구자들 대부분이 특이한 무언가를 발견했다고 주장했다. 이 샘플에 기초한 연구 결과가 요즘도 간간이 들리곤 한다.

아인슈타인의 뇌를 연구한 사람들에 따르면, 그의 뇌에는 신경교세포가 보통 사람들보다 훨씬 많아서 뉴런에 충분한 영양을 공급한다고 한다. 전두엽 피질의 뇌세포는 매우 조밀하고, 공간 및 수학 기능과 연관된 하두정소엽도 보통 사람보다 훨씬 넓었다. 2012년의 연구에서는 계획과 기억을 담당하는 영역인 전두엽 중간이 유별나게 튀어나와 있다고 밝혔다.

그러나 여러 사례를 종합해봤을 때 아인슈타인의 뇌는 그리 특별할 게 없었다. 무게도 1230그램이었다. 70대였던 그 또래 정상적인 남성의 뇌 중에서도 가벼운 축에 속했다.

지능이 높은 사람의 뇌 구조

뇌 주인이 얼마나 위대하고 유명했든, 지능과 관련하여 죽은 뇌에서 수집할 수 있는 정보는 그 정도뿐이다. 따라서 살아 있는 사람의 머릿속을 스캔할 수 있다는 사실이 얼마나 매혹적인지 다시금 깨닫게 된다. 자기공명 영상장치[MRI]로 스캔을 해보면 지적 작업을 수행할 때 뇌의 특정 부분에 더 많은 피가 몰리는 것을 눈으로 직접 확인할 수 있다. 신경과학자들은 이 영상을 바탕으로, 인지 기능과 감성부터 의사 결정과 기억에 이르기까지 뇌의 어느 부분이 관여하고 또 어느 부분에 주된 책임이 있는지를 추론한다.

찰스 스피어먼의 일반지능 'g'를 뇌 속에서 확인할 수는 없다. 달리 말하면 뇌의 특정 부분을 스캔한 영상에서 'g'의 위치가 드러나는 것은 아니다. 비록 그것이 실제로 존재하더라도, 뇌의 어느 위치에 있는지를 가리킬 수는 없다. 개인마다 다른 운동 능력을 근육 스캔으로 추적할 수 없듯이 'g'의 존재도 뇌 스캔에서 추적할 수 없다.

기억, 수학, 언어, 추론 등 지능을 각각의 구성 요소로 나눌 수 있다면 뇌 속에서 각 요소의 위치를 나타내기도 한결 수월할 것이다. 두정엽은 시각적 이미지를 식별하고 처리하는 것으로 알려져 있고, 해마는 기억과 연관성이 높다. 그러나 뇌 스캔으로는 각각의 기능을 뇌의 영역과 연결할 수는 있어도, 사람마다 그 기능을 수행하는 능력이 차이 나는 이유를 설명하지는 못한다.

뇌에는 2가지 유형의 세포조직이 있다. 회백질은 대부분의 일을 처리한다. 백질은 회백질을 둘러싸고 각각의 뇌 영역 간에 신호를 전달한다. 둘 다 지능과 관련 있어 보인다. 뇌의 용적과 마찬가지로 회백질의 전체 양은 지능의 높고 낮음과 관련이 있으며, 특히 전전두엽 피질을 포함하는 영역에서는 더욱 그러하다. 명확하지는 않지만 백질 회로도 이와 동일한 듯하다. 중요한 것은 백질이 얼마나 온전한가 하는 것인데, 이것은 주어진 일을 수행할 때 확인할 수 있다. 백질 회로가 손상되면 분명 뇌의 작용도 방해받는다(나이가 들면서 인지 능력이 크게 감퇴하는 것도 백질 회로의 점진적인 상실 때문이다).

일부 연구에서는 특정 정신 능력이 뛰어난 사람들의 뇌 구조에도 상당한 차이가 있다는 사실이 발견되었다. 2000년 런던의 신경과학자들이 런던의 택시운전사들을 대상으로 연구한 보고서가 있다. 런던 거리를 백과사전처럼 꿰고 있는 운전사들의 해마에서는 회백질이 평균 이상으로 나타났다.

이 연구는 특정한 지적 기능을 반복적으로 수행하고 연습하면 뇌의 특정 영역이 커진다는 사실을 증명한 것이다. 하지만 이런 결론이 다른 분야에까지 적용되는 것은 아니다. 애버딘에서 일하는 배관공의 뇌 속 해마가 거대하다고 해서 그가 런던 브리지에서 킹크로스 역까지 최단 경로를 아는 것은 아니다.

지능이 높은 뇌의 구조적 특성은 인지 능력의 신경 기반을 파악하는 데 도움이 될지는 몰라도, 인지강화에는 아무런 도움이 되지 않는다. 뇌의 내부에 회백질을 추가할 수는 없기 때문이다. 뇌의 작동 방식을 향상하고 싶다면 뇌 구조보다는 기능을 개선해야 한다. 그렇다면 고지능자의 뇌는 어떤 식으로 작동할까?

지능은 특정 뇌 영역에서 비롯되는 것이 아니라 다양한 뇌 영역을 얼마나 효과적으로 작동하느냐에 따라 달라지는 것으로 보인다. 문제를 해결하기 위해서는 먼저 뇌의 기저부와 후두부의 측두엽과 일부가 눈과 귀를 통해 들어오는 신호를 있는 그대로 받아들여 처리한다. 이 정보는 정수리 바로 아래서 큰 아치를 이루는 뇌 조직인 두정엽 피질로 보내져 의미 해석과 분류 과정을 거친다. 그런 다음에는 이마 뒤에 자리한 전전두엽 피질 영역으로 보내져 가능한 개념이나 해결책으로 집약되고 시험까지 거친다. 하나의 해결책이 등장하면 전전두엽 피질의 또 다른 부분인 전측 대상회의 작용으로 다른 부적절한 반응을 차단한다.

이처럼 뇌의 다양한 기능들이 연이어 작동하는 복잡한 지적 작업은 처리된 감각 정보가 뇌의 뒷부분에서 앞부분으로 이동한 이후에 발생하며, 이런 지능 모형을 '두정엽-전두엽 통합이론[P-FIT]'이라고 부른다. 이 P-FIT 회로의 작동이 원활할수록 지능이 높다.

그렇다면 누군가의 P-FIT 회로가 다른 사람보다 더 효과적으로 작동하는 이유는 무엇일까? 그 작동 방식을 인위적으로 개선할 수 있을까?

컴퓨터처럼 초기 처리 속도가 중요하다. 뇌의 기능적 차이를 연구하는 방법은 신경 활동을 추적하는 것이다. 각 뉴런이 활동할 때, 즉 문제를 해결하거나 신호를 전송할 때 미세한 전류가 폭발한다. 뇌가 무언가를 수행할 때 터져 나오는 수백만 혹은 수십억의 작은 폭발들을 합치면 전체 신호를 측정할 수 있다. 이것이 뇌파 검사[EEG]인데, 두피에 붙인 민감한 전극을 통해 전압의 변화를 감지하는 것이다.

뇌파 검사는 이런 전압의 변화를 탐지하여 수면부터 간질까지 추적할 수 있다. 작동 원리도 단순하다. 뇌가 활성화되면 전기 작용이 증가한다는 것이다. 예를 들어 뇌가 잠들었을 때보다 수학 문제를 풀 때 훨씬 많은 극파(가시처럼 뾰족한 형태의 파형 – 옮긴이)가 나타난다.

지능을 연구하는 과학자들이 특히 흥미로워하는 점은, 소리 같은 자극에 뇌가 반응하는 과정을 뇌파 검사에서 기록하는 방식이다.

뇌파 검사에서는 0.1초 이내의 뇌 활동을 그대로 보여준다. 작고 움푹한 파형이 등장하고 약 0.1초가 지나면 다시 회복된다. 가장 주목할 움직임은 다시 0.1초가 지났을 때, 즉 전체적으로 0.3초가 지났을 때 나타나는 급격한 극파이다. 이 파형을 뇌의 'P300 반응'이라고 부른다.

P300 반응은 신경과학계에서 매우 활발하게 연구되고 있는 영역이다. 일부 과학자들은 이 반응이 누군가의 거짓말을 관측하는 신뢰성 높은 방법이라고 생각한다. 그리고 심리학자들은 이 반응을 지능과 연결했다. 특히 심리학자들은 정신 능력이 뛰어난 사람들은 이 반응이 조금 더 빠르다는 사실을 발견했다(물론 그 차이는 수천 분의 1초에 불과하다). 영리한 사람들은 전기 반응도 더 빠른 듯하다. 또 일부 연구에서는 지능지수가 높으면 P300의 정점도 상대적으로 높다고 한다.

뇌파 검사에서 3가지 반응 형태는 지능에 따라 달라질 수 있다. 일부 연구에 따르면, 인지 능력이 낮은 경우 상대적으로 덜 명확하고 덜 복잡한 반응이 나타난다. 3가지 파형이 그다지 명확하게 드러나지 않는 것이다. 고지능과 관련된 복잡한 파형은 펼쳤을 때 상대적으로 긴 선을 이루기 때문에 일부 심리학자들은 이것을 실오라기 검사라고 부르기도 한다. 그렇다면 실오라기의 길이는 얼마나 될까? 얼마나 똑똑하냐에 달렸다.

가장 두드러진 차이는 영리한 사람들이 뇌에 연료를 공급하는 방식이다. 뇌가 작동할 때 에너지를 방출하므로 포도당의 수요도 증가한다. 지능검사에서 높은 점수를 받은 사람들의 뇌에서는 에너지 수요의 증가도 미미하다. 높은 지능은 효율이 높기 때문이다. 반면 효율이 낮은 뇌는 동일한 문제를 해결하는 데 더 많은 뉴런을 움직여야 하므로 더 많은 포도당을 태워야 한다. 지능이 높은 사람일수록 뉴런이 더 적게 필요하고 가동해야 할 뇌 회로도 더 적다는 의미다.

당신의 지능은 부모에게 물려받았다

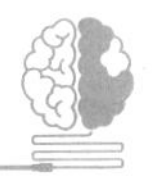

지능이 뇌 활동에서 어떤 모습으로 나타나는지 아직 명확하게 밝혀지지 않았다. 최근 신경과학계에서는 뇌 회로 분석에 초점을 맞추고 있다. 그러나 뇌의 모든 회로처럼 지능 회로도 화학적 통신과 전기적 통신 2가지에 의존한다는 사실만큼은 분명하다. 그리고 뒤에서도 살펴보겠지만 신경과학계는 2가지 모두 바꿀 수 있는 도구들을 보유하고 있다.

2015년 신경과학자들은 뇌 회로의 활성화 방식이 사람마다 다르다는 사실을 입증했다. 모든 사람들이 뇌의 P-FIT 계통을 이용하여 추론하고 문제를 해결하지만, 이때 활용하는 뉴런의 수나 순서는 사람마다 조금씩 다르다. 실제로 예일 대학교 신경과학자들은 뇌 활동 패턴이 사람마다 달라서 일종의 신경 지문처럼 활용할 수 있다는 사실에 주목했다. 이들은 자원자들을 모집한 후 매핑을 거쳐, 인지 활동을 수행할 때의 뇌 연결 패턴을 찾아 그 사람의 신원을 식별했다.

더 나아가 이들은 뇌 지문이 개인의 지능을 암시한다는 사실도 발견했다. 뇌 스캔을 통해 같은 지능지수에서 공통적으로 발견되는 뇌 연결과 패턴을 식별한다. 그런 다음 이 정보와 뇌 배선을 바탕으로 사람의 지능을 정확히 추정할 수 있다. 그런데도 지능검사가 필요할까? 미래에는 뇌 회로 스캔만 있으면 사회에서 가장 똑똑한 사람들을 쉽게 찾아낼 수 있다.

그렇다면 뇌 회로의 배치와 작동을 결정하는 것은 무엇일까? 코 모양이나 눈 색깔과 같은 신체 구조처럼, 뇌 배선도 유전적으로 결정된다. 선조의 영향을 받는 것이다. 당신의 뇌는 부모의 것과 닮았고, 자식들의 뇌도 당신의 것과 닮았다. 뇌는 당신만의 것이 아니다. 다음 세대를 위해 잘 돌봐야 한다. 이것은 단순한 법칙이면서도 인간의 가장 사악한 측면에도 예외가 될 수 없는 위험한 법칙이기도 하다.

《네이처》에 실린 내 기사를 주로 읽는 사람들은 연구직에 종사하거나 연구 관련 모금이나 후원에 관여하는 특수 계층이다. 나는 가끔 분야를 넓혀서 중요한 사회적 이슈를 다루기도 한다. 특히 2015년 늦여름에 다룬 유럽의 난민 위기 문제는 지금도 자랑스럽게 여기는 기사이다. 그리고 내가 가장 좋아하는 주제는 과학계의 특정한 관심사와 사회적 이슈가 겹치는 것들이다. 이를테면 기후 변화와 맞춤형 아기를 낳은 새로운 생물학 기술과 같은 주제들이다.

《네이처》는 1869년부터 출간되어 정보와 흥밋거리를 전해온 과학 전문 주간지의 대명사이다. 제법 규모가 있는 도서관들은 수십 년치를 보유하고 있으며, 지난 호의 기사들이 여전히 회자되거나 논란의 대상이 되기도 한다. 예컨대 2015년 내가 쓴 '난민 위기' 사설은 1939년 《네이처》에서 비슷한 위기 상황을 다룬 사설을 바탕으로 했다. 《네이처》가 해당 시대의 중요한 이슈를 받아들이는 기준은 대다수 과학자들과 같다. 즉, 인도주의와 증거를 기반으로 한다. 가끔은 지난 호의 기사들을 읽으면서 도대체 무슨 말인지 의아할 때도 있다.

1926년 2월 《네이처》에 지능을 주제로 쓴 '인종 정화'라는 사설이 실렸는데, 제목만큼이나 위험한 내용이었다.

7장

뇌를 갖고 태어나다

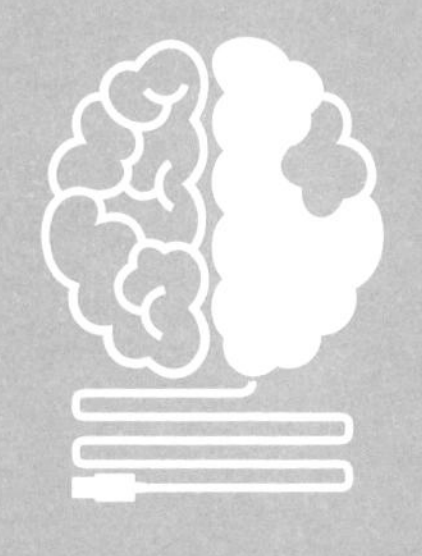

the
genius within

부모의 지능이 자녀에게 유전될까? 로버트 클라크 그레이엄의 정자를 얻기 위해 50달러를 지불한 수백 명의 여성들은 분명 그러기를 바랐을 것이다. 그레이엄은 1980년대와 1990년대 노벨상 수상자들을 비롯하여 뛰어난 지적 업적을 거둔 사람들의 정액을 수집해 '생식세포 선택을 위한 보관소RGC'라는 기구를 통해 판매했다. 대부분의 사람들은 그곳을 '천재 정자 은행'이라고 불렀다.

1997년 그레이엄이 사망한 직후에 RGC가 문을 닫기까지 이곳에서 정자를 기증받아 태어난 아기는 200명이 넘었다(그레이엄은 어느 과학 컨퍼런스에서 정자 기증자를 모집하던 중 화장실에서 미끄러지면서 머리를 부딪쳐 사망했다). 그렇게 태어난 아이들 중 일부는 자신들이 누구보다도 지적으로 우수하다고 말한다. 정자 은행을 통해 두 번째로 출생한 도론 블레이크는 20대 초반에 이렇게 말했다. "내 지능지수는 예상 범위를 뛰어넘었고, 본래 로버트 그레이엄이 원했던 결과물이 바로 나입니다. 내 친구들이 그랬던 것처럼, 지금까지 살아오면서 무언가를 이루기 위해 그렇게 열심히 노력한 적은 없었던 것 같아요."

더 이상 보관소를 통해 정자를 팔지는 않겠지만 과학자들은 여전히 지적인 사람들을 선택하여 함께 일한다. 고지능자 목록을 가장 많이 보유한 곳은 볼티모어의 존스홉킨스 대학교 부설 '재능 청소년 센터[CTY]'다. 그들은 해마다 학교 시험 성적을 심사하고 재능 있는 10대들을 발굴해 더 발전하도록 후원한다. 페이스북의 마크 저커버그, 구글의 세르게이 브린, 레이디 가가를 포함한 유명인들이 이 기구에 등록하여 '괴짜 캠프'라는 애칭으로 알려진 여름학교를 함께 했다. 이곳 과학자들이 보유한 고지능자 명단은 약 150만 명에 이른다.

13세 이전에 최고 점수를 받은 최우수 학생들을 엘리트 프로젝트에 따로 초청하여 그들의 특별함이 어디에서 비롯되는지 발달 과정을 추적 조사한다. 이 '영재 연구 프로그램[SET]'은 1970년대 후반에 시작되었고, 영재들이 성인이 되어 받은 상과 대회 우승, 취득한 특허, 출간된 저작물 등 다양한 경력 정보를 보유하고 있다.

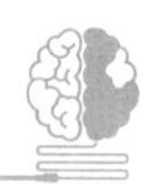

찰스 스피어먼의 'g'와 IQ까지 아우르는 지능심리학은 논란의 여지가 있다. 그러나 지능유전학을 둘러싼 논쟁과 씁쓸함에 비할 바가 아니다. 지능유전학은 너무 심하게 오염되어 많은 심리학자들과 유전학자들이 아예 연구 자체를 거부할 뿐 아니라 다른 사람들도 그래야 한다고 주장할 정도다. 그 때문에 대다수 대학교의 심리학부는 지능의 기본조차 가르치지 않는다. 인간이 지닌 수많은 능력과 행위의 근간이 지능인데도 지능에 대한 강의가 없다는 것은 놀라운 일이 아닐 수 없다.

2008년 어느 국제 유전학 전문가 단체가 재능 청소년 센터의 학생들을 만나 DNA 샘플을 채취하고 분석할 수 있게 해달라는 요청을 했을 때, 그들도 스스로 문제를 자초하고 있음을 잘 알고 있었을 것이다. 센터를 운영하던 과학자들은 그러한 요청에 어찌해야 할지 머뭇거렸다. 과학자들은 "그 사람들은 과거 지능유전학의 추악한 목적에 사로잡혀 있었다"고 말했다. 그 추악한 목적의 역사는 수십 년 전으로 거슬러 올라간다. 그리고 우리는 그 결과가 무엇인지 경험으로 알고 있다.

논쟁과 문제의 시작은 알프레드 비네의 초기 지능검사가 시행될 때였다. 마침 그 지능검사는 제1차세계대전 중 자유의 여신상이 프랑스에서 미국으로 건너오던 때에 맞춰 시행되었다. 당시 미국 대통령 우드로 윌슨은 전쟁에서 미국을 구하기 위해 필사적이었다. 그는 '생각과 행동'의 중립을 주장했고, 독일군의 공격으로 영국의 호화 여객선 루시타니아호가 침몰해 128명의 미국인을 포함하여 1천여 명이 익사하면서 국내외 분노의 여론이 들끓고 있는 중에도 그 선을 지키려고 노력했다. 그러나 2년 뒤 1917년에 독일 잠수함들이 대서양에서 발견한 모든 선박에 공격을 가하자 윌슨도 참전을 선포할 수밖에 없었고, 미국은 수십만 명의 군대를 신속하게 조직하고 이동시켜야 했다.

이처럼 거대하고 신속한 군사 동원은 전례 없는 일이었으며, IQ 검사를 연구하던 심리학자들은 이때 기회를 포착했다. 그들은 비네의 아이디어를 빌려 질문지를 수정하는 한편 정신연령 수치는 정확한 척도가 아니라는 비네의 주의와 경고는 무시했다. 미국의 심리학자들은 맨 하위 단계에 해당하는 사람들을 찾아내 도움을 주기보다는 최상위층을 선별하는 데만 관심을 두었다. 그래서 자신들의 새로운 지능검사법이 미국 군대의 핵심 자산이 될 것이라고 홍보했다. 즉, 잠재력을 바탕으로 신병들을 선별하여 효율적으로 훈련하고, 다양한 능력을 지닌 군인들을 최적으로 조합해 효율적인 부대를 만들 수 있다는 것이었다.

초창기 지능검사에서는 신병들에게, 미니애폴리스에서 가장 유명한 산업이 무엇인지(제분 산업) 또는 집이 텐트보다 나은 이유가 무엇인지(더 안락함)와 같은 질문을 했다. 이것이 포괄적 IQ 검사의 출발점이었다는 세간의 주장에도 불구하고 그 가치에 회의적이던 군은 철저히 무시했다. 하지만 머잖아 이 검사 결과를 심각하게 받아들이게 되었다. 전쟁이 끝나고 검사 결과를 분석한 심리학자들은 충격을 받았다. 거대 인구의 표본이자 산업의 미래를 구축할 기반인 신병들의 평균 정신연령이 고작 13세로 나타났기 때문이다. 심리학자들은 미국의 청년 세대 전체가 정신적으로 지체되어 있다고 결론지었다.

하지만 이 결론은 완전히 엉터리였다. 신병 검사는 지능이 아니라 교육 정도를 알아보는 것이었기 때문이다. 질문들은 대부분 석류석의 색깔(빨간색)이나 유명 비누 제조회사의 이름을 묻는 것들이었다. 하지만 돌이키기에는 이미 늦었다.

이제 심리학자들은 지능검사와 그 전문성을 확장하는 것 외에도 싸워야 할 대상이 하나 더 생겼다. 그들은 정신적으로 박약한 세대가 초래할 위험에 귀를 기울여야 한다고 경고했다. 우선 미국 전역의 관계 기관, 더 나아가 전 세계가 IQ 검사를 폭넓게 활용하기 시작했다. 특히 학교는 지능검사에서 낮은 점수를 받은 학생들을 잠재적 문제 아동으로 분류했다. 과학자들은 이 학생들의 문제가 유전자에서 비롯되었다고 추론했다. 그렇다면 해결책은 그 유전자의 전달을 막는 것이며, 결국 자손을 갖지 못하도록 하는 것이었다. 지금은 당시의 그 아이들이 대부분 사망했지만 그들이 남긴 유물은 도처에 널려 있다.

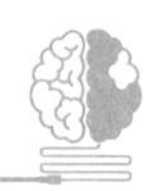

체셔의 너츠퍼드 시와 홈스 채플을 잇는 A50번 도로는 특별히 유명한 도로가 아니다. 하지만 친구가 내게 그 도로에서 일어났던 흥미로운 사건에 대해 들려주었다. 내 친구의 친구인 여자가 실제로 겪은 이야기였다. 어느 겨울날 저녁 A50번 도로를 따라 운전을 하던 그녀는 도로 중앙에 놓인 마분지 상자를 발견했다. 상자 때문에 사고가 날지도 모른다고 생각한 그녀가 차를 세우고 다가가 상자를 갓길로 끌어냈다.

그렇게 상자를 끌어내고 있을 때 상자의 얇은 덮개 한쪽이 젖혔다. 상자 속에는 아이들이 가지고 노는 인형이 들어 있었다. 누군가 광대처럼 옷을 입혔는데, 유리알 같은 눈은 하얀 화장으로 얼룩졌고 코는 붉은 피처럼 보이는 무언가로 덮여 있었다. 상자를 갓길로 밀어낸 여자는 흡족한 마음으로 자신의 차로 향했다. 그녀는 점점 짙어가는 겨울 안개를 밀치며 차 문을 닫고 집을 향해 다시 출발하려고 했다.

그런데 차가 움직이기 시작할 때 밝은 빛이 차 안으로 쏟아져 들어왔다. 등이란 등은 모두 켠 자동차가 바로 뒤에 나타난 것이다. 도로 주변을 제대로 살피지 못해 기분이 상한 그녀는(상자를 옮기는 일이 생각보다 훨씬 힘들었다) 한 손을 들어 뒤차 운전자에게 미안하다는 인사를 건네고는 가속페달을 밟았다. 그녀가 속도를 높이자 뒤차도 똑같이 속도를 올리며 따라붙었다. 그래서 조금 더 속도를 높였더니 역시나 뒤차도 마찬가지였다. 심지어 상향등을 번쩍거리기까지 했다.

상자를 발견한 것만 해도 충격적이었는데, 뒤차까지 공격적으로 따라붙자 여자는 화가 났다. 그녀는 갓길에 차를 붙이면서 참을성 없는 운전자에게 추월하라는 신호를 보냈다. 그런데 그녀가 정차하자 뒤차도 또다시 멈추더니 이번에는 상향등을 더 빨리 번쩍거렸다.

뒤차의 난폭 운전에 겁먹은 그녀는 재빨리 차 문을 잠갔고, 잠금장치 소리가 들리자 비로소 안심했다. 바로 그때 뒤차에서 한 남자가 뛰쳐나오더니 밖에서 차 문을 당기며 얼굴을 차창에 대고 소리쳤다.

"어서 차에서 나와요!"

두려움에 사로잡힌 여자는 남자를 무시한 채 앞만 바라보고 있었다.

"제발, 차에서 나와요. 빨리!"

그 소리에 놀란 그녀는 고개를 돌려 남자를 바라보았다. 그는 뒷좌석을 가리키고 있었다.

"누가 차 안에 있어요. 차 안에 누군가 들어가는 걸 봤어요. 제발, 나와요."

"뭐라고요?"

"아까 차를 세웠을 때, 어떤 사람이 들어갔다고요."

여자가 뒤를 돌아보았다.

"뒷좌석에 있어요."

그때 무언가 그녀의 목덜미를 가격했다.

여자가 차 문을 열고 뛰쳐나갔다. 밖에 있던 남자가 뒷좌석을 향해 불빛을 비췄다. 뒤에서 미소를 짓고 있는 젊은 남자의 얼굴이 보였다. 마른 체형의 남자가 등을 대고 누워 있었다. 눈가에 하얀 동그라미가 그려져 있고, 코는 붉게 칠해져 있었다.

친구는 이 이야기가 맹세코 실화라고 했지만 당연히 도시 괴담일 것이다. 거기가 어떤 곳인지를 알면 더욱 짜릿하다. 체셔의 A50 도로는 크레이니지 홀이라고 불리는 100년 된 시골 대형 건물을 지나치는 구불구불한 길이다. 이 건물은 최근까지 정신병원으로 사용되었다.

나는 이 지역에서 자랐지만 크레이니지를 정신병원이라고 부르지는 않았다. 크레이니지는 마음의 안식처이자 정신이 이상한 사람들의 주거지였으며, 당신이 이상한 말이나 행동을 하면 흰옷 입은 사람들이(무슨 이유에선지 노란색 밴을 타고) 당신을 데리고 가는 그런 곳이었다. 그리고 한 청년이 광대처럼 그린 인형을 들고 탈출하여 낯선 이의 차에 올라타기에 딱 좋은 장소이기도 하다.

크레이니지 홀은 이제 화려한 호텔로 변신했다. 나는 직원들과 손님들이 건물의 역사를 알고 있는지 물어보려고 호텔에 전화를 걸었다. 호텔 웹사이트에서는 과거에 그 건물이 어떻게 쓰였는지 언급하는 내용을 찾아볼 수 없었다. 그곳에 머무는 사람들이 건물의 역사를 알게 되는 것을 소유주들이 꺼리는지도 궁금했다.

과거에 그 정신병원에서 일했던 친절한 여성 안드레아는 반색하며 그곳 이야기를 꺼냈다. 그녀의 말로는, 지하에 터널이 있는데 인근 마을까지 거의 2킬로미터 가까이 이어져 있었다고 했다. 과거에는 그 터널을 통해 환자들을 옮겼기 때문에 환자의 가족들은 타인의 시선이나 낙인을 피할 수 있었다는 설명이었다. 내가 볼 수 있냐고 묻자 그녀는 지금은 벽돌로 막아버렸다고 했다.

안드레아는 과거를 떠올리며 호기심에 크레이니지 홀을 찾는 사람도 많았다고 했다. 사실 그곳에는 특별한 볼거리도 없었고, 재단장을 해서 기존의 이색적인 모습도 사라졌다. 일부 병원 건물이 철거되고 새로운 건물이 들어섰다. 그녀는 건물 역사가 상세히 기록된 연혁표가 어딘가에 있을 거라며 내게도 한 부 복사해주겠다고 했다.

크레이니지 병원은 세계대전 이후 영국에서 정신병원으로 사용된 수백 개의 병원 중 하나였다. 영국의 각 카운티에는 정신병원이 최소 한 곳 이상 있었다. 영국의 수많은 학교에서는 크레이니지 정신병원 같은 곳에서 사람들을 데려가기 위해 남자들이 돌아다닌다는 괴담이 지역별로 다양하게 각색되어 떠돌았다. 하지만 이런 병원들은 처음부터 병원으로 지어진 것이 아니었다. 출발은 교도소였다. 영국 정부가 자녀를 낳기에는 지능이 너무 떨어진다고 판단한 사람들을 수용하기 위해 만든 교도소였다.

이 교도소는 대부분 우생학 시대였던 두 차례의 세계대전 중에 만들어졌다. 문제가 많았던 초창기 IQ 검사 결과를 통해 정신지체자들이 너무 많다는 사실에 놀란 심리학자들과 과학자들은 국민의 지적 수준을 유지하기 위한 방안을 고민하기 시작했다. 그들은 누가 누구와 함께 자녀를 생산할 것인지를 통제함으로써 인류의 지능을 보호하고자 했다. 로버트 클라크 그레이엄의 목적도 이와 같았다. 그는 지능이 낮고 퇴행적인 사람들이 자손을 낳는 것을 막기 위해 자신의 정자 보관소를 이용하려 했다.

우생학은 생식만으로도 복잡한 특질들을 제어할 수 있다는 불완전한 과학적 근거를 기반으로 한다. 하지만 우생학은 정치적, 사회적으로 긴급한 사안들과 싸우는 사람들이 관심을 보이면서 사회적 파급력이 커졌고 앞의 사례와 같은 문제들까지 야기했다. 제1차세계대전의 비극으로 수백만 실향민들이 안전한 곳으로 이동하며 난민 위기 문제가 대두되었다. 그중 일부는 자연스럽게 영국과 미국으로 몰려 인종적, 민족적 긴장을 촉발했다.

우생학의 열혈 팬들

제1차세계대전 때 시행된 미국 육군의 심리학 검사는 인종적 편

견을 바탕으로 엉터리 결과를 낳았고, 그로 인해 이민자들은 지능이 낮으므로 이주를 제한해야 한다는 주장에 힘이 실렸다. 2003년 《네이처》에 실린 '인종 정화'에 관한 사설에서는 "영국이 토착민의 지적, 신체적 평균치보다 25퍼센트 이상 높은 점수를 얻은 사람들에 한해 이민자로 인정해야 한다"고 권고했다. 그리고 "영국 정부는 그 토착민들의 정신지체 문제를 고려하여 '불임 방안'도 마련해야 한다"고도 했다. 이런 과감한 조치는 《네이처》의 예상대로 '대중적 지지'를 이끌었다.

누가 그 사설을 썼는지는 모른다. 《네이처》의 사설은 예나 지금이나 작성자를 밝히지 않기 때문이다. 그러한 방식으로 대중적 지지를 유도한 점을 보면 분명 남자였을 것이다. 현대를 살아가는 우리는 공익 캠페인에 익숙하다. 이를테면 과일을 먹고, 담배를 피우지 말고, 에스컬레이터보다 계단을 이용하라는 식의 광고들 말이다. 《네이처》에 그 엄청난 사설이 실릴 무렵, 영국 정부는 양치질을 잘하라는 식의 내용 말고도 "현명한 결혼으로 더 나은 나라를 건설하자"와 "부적응자는 사회의 부담이며 적응자의 장애물이다"라는 포스터를 제작하고 있었다.

지금은 우생학의 목적이 섬뜩하게 들리지만, 20세기 초만 해도 교양 있는 사회에서는 대중적인 의제였고 널리 권장되기까지 했다. 3장에서 소개한 초창기 지능검사 개척자인 프랜시스 골턴은 우생학의 열렬한 팬이었다. 윈스턴 처칠은 한술 더 떴다. 1910년 영국

허버트 애스퀴스 내각의 내무장관에 오른 처칠은 미국의 여러 주에서 정신 능력이 떨어지는 수감자들에게 불임 시술을 시행한 사례를 보고는 영국도 그 방법을 도입할 수 있는지 관리들에게 물었다.

교도소 담당 수석 의료고문이던 호레이쇼 던킨 박사는 처칠에게 "무지와 절망적 정신착란의 기념비"라고 말했지만 처칠은 뜻을 꺾지 않고 말했다. "의회에서 여러 차례 난색을 표했지만 나는 여전히 이 문제에 관심이 많습니다. 머잖아 닥칠 일입니다." 몇몇은 여기서 한 걸음 더 나아가 국가에서 승인한 살인, 즉 완곡한 표현으로 안락사를 도입하자고 주장하기도 했다. 소설가 D. H. 로렌스는 1908년 이런 글을 남겼다.

> 내게 방법만 있다면, 취주악대가 감미로운 음악을 연주하고 영사기가 밝게 비추는, 수정궁처럼 커다란 가스실을 만들 것이다. 그런 다음 뒷골목과 큰길로 나가 아프고, 무능력하고, 불구인 사람들을 모두 데려올 것이다. 나는 그들을 친절하게 인도하고, 그들은 내게 미소를 지으며 쓸쓸히 감사의 인사를 전할 것이다. 그리고 취주악대는 부드럽게 할렐루야 코러스를 뿜어낼 것이다.

영국은 유전자로 사람들을 차별하는 법률을 거부하고 자녀 출산에도 간섭하지 않았다고들 하지만 사실이 아니다. 영국은 지능이 낮은 사람들에게 불임 시술을 하는 것이 아니라 애초에 남녀(소년과 소녀)를 격리하여 육체적으로 함께할 수 없도록 했다. 체셔의 A50번

도로의 크레이니지 홀 같은 곳에서 바로 이런 일이 자행되었다.

1913년 7월, 이 일을 법적으로 실현하기 위한 투표가 임박하자 처칠이 언급했던 의회의 염려는 자취를 감췄다. 새로이 등장한 '정신지체에 관한 법률'에 반대표를 던진 하원의원은 3명이었는데, 그 중 한 사람이 진보 성향의 조사이어 웨지우드였다. 찰스 다윈과 프랜시스 골턴의 먼 친척이며 가족의 성을 딴 유명 도자기 회사 창업자의 증손자인 그는, 뉴캐슬언더라임 지역 하원의원으로서 이 법안을 '우생학 꼴통들의 작업'으로 치부하며 이를 뒤엎기 위해 1인 시위까지 벌였다. 초콜릿과 보리차로 버티며 이틀 넘게 밤늦도록 하원을 지키며 이 법안을 저지하기 위해 120건의 수정안을 상정했고, 이의를 제기한 횟수도 150번이나 되었다. "그때는 거의 제정신이 아니었지요." 훗날 그는 당시를 이렇게 회고했다.

그런데도 정신지체법이 통과되자 이제는 합법적으로 정신지체로 분류될 사람들을 찾아내서 가둘 지역 당국이 필요했다.

초창기 우생학자들은 자신들의 표적을 어떻게 찾아냈을까? 그들이 그토록 염려했던 정신지체자들의 위협은 또 어떻게 규명했을까? 결국 대다수 우생학자들은 지능이 낮은 사람들도 정상적으로 보고 행동한다고 했다. 그러면서도 문제는 내부에 존재한다는 설득력 없는 주장을 펼쳤다. 1905년 미국 뉴어크에 있던 '뉴욕 주립 정신지체여성 보호소'를 방문한 영국 전문가들은 정신지체의 징후를 발견하려고 애썼다. 그들은 "보호소 수감자들이 이성적으로 대화하고 있었다"고 지적했다. 영국에서 온 방문객들은 보호소 관리자들에게 여성들의 상당수가 과다성욕증 환자라는 말을 듣고 나서야 비로소 '밀착 점검'을 통해 그 사실을 확인할 수 있었다고 시인했다.

진단은 주로 검진 의사가 했다. 여기서 어린 소년의 정신지체를 판단하기 위한 전형적인 상담 사례를 하나 소개한다.

> "이렇게 가정해보죠. 어떤 아버지가 여덟 살이나 열 살쯤 되는 소년을 데리고 이 학교에 왔습니다. 그 아버지의 눈에 비친 아들은 이가 좀 늦게 나고 말이나 걷기도 좀 늦은 것 말고는 그저 귀여운 꼬마일 뿐입니다. 아버지가 보기에는 아들에게 특별한 문제가 없는 것이죠."

21세기에는 이런 대답이 나올 것이다. "아직까지는 지극히 정상적입니다." 이후의 진단 과정은 낯선 사람 앞에 있는 여덟 살짜리 아이에 대한 평가치고는 너무 성급하고 치밀하지 못하며 이해도 부족하다.

> "당신은 그 소년을 대충 훑어봅니다. 나이에 비해 키가 작고, 크고 두꺼운 입술을 가졌으며, 입을 크게 벌리고 있고, 귀는 비정상적으로 크고, 머리는 납작하고 관자놀이 사이가 좁은데 이마는 툭 튀어나와 있습니다. 말은 하고 싶을 때만 아주 조금 합니다. 하지만 평소에는 고집이 세고 말도 전혀 하지 않습니다. 평생 한 번도 학교에 간 적이 없으며 교회나 주일학교도 마찬가지입

니다."

의사는 성급한 결론을 내리며 검진을 끝낸다.

"모든 가능성을 따져보더라도 이 소년은 더 이상 성장하기 어려울 것입니다. 그래서 아이와 가족, 사회 모두를 위한 최선의 방법은 소년을 이 학교에서 내보내는 것입니다. 이런 문제에 대해 우리와 생각이 다른 사람들도 많습니다. 하지만 우리만큼 이런 사람들에 대해 경험이 많고 또 잘 아는 사람은 없습니다."

간단한 검사에 펜을 몇 번 두드리는 것만으로 수십만 명의 아이들이 정신지체 판정을 받았다. 아이들은 가족에게서 격리되었고, 미래를 빼앗겼으며, 전문가라고 불리는 사람들이 틀렸음을 입증할 기회조차 갖지 못했다. 이의 제기도, 두 번의 기회도 없었다.

어떤 아이들은 가족이 자신들을 부양할 의사나 능력이 없어서 시설에 버려졌다. 또 어떤 아이들은 길거리에서, 말 그대로 납치당했다(더러는 공장에서 일하며 출퇴근하는 아이들을 사회적 짐이 되는 무능력자들을 줄인다는 정책에 따라 납치하는 일도 있었다).

정신지체 판정을 받고 수용된 아이들 중 일부는 실제로 정신지체를 가지고 있었지만 대부분은 그렇지 않았다. 일부 아이들은 무시되었고, 다른 일부는 제멋대로 날뛰거나 이상한 행동으로 시설 책임자들을 화나게 했다.

1993년 영국 수용소의 종말과 새로운 지역사회 보건 정책을 다룬 TV 다큐멘터리에서 수용소 출신들을 인터뷰했다. 많은 수감자들은 말도 안 되고 더러는 매우 악의적이었던 진단 과정을 통해 비정상적인 저능아로 낙인찍혔다. 억울한 사람들의 탄원조차 수용소 측에서 무시했다는 사실을 논리적으로 설명했다. 이 프로그램은 영국 정부가 지난 수십 년에 걸쳐 수용해온 사람들의 3분의 1이 잘못 판정을 받았다고 추정했다. 4만 명이나 말이다.

이 책을 쓰기 위해 조사를 할수록 분노가 치솟았다. 왜 오늘을 살아가는 그 많은 사람들이 국가와 과학의 이름으로, 또 우리를 위한 잠재적 이익, 즉 지적 약자와 그 자손들로부터 미래 세대를 보호한다는 명목으로 자행된 불의 앞에서 침묵하는지 이해할 수가 없다.

그러다 이들이 목소리를 내지 않는 이유도 깨달았다. 그들의 입장을 대신 말해줄 사람, 그 모든 불평등을 외칠 사람이 없었기 때문이다. 많은 사람들이 진단 과정이 올바르다고 여겼기에 이런 식으로 정신지체 진단을 받은 사람들은 지극히 열악한 대우를 받았고, 아이를 갖는 것도 허용되지 않았다. 부모와 형제자매는 이미 오래 전에 세상을 떠났다. 조카들이 있더라도 잭 삼촌과 진 이모의 존재를 아예 모르거나 미친 사람으로 알고 있어 창피함 때문에 침묵할 것이다.

정신지체자들의 번식을 차단하기 위한 정책을 도입한 나라는 영국 외에도 많았다. 독일의 나치 정권은 의사들이 정신적 결함을 포함하여 '부적합' 환자를 특별법원에 신고하도록 하는 우생법을 1933년에 통과시켰다. 이 법은 제3제국의 잔혹한 행진의 첫걸음이었다. 하지만 우생법은 나치의 발명품이 아니다. 이 법은 뉴욕주 콜드 스프링 하버 연구소의 해리 러플린이 1922년에 작성한 초안을 바탕으로 한 것이다. 미국은 1907년부터 1944년 사이에 정신지체로 분류된 사람들 중 최소 4만 2616명 이상에게 불임 시술을 했다.

우생학과 저지능으로 분류된 사람들에 대한 차별은 20세기 초에 IQ 검사를 받은 인구가 늘어나면서 종종 비난을 받기도 했다. 하지만 항상 그런 것은 아니다. 차별은 주로 그 시대의 인종주의와 엘리트주의에서 비롯되었으며, 이런 태도는 당시의 대중운동을 바라보고 관심을 표현하는 과정에서 정치적 렌즈로 작용했다. 항상 IQ 검사를 가지고 누군가를 저능아로 진단하고 매도한 것은 아니었다. 그러나 IQ 검사는 진단을 더욱 과학적이고 합리적으로 포장하는 수단이었다. 즉, IQ 검사는 수용소로 보낼 사람과 불임 시술을 받아야 할 사람, 심지어 처형해야 할 사람들에 대한 판단 근거를 보완하는 역할을 했다. 우생학은 IQ에 의존하지 않았지만, IQ는 우생학자들에게 의존하는 바람에 그 많은 오명을 뒤집어썼다. 또 우생학자들에게는 IQ 검사가 필요하지 않았다. 그보다는 자신들의 생각을 꽃피우기 위해 다른 무언가가 절실히 필요했다. 낮은 IQ와 정신지체는 가족 안에서만 전해져야 했다. 그들에게 필요했던 것은 바로 유전학이다.

인종별 지능 지도를 만들다

셰익스피어가 창조한 악당들 중에 평가가 가장 엇갈리는 인물이 《템페스트》에 등장하는 마법사 프로스페로의 노예이며 하등 인간인 칼리반이다. 프로스페로의 딸 미란다를 범하려 한 인물인데, 어떤 이들은 칼리반을 악당으로 분류해서는 안 된다고 주장한다. 옹호자들은 칼리반이 어느 누구 못지않은 피해자라고 말한다. 고아에다 포로이며, 빼앗긴 고향 섬의 아름다움과 마법에 특히 민감한 인물이었다.

셰익스피어는 칼리반의 긍정적인 모습을 우리에게 보여주고 싶어 했고, 연극에서 가장 인상적인 대사를 그에게 남겨주었다. 그가 소음으로 가득한 섬에 대해 말하는 대사는 2012년 런던 올림픽 개막식의 하이라이트였다(공학자 이점바드 킹덤 브루넬로 분장한 케네스 브래너가 연기했다).

칼리반을 동정하는 이유는 부모 때문이다. 어머니는 집에서 추방된 마녀였고, 프로스페로는 그의 아버지를 악마라고 불렀다. 칼리반이 나쁘다고 한다면 그렇게 태어났기 때문이다. 그는 순수한 생물학적 결정론의 전형이다. 셰익스피어의 많은 작품들이 그렇듯이, 프로스페로의 대사도 수 세기 동안 의미심장하게 전해져 온다.

이 마법사는 칼리반에 대해 "악마, 양육으로 결코 천성을 바꿀 수 없는 타고난 악마"라고 말한다.

그는 쓸모없는 인간이다. 어떠한 관심도, 교육도, 자극도, 그의 선천적 결함을 치유하지 못했다. 그런데도 왜 시도하려 하는가?

낮은 지능과 정신지체의 위험으로부터 세상을 구하기로 다짐한 프랜시스 골턴과 우생학자들에게는 칼리반을 바라보는 프로스페로의 관점이 일종의 길잡이 역할을 했을 것이다. 실제로 골턴이 셰익스피어의 '천성과 양육의 축'을 사람의 출생과 환경 사이의 갈등에 대입한 것도 우연은 아니다. 그래서 골턴이 '천성 대 양육'이라는 용어를 창조했다는 이야기도 있다. 타고난 악마와 마찬가지로 지능이 낮은 사람에게도 희망은 없었다. 그들의 저주를 끝내야 하는데, 그러기 위해서는 자식을 낳지 않아야 한다.

결국 정신지체 부모는 정신지체 자녀를 낳고, 따라서 인지 능력과 장애도 빨간 머리나 파란 눈처럼 다음 세대로 이어진다는 것이었다. 우생학자들은 이 가정을 끊임없이 입증하려 했고 그 과정에서 사회를 악의 구렁텅이로 몰아넣었다.

20세기 초의 우생학자들은, 완두콩을 잡종 교배하여 유전의 기본 법칙을 밝혀낸 유전학자이자 성직자 그레고어 멘델의 새로운 유전학 이론까지 동원하여 지능이 부모에게서 자식으로 전해진다고 말했다. 물론 완전히 틀린 말은 아니다. 지능유전학과 관련된 논쟁이 어떻든 기초는 매우 단순하다. IQ는 유전 가능한 특질이다. 즉, 지능은 유전자를 통해 전해진다. 부모의 지능이 높으면 자녀의 지능도 높을 가능성이 크다.

가장 확실한 근거는 일란성쌍둥이 연구에서 찾을 수 있다. 과거에는 부모가 쌍둥이 양육을 포기하면 두 아이가 각각 다른 집으로 보내지는 경우가 많았다. 이 쌍둥이들을 추적 연구하는 것은 환경이 유전자에 미치는 영향을 확인할 수 있는 매우 효과적인 방법이다.

쌍둥이의 지능을 연구한 결과, 비록 전혀 다른 환경에서 자랐더라도 쌍둥이의 인지 능력이 입양된 가족 구성원들보다 훨씬 유사한 것으로 나타났다. 지능이 전적으로 유전에 달린 것은 아니지만 (영양 결핍 같은 환경적 요인으로 지능이 퇴화할 수도 있지만) 우수한 유전자는 매우 유리한 출발이 될 수 있다.

이처럼 단순한 발견이 그렇게 많은 논란을 일으키는 이유, 유전학자들 사이에서 그렇게 많은 비판이 따르는 이유는, 지능유전학이 사회 및 정치적 이슈인 '인종' 문제와 얽혀 있기 때문이다.

격차가 점점 줄어들고 있지만 여러 연구 결과를 보면 미국의 흑인은 백인에 비해 IQ가 평균보다 훨씬 낮았다. 그리고 동아시아인은 백인보다 높다. 이 결과를 주제로 모든 가능한 원인에 대한 연구와 논의가 진행되어 왔다. 대다수가 동의하는 한 가지는 IQ의 격차가 문화적으로 흑인들에게 불리한 질문 때문은 아니라는 것이다.

이와 관련하여 다양한 설명이 가능하겠지만 어느 것도 완전하지는 않다. DNA의 공동 발견자인 제임스 왓슨은 인종 간 유전적 차이(천성)가 있다고 주장하는 부류에 속했다. 지능을 연구하는 다른 전문가들은 미국에서 성장하는 소수인종 자녀의 전형적인 환경(양육), 즉 사회경제적 배경과 학교 교육의 불평등, 문화적 기대치의 차이, 제한된 기회 등을 지적한다. 일란성쌍둥이 연구에서 보듯이 열악한 환경은 원래의 유전자가 발휘할 수 있는 능력을 제한함으로써 정신 능력을 위축할 수 있다.

흑인과 백인의 IQ 격차가 나타나는 원인을 고찰한 사례는 많다. 하지만 확실한 근거는 부족하다. 따라서 중립적이고 객관적인 연구자들은 대부분 분위기를 관망하는 편이다. 게다가 관망에서 벗어나 하나의 입장을 확고하게 구축한 왓슨 같은 전문가들도 중립적이거나 객관적이지 못하다.

그동안 많은 논란을 일으켰고 요즘에도 간간이 불꽃을 촉발하는 대표적인 책으로 1994년에 출간된《벨 커브The Bell Curve》가 있다. 심리학자 리처드 헌스타인과 정치과학자 찰스 머리가 IQ와 유전학으로 본 인종적 격차를 주제로 쓴 책이다. 여기에는 열등한 유전자를 가진 사람이 성공하기 위해 할 수 있는 일은 거의 없다는 주장이 펼쳐진다.

지적 차이가 인종 집단 간에만 나타나는 것은 아니다. 지능을 연구하는 일부는 남성과 여성, 남부와 북부 이탈리아인, 아일랜드인 또는 다른 모든 사람들에 이르기까지 평균 IQ의 차이를 밝히기 위해 인생을 바치다시피 한다. 그중 일부는 아직도 두개골 용적에 사로잡혀 19세기의 두개골들을 다시 측정하고 있다.

가장 악명 높은 인물은 심리학자 진 필리프 러시턴이다. 영국인인 그는 캐나다 웨스턴 온타리오 대학교 교수로 재직하며, 지능이 생식기 크기를 통해 인종과 관련되어 있음을 입증하기 위한 기괴한 연구를 잇달아 수행했다. 그의 대학교 상사는 2012년에 러시턴이 사망하자 "그의 연구는 고려할 가치가 없다"고 묘사했다. 다른 사람들은 그를 "직설적인 학계 인종 차별주의자"라고 비판했다.

러시턴(유전학자는 아니다)은 흑인과 백인의 IQ 격차(적어도 절반 이상)가 유전에 따른 것이라는 강한 신념을 갖고 있었다. 따라서 흑인 아이들을 학교에서 가르치는 공공정책은 시간 낭비일 뿐이라고 주장했다. 하지만 그 무렵 러시턴은 중립적이지 못했다. 그는 명확한 정치적 책략을 가지고 있었다. 1937년 러시턴은 우생학을 후원하기 위해 설립된 파이오니어 펀드Pioneer Fund라는 단체를 죽기 전 10년 동안 운영했다. 이 단체의 설립자들은 나치의 환심을 샀으며, 나중에는 미국 인권운동에 정치적으로 저항한 대가를 치러야 했다.

이런 상황들을 감안하면 왜 사람들이 지능유전학이라는 표현조차 불편해하는지 쉽게 납득이 간다. 특히 재능 청소년 센터의 관계자들은 더 심했다. 그래서 자신들의 기록에 접속하게 해달라는 요청을 받고도 오랫동안 고민했다. 결국 센터의 정보를 활용하려던 프로젝트 관계자들도 별다른 계획 없이 진행을 중단해버렸다. 센터

관계자들은 정치적인 사람들이, 결과가 어떻든 상관없이 편견을 강화하고 부추기는 데 이용하리라는 것을 알고 있었다. 결과적으로 IQ가 비록 유전적 특질이기는 하지만, 흑인과 백인의 IQ 격차를 뒷받침할 근거가 되지 못한다.

그리고 지능유전학 연구가 IQ에 따른 인종 차이를 더욱 공고히 하는데도 불구하고, 초창기의 연구 결과들은 오히려 그 반대의 결론을 뒷받침한다. 지능이 부모에서 자녀로 유전되는 것은 사실이지만, 유전 과정이 지나치게 복잡하므로 집단별 비교를 설명하기는 어렵다.

그러므로 백인, 북부 이탈리아인, 상류층, 또는 사회적으로 인종적으로 지리적으로 한정된 인구 따위는 잊어야 한다. 똑똑한 아이를 낳을 수 있는 집단은 그저 (피부색이나 국적과 상관없이) 똑똑한 어른이다. (피부색이나 국적과 상관없이) 키 큰 부모가 키 큰 자녀를 얻을 가능성이 높은 것과 같은 이치다. 지능에 관한 한 자연의 법칙은 잔인하고 냉정할 수 있지만 어느 한쪽을 편드는 일은 없다.

이 모든 그릇된 과학의 유산들, 그리고 편향된 연구 집단들은, 지능의 본질과 그 원천을 탐구하려는 많은 심리학자들을 줄곧 오염시켜왔다. 이런 관점에서 보면 인지강화 기법들이 왜 의료 프로젝트에서는 치료술에 국한되는지, 나아가 지금도 왜 순수과학의 언저리로 취급받는지 이해된다. 자신의 목적을 위해 지능을 이용하는 과학자들의 동기가 의심스럽다. 사람들은 이런 일에 관여하거나 심지어 논의하는 것조차 꺼린다. 우생학의 그늘, 우생학이라는 단어를 언급하는 것, 나아가 인간의 진화라는 표현조차 그들을 머뭇거리게 만든다.

하지만 과학자들이 늘 신중한 것만은 아니다. 우생학이 등장해서 모든 것을 망쳐놓기 전까지는, 변화를 유도하여 인간의 뇌 기능을 향상할 수 있다는 생각이 널리 퍼져 있었고 논란의 여지도 없었다. 어쨌든 우생학 이전에는 전기라는 것이 있었다.

8장

최근의 사고방식

the
genius within

과거에는 뇌와 신체의 기능을 향상하기 위해 전기를 사용하는 경우가 흔했다. 조지 오웰이 살아 있었다면 왜 요즘은 전기를 거의 활용하지 않는지 놀랄 것이다. 오웰이 스페인 내전에서 목에 총을 맞았던 1937년, 목숨을 구하고 목소리를 되살리기 위한 의료 처치에 직류 전기를 주기적으로 흘리는 전기요법도 있었다.

뉴욕에 있던 토머스 에디슨의 연구팀이 전기의자를 만드는 동안, 런던 가이스 병원의 의료진은 신체적, 정신적 장애 모두를 치료하기 위해 전기실을 설치했다. 상처 치유를 촉진하고 고통을 완화하며, 결핵을 포함한 다양한 질병을 치료하는 데 전기요법이 사용되었다.

두개골을 거쳐 뇌로 전기를 흘려보내는 기술은 빅토리아시대의 개척자들에게 커다란 가능성을 선물했다. 19세기 정신의학자들은 신체의 질병을 치료하는 의사들과 같은 명성을 갈구하며 전기요법에서 그 해답을 찾았다. 그들에게 정신병자 수용소는 훌륭한 실험실이었고, 기꺼운 마음으로 행동에 옮겼다. 우울증, 불안증, 정신분열증에 걸린 환자들을 소금 물통에 맨발로 앉히고 머리와 척추에 전극을 연결했다.

결과는 뒤죽박죽이었고, 임상적 개선을 뒷받침할 이론적 근거조차 명확하지 않았다. 일부 과학자들은 전기가 혈관을 통해 뇌로 전달되는 액체 역할을 한다고 했다. 혈류를 증가시키거나 감소시키는, 즉 진정제이자 각성제 모두 가능하다는 의미였다.

전기요법은 제1차세계대전 중 독일과 영국의 과학자들에 의해 정점을 이루었다. 전쟁으로 신경증에 걸린 병사들을 최전선으로 돌려보내기 위해 전기요법을 적극적으로 활용했다. 하지만 대상은 주로 하급 군인들이었고 장교들은 모두 빠져나갔다. 전기요법을 병사들에게 적용한 영국 의사는 계급이 높을수록 효과가 더 적을 것이라고 주장했다. 지능과 학력 수준이 높은 사람들은 정신적 조건도 훨씬 복잡하므로 더욱 정교한 치료가 필요하다는 이유였다.

프랑스 소설가 루이-페르디낭 셀린은 전쟁 경험을 다룬 반자전 소설《밤의 끝으로의 여행Voyage au Bout de la Nuit》에서, 어느 육군 의사가 "복잡한 전기 장치를 설치해 주기적으로 우리에게 충격을 가했다"고 묘사하며, 그 치료 방식에 '자양강장 효과'가 있었다고 했다. 머리에 투여한 전기가 증상을 치료하고 완화하는 것 이상의 효과가 있다고 주장한 사람은 셀린만이 아니었다. 그 무렵에는 전기요법으로 정신 기능까지 향상할 수 있다는 연구 보고서들이 정기적으로 등장했다.

네덜란드 의사 얀 잉엔하우스는 1783년 빈에서 전기충격 요법을 경험한 직후에 기억력과 판단력을 상실했다고 기록했다. 하지만 몇 시간 자고 일어난 후에는 "정신 능력이 예전처럼 돌아왔을 뿐 아니라 판단력이 훨씬 더 예리해져 크게 흡족해했다. 그래서 이제는 복잡한 모든 것들이 훨씬 더 분명하게 보이고, 예전에는 이해하기 어려웠던 것들도 지금은 간단히 해결할 수 있다"라고 말했다. 비슷한 시기에 말라리아 열병에 걸린 소년을 전기요법으로 치료하던 독일 의사는 "내 두뇌 회전이 더 빨라졌다"고 보고했다.

1899년 프랑스 의사 스테판 레두크는 나이 많은 판사의 안면 마비에 전기 치료를 했는데 증상이 호전된 후에도 환자가 계속 전기치료를 요구했다고 소개했다. 판사는 전류가 머리에 투입되면서 자신의 정신적 문제들도 호전되었다며 그때의 느낌을 이렇게 전했다.

> 머리가 한결 가벼워지니 생각도 더 또렷해졌습니다. 지금은 집중도 더 잘되고요. 오랜 골칫거리였던 졸음도 훨씬 잘 참을 수 있습니다. 다른 사람들의 주장도 더 명확하게 인식하고 전후 관계를 더 정확하게 따져볼 수 있습니다. 실제로 머리가 더 똑똑해졌고 업무 처리도 더 수월해졌습니다. 그래서 지치거나 힘들 때마다 전기 치료를 받으러 선생님을 찾아오게 됩니다.

주류 과학계에서 뇌 전기 자극 기법을 재발견한 것은 1999년이었다. 새로운 간질 치료법을 찾던 독일 심리학자들이 작업 기억과 운동 학습을 연구하면서 뇌 전기 자극 기법을 사용했다. 그러나 전류로 뇌를 수선하는 방식이 동료 과학자들의 호응까지 얻지는 못했다. "정신 나간 짓이오. 당장 그만둬요." 동료들의 질타가 쏟아졌다. 게다가 자원자가 부족해 자신들뿐 아니라 가족들까지 연구에 동원했다.

그 이후로도 인지 기능을 향상하기 위해 뇌에 전기를 가하는 사례가 계속되었고, 일부 성공적인 결과도 얻었다. 그중 가장 널리 알려진 것은 뉴멕시코주 과학자들의 실험이다. 이 실험이 자주 인용되는 이유는, 자원자 집단이 숨겨진 사물을 찾아내 잠재적 위협을 처리하는 학습 능력이 향상되었기 때문이다. 또한 실험 비용을 미군이 지불했기에 더 자주 인용되었다.

미국 육군은 이라크에 병사들을 배치하기 전에 앞으로 부딪힐 상황들을 가정한 'DARWARS Ambush!'라는 비디오게임을 연습하게 했다. 이 게임을 통해 신병들은 지붕 위의 저격수나 기름통의 폭탄 같은 잠재적 위험을 탐지하고 더 신속하고 정확하게 처치하는 요령을 학습했다.

과학자들은 이 가상현실 게임에서 정지 화면을 민간인 자원자들에게 보여주고, 위장되어 있거나 숨겨진 위험을 몇 초 이내에 파악하도록 했다. 아울러 자원자들이 중요한 임무를 맡았으며 위험 부담이 매우 크다는 말도 덧붙였다. 위험하지 않은 상황에서 잘못된 경보를 울린 사람들은 작전을 지연시켰다는 이유로 비판을 받았다. 또 더러 죽은 개나 인형 속에 든 폭탄을 발견하지 못했을 때는 폭발과 함께 잔혹한 장면이 가상의 비디오 화면에 펼쳐졌다.

자원자들 대부분은 처음에는 어려워하다가도 차츰 발전된 모습을 보였다. 이 과정을 통해 과학자들은 뇌에 가한 전기 자극이 정신 작용을 가속화한다는 사실을 발견했다. 두개골 우측, 즉 하전두엽 피질 위 또는 우측 두정엽 피질에 2밀리암페어의 전류를 투입한 자원자들은 속도가 남들보다 2배나 빨랐다.(이때 자원자들은 불타는 듯한 고통을 경험했다고 말했고, 한 사람은 실험을 포기했다.)

전류를 차단한 후에도 효과는 최소 1시간 이상 지속되어, 자극이 자원자들의 뇌에 지속적인 변화를 유도할 수 있음을 암시했다. 이런 전류는 뉴런의 반응을 더욱 활성화할 뿐 아니라 뉴런 사이의 교차점에서 단백질의 합성을 증가시키는 것으로 판단된다. 따라서 전류가 연결 고리 형성을 도와, 뇌가 한층 안정적인 모양으로 성형되는 모습을 볼 수 있다. 다시 말해 전류는 연결 고리의 형성을 더 쉽게 유도할 수 있고, 연결 고리의 지속성도 향상할 가능성이 높다. 뇌과학자들은 함께 활성되는 뉴런들은 서로 연결된다고 말한다. 앞에서도 살펴보았듯이, 이런 연결 고리들이 인지 능력의 차이, 즉 지능의 차이를 결정한다.

DIY 뇌 자극기의 등장

전기를 이용한 뇌 자극의 가능성에 대해 과장된 주장도 많다. 과학자들은 과장을 싫어한다. 적어도 말은 그렇게 한다. 그러나 과학자들은 언론 기사나 라디오 쇼에서 조금만 과장해도 관심을 끌 수 있다는 것을 잘 알고 있으며 세상에 나쁜 관심이란 없다. 연구 지원금을 바라는 과학자들은 전혀 기록되지 않느니 차라리 그렇게 기록되는 것이 더 낫다.

대다수 과학자들이 과장을 피하기 위해 사용하는 방법은, 유의사항과 준비 단계임을 강조하는 것이다. 그러나 과학자들의 연봉을 후원하는 대학이나 기금 운영자들은 자신들이 투자하는 분야에서 무엇이 도출될지 알고 싶어 한다. 그래서 과학자들이 앞으로 연구할 내용을 윗사람이나 정치인, 언론인에게 발표할 때, 후원자들이 바라는 대가를 강조하면서도 그 대가가 실제로 언제 도출될지는 정확하게 말하지 않는다.

뇌 연구의 잠재적 대가는 상상을 초월한다. 결코 과장이 아니다. 전문 과학자들이 적용 가능한 뇌 자극 방법론을 주제로 전문 학술서와 간행물에 발표한 내용을 여기에 소개한다. 같은 분야의 동료

과학자들이 읽어두면 좋을 내용이다.

> '고통 없이 얻는 것도 없다'는 통념과 달리 뇌 자극은 근육운동 및 감각운동 능력부터 수학적 인지 능력에 이르기까지, 많은 시간이 걸리는 복잡한 학습 영역에서 (불편함이나 부작용을 최소화하면서) 학습과 기술 습득을 촉진하는 것으로 나타났다.
>
> 향상된 주의력, 인식력, 기억력 및 기타 인지 능력은 직장과 학교 및 일상의 여러 영역에서 더 나은 성과로 이어질 수 있다. 또한 질병으로 인한 비용과 기간, 전체적인 충격도 줄일 수 있다.
>
> 야간 근무나 운전 중에 깨어 있거나 트랙과 필드에서 강도 높은 훈련 중에 운동 협응 능력을 향상하는 휴대 장치를 장착하고 다니는 미래의 모습이 이제는 점점 자연스럽게 여겨질 뿐 아니라 사회적으로 충분히 통용되는 시나리오로 자리 잡고 있다.

아직 그 단계에 이르지는 못했지만 이 분야는 빠르게 성장하고 있다. 그리고 과학자들은 뇌 기능을 더 정밀하게 매핑하는 기법을 연구하고, 전류를 더 정확히 투입할 수 있는 장비를 개발하기 위해 노력하고 있다.

앞에서 기술한 내용의 범위와 대담성을 생각하면, 이 책의 도입부에서 만났던 앤드루와 같은 사람들이 스스로 뇌 자극을 시도하는 것도 그리 놀라운 일은 아니다. 앤드루와 비슷한 사람들이, 선의의 연구기관이나 대학의 범위를 벗어나 어떤 규제나 통제 없이 뇌 계발 장치를 직접 만들어 활용하고 있다. 그들은 인터넷 전문 사이트를 통해 서로의 경험과 기법, 중요 정보를 교환한다. 그리고 자신들의 경험을 촬영하여 유튜브에 올린다. 그렇게 사람들의 관심을 끌면서(나를 만난 다음 날 앤드루는 CNN과의 인터뷰를 앞두고 있었다), 이런 내밀한 뇌 자극 운동은 이제 그 전극들을 주류 사회로 끼워 넣기 시작했다.

최근까지도 DIY 뇌 자극을 원하는 사람은 모든 과정을 스스로 해야 했다. 전선과 배터리로 구성된 키트는 저렴하게 구입할 수 있었다. 하지만 전문적인 지식이 있어야 가능한 일이었다. 그러던 2013년 여름, 미국의 한 회사에서 기성품 헤드셋을 판매하기 시작하면서 상황은 달라졌다. 전원만 꽂으면 쉽고 간편하게 사용할 수 있는 뇌 자극기를 179파운드에 구입할 수 있었다. 게다가 지능 계발이라는 고귀한 목표도 어디론가 사라졌다. 이 뇌 자극기가 타깃으로 삼은 사람은 반응 시간을 단축하려는 컴퓨터 게이머들이었다.

주류 과학자들 대부분이 DIY 커뮤니티를 마뜩찮게 여기는 이유가 비단 DIY 애호가들의 상당수가 뇌 해커로 알려졌기 때문은 아니다. 과학 저널의 일부 비판적인 기사들은 비전문가 집단으로 인한 잠재적 위험을 경고하며, DIY 애호가들이 주장하는 놀라운 효과에 대해서도 냉소적이다. 하지만 이런 시각은 그리 바람직하지 않다. 뇌 자극은 학계, 특히 신경과학계에서도 여전히 틈새 분야이며 뇌 해커들은 과학자들의 광팬들이다. 그들은 학계 논문과 각종 학술회의에서 오간 대화의 초록 등을 세밀하게 검토하고, 특정 이슈와 상황들을 연구하는 전문가들을 탐색한다.

그날 아파트에서 앤드루가 내 머리에 뇌 자극기를 설치하고 전원을 켰을 때 나의 뇌 속에서 어떤 일이 일어났는지 주류 과학자들조차 확신하지는 못한다. 다만 다음과 같은 일들이 일어났으리라고 짐작할 뿐이다.

> 전류는 회로를 따라 흐르므로 내 머리에는 2개의 전극을 붙여야 한다. 한 전극은 배터리에서 흘러나온 전류를 내 머리에 쏟아붓고, 다른 전극은 다시 전류를 흡수하여 배터리로 돌려보낸다. 전기의자가 복잡하고 예측하기 어려운 이유 중에는 인체 탓도 있다. 인간의 몸은 전기를 흘려보낼 도관치고는 썩 믿을 만한 구조가 아니기 때문이다. 뼈, 피부, 근육, 머리카락 등 신체의 모든 부분이 어느 정도 전기 저항성을 가지므로 전기는 스스로 가장 빠르게 흘러 돌아 나갈 길을 찾는다. 앤드루가 첫 번째 전극을 통해 내 정수리로 전류를 흘려보낼 때, 두 번째 전극에 이르는 가장 저항이 적은 경로는 정수리로부터 아치를 이루는 뼈의 좁은 연결 부분을 통과하는 것이다. 따라서 내 두개골로 흘러 들어온 전류의 대부분이 실제로는 전혀 뇌 속으로 들어가지 못한다. 결국 뇌 전기 자극은 전기 두개골 자극과 다름없고, 두개골은 별다른 반응을 보이

지 않는다. 약간 따뜻해지는 정도이고, 정수리의 두피도 조금 가려울 뿐이다.

전기가 뇌로 투입되지 않는다는 사실을 보여준 소름 끼치는 사례가 있다. 2016년 2명의 과학자가 시체에 뇌 전기 자극기를 설치했다고 공개했다. 미국 시인 월트 휘트먼처럼 이 시체도 기증된 것이었다. 실험실에서 시체의 머리에 전류를 흘려보낸 상황은 메리 셸리의 《프랑켄슈타인》에 등장하는 장면과 흡사했지만 두 과학자가 이끌어낸 결과는 정반대였다. 두 과학자는 전기가 뇌로 거의 투입되지 못했다고 했다. 즉, 뇌를 직접 활성화하기에는 투입된 전기량이 극히 미미했다.

그들은 뇌로 들어가는 전기를 탐지하기 위해 시체의 뇌에 200개의 전극을 설치했다. 하지만 전기 자극기를 켰는데도 뇌 전극들은 거의 반응이 없었다. 시체 머리의 측면에 부착된 전극들을 거쳐 뇌로 들어간 전류의 양은 약 10퍼센트에 불과했다. 두 과학자는 뇌 자극기로 뇌세포를 직접 활성화하려면 시체의 뇌에 가한 표준 전류량인 2밀리암페어보다 2배인 4밀리암페어 정도 투입해야 할 것으로 추정했다. 하지만 이 방식은 추천할 만한 내용이 아니다. 두 과학자 중 한 사람이 직접 5밀리암페어의 전기 자극을 실험한 결과 위험할 정도로 현기증이 일었다고 했다.

이 연구는 많은 주목을 받았고, 뇌 전기 자극이 결국은 시간 낭비임을 널리 보여주는 사례였다. 하지만 이것은 사실이 아니다. 뇌 전기 자극의 목적은 뉴런을 직접 활성화하는 것이 아니며, 이 기법을 연구하던 사람들 중에 그렇게 생각하는 사람은 아무도 없었다. 효과는 간접적이다. 투입한 전기가 직접 뉴런을 활성화하기보다는, 여분의 전기가 뉴런의 활성화에 도움을 주는 식이다. 그러므로 많은 양의 전기가 필요하지는 않다. 시체의 머리에 투입한 전기량의 10퍼센트 정도면 충분하다.

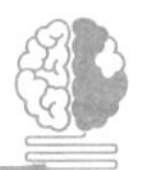

뇌를 켜는 스위치

앤드루가 가한 전류는 뇌의 약 1인치가량만 침투한다. 뇌의 유용한 모든 영역까지 도달하기에는 충분하지 않은 양이다. 바깥쪽 주름층인 피질에 의해 제어되는 고차원적 기능들의 상당수가 여기에 포함된다.

일단 뇌로 들어온 전류는 다시 돌아 나가야 한다. 회백질과 백질의 세포와 혈액을 거쳐 두 번째 전극 바로 아래까지 어렵게 도달하면, 이 전극을 통해 다시 배터리로 돌아가야 회로가 완성된다.

배터리에서 계속 흘러 들어오는 전류는 내 머리에서 예측 가능한 역학을 형성한다. 첫 번째 전극 아래의 뇌 조직 영역으로 전류가 흘러 들어온다. 그리고 두 번째 전극 아래의 또 다른 영역으로 전류가 모여들어 다시 흘러 나간다.

양극(+)인 첫 번째 전극 아래의 뉴런에 간접적인 충격을 주면 그 부분이 활성화될 수 있다. 이 과정을 명확하게 설명하기는 어렵지만, 전류가 뉴런을 탈분극이라고 불리는 전기적 상태로 유도하는 것처럼 보인다. 그래서 뉴런이 다른 세포에서 전해지는 신호에 더욱 민감하게 변한다. 결국 나의 뇌는 노력의 양이 같더라도 전기가 가해진 영역에서 더 활발한 활동을 유발할 수 있다.

음극(-)인 두 번째 전극 아래는 이와 다르다. 극성도 반대이고 전류가 뉴런에 미치는 영향도 초분극이라고 불리며, 유입되는 메시지에 뉴런이 둔감해진다. 그래서 뇌의 해당 영역이 활성화되기가 더욱 어렵다.

과학자들은 전극을 정확하고 치밀하게 배치함으로써 뇌의 특정 부분을 강화하고 다른 부분을 약화할 수 있다. 앤드루는 손에 지휘봉을 들고 스위치를 튕기며 내 뇌의 타악기 파트를 진정시키고 금관악기 파트를 북돋울 수 있다. 그렇게 해서 어떤 선율이 만들어지는지 살펴보자.

9장

우는 법을 배운 남자

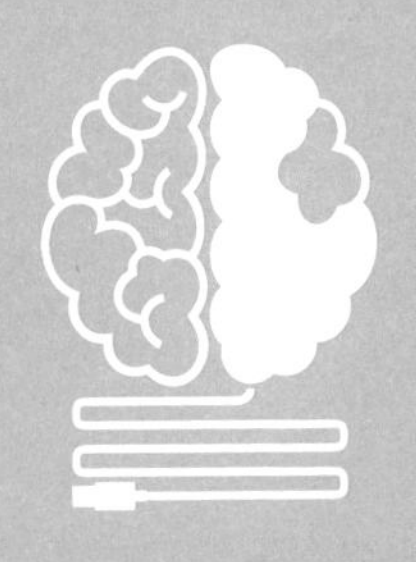

the
genius within

전기로 뇌를 직접 자극하는 시도는 늘 두개골과의 싸움으로 이어질 것이다. 시체 실험에서 밝혀진 대로, 머리 양측에 부착된 전극에서 흘러나온 전류의 대부분은 뇌를 통과하지 못한다. 전류의 양이 많아질수록 두피의 가려움은 심해져 타는 듯한 불쾌감을 느낀다. 그런데도 전류의 양을 더 늘리면 타는 느낌이 그저 느낌에 그치지 않는다.

침투량을 늘리기 위해 일부 신경과학자들은 레이저를 이용해왔다. 텍사스 대학교 연구원들은 순환계 개선 및 근육통 완화용으로 승인된 저레벨 CG-5000 의료용 레이저를 사람들의 이마에 부착하는 것이 아니라 원하는 부위에 직접 쏘았다. 그들은 뇌세포가 더 많은 에너지를 생산하고 더 활발하게 움직이도록 전두엽 피질의 효소를 활성화하려 했다. 효과가 있는 듯했다. 레이저 치료를 받은 자원자들은 기억력과 주의력 검사에서 더 좋은 결과를 보였다.

또 하나의 해법은 자석을 이용하는 것이다. 자기장 속에서 금속 조각을 둥글게 흔들면 전류를 생성할 수 있다는 유명한 발견을 한 마이클 패러데이는 그 원리를 이용하여 전기 모터를 발명했다. 런던 왕립연구원에서 열린 패러데이의 강의와 시연회에는 사람들이 구름처럼 모여들었고, 바깥 도로였던 앨버말 스트리트의 통행량을 조절하기 위해 런던에서 처음으로 일방통행로로 지정되었다.

자석을 이용한 패러데이의 연구는 또 다른 무리의 관심을 끌었다. 논란의 대상이던 프란츠 안톤 메스머라는 의사와 그 추종자들이었다. 패러데이와 달리 메스머에게는 특별한 과학적 업적이 없다. 그가 딱히 한 일이 없기 때문이다. 하지만 그의 영향력만큼은 여전하다. 메스머는 '홀리다mesmerize'와 '동물 자력animal magnetism'이라는 용어를 남겼다. 그리고 둘 사이의 연결 고리를 고안했는데, 이른바 최면술이다.

메스머는 대기와 인체 내에서 액체의 흐름을 방해하는 태양과 달의 움직임 때문에 질병이 발생한다고 주장했다. 사람의 신경액도 자력을 띠며 천체의 움직임으로 이런 동물 자력에 불균형이 발생하므로, 자석을 이용하면 이 불균형을 바로잡을 수 있다고 했다.

메스머는 1세대 최면술사였다. 그의 자석 요법을 찾는 사람이 너무 많아서, 한 번에 수십 명씩 '바켓baquet'이라는 특수 장치 주변에 둘러 세우고 한데 묶어서 치료했다. 이 특수 장치는 약 30센티미터 높이의 둥근 나무 상자였다. '젊음과 미모'로 선택된 도우미들이 커다란 홀 한가운데로 상자를 들고 가서 유리 가루와 쇠 무더기, 대칭형으로 배열된 (보통 물이 가득한) 유리병들로 상자를 채웠다. 그리고 나무 뚜껑에 난 여러 개의 구멍에는 쇠기둥이 박혀 있었다.

최대 30명까지 바켓 주변에 둥글게 둘러앉아 서로의 손과 쇠기둥을 동시에 잡고 있으면, 메스머가 쇠막대기를 들고 환자들 사이로 다가갔다. 홀에는 두꺼운 커튼이 걸려 있었다. 메스머의 지시로 환자들은 침묵을 지켰고, 피아노포르테나 하모니카의 감미로운 음악 소리가 정적을 깨뜨릴 뿐이었다.

연보랏빛 코트를 걸친 메스머는 두세 시간가량 환자들 옆을 서성이거나 때로는 옆에 앉아 환자들과 시선을 맞추며, 쇠막대기로 그들의 아픈 몸을 쿡쿡 쑤시거나 두드렸다. 손을 환자들의 배에 올리기도 하고, 손가락을 피라미드 모양으로 만들어 그들의 머리에서 발까지 오르락내리락했다.

환자들의 반응은 어땠을까? 어떤 이들은 아무런 반응 없이 조용히 앉아 있었다. 그들은 아무것도 느끼지 못했다고 말했다. 또 어떤 이들은 기침이나 구토를 하고, 가벼운 통증과 신체 일부나 전체에 열감을 느끼거나, 땀을 흠뻑 흘리기도 했다. 또 몇몇은 '고비'라고 부르던 경련을 일으키기도 했다. 메스머의 치료법은 젊은 여성 환자들에게 유독 강한 영향을 미친 것으로 보인다.

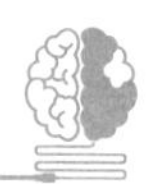

IQ 검사를 개척한 알프레드 비네도 메스머의 아이디어에 영향을 받은 사람들 중 하나다. 비네 역시 젊은 시절 자력에 관심을 가진 적이 있었다. 메스머의 치료 과정을 직접 본 비네는 이런 글을 남겼다. "고비를 넘기고 만족감을 느낀 젊은 여성들이 메스머에게 다시 그 경험을 하게 해달라고 간청했다. 그들은 메스머를 따라다녔으며, 자력 운용자에게 끌리는 것을 거부하기는 불가능했다고 고백했다."

다른 자력 운용자들이 메스머의 기법을 모방했는데, 뜻밖의 결과가 나타났다. 일부 환자들이 아무런 반응도 없이 기절한 듯한 상태에 빠졌던 것이다. 그들은 자는 것 같으면서도 최면술사의 말을 계속 듣고 대답도 했다. 환자들은 이 '자기 수면' 상태에서 최면술사가 시키는 대로 움직였다. 여성들은 아기를 상상하며 쓰다듬고 뽀뽀를 했으며, 남성들은 술 취한 모습을 보이는 등 최면술사의 지시를 그대로 따랐다. 당연히 자력과는 아무 관련이 없었는데도 최면술사들은 그 후로도 같은 속임수를 반복했다.

'자기 자극'의 출발은 이처럼 영예롭지 못했지만, 신체와 뇌에 영향을 주기 위한 목적으로 자력 실험을 계속한 과학자들도 있었다. 그리고 전기와 마찬가지로 뇌 자기 자극도 최근에 와서야 과학적 부흥기를 이루었다.

2008년 존 엘더 로비슨이라는 남성 자폐증 환자가 오르락내리락하는 전자석 장치를 머리에 부착했다. 패러데이의 예상대로, 자기장에 반응해서 존의 뇌 속에 전류가 형성되었고, 이때의 전류는 뇌를 전기로 직접 자극했을 때보다 훨씬 강했다. 그 결과 존의 뇌에서 구속되어 있던 무언가가 해방된 듯했다. 연보랏빛 코트의 사나이는 없었지만 '홀리기'에 충분했다.

그때 존은 보스턴의 베스 이스라엘 디코니스 메디컬 센터에서 자폐증 환자들의 언어 처리 방식을 연구하는 프로그램에 참여한 상태였다. 존은 30분 동안 경두개 자기 자극TMS 처치를 받았다. 연구의 초점이 언어에 맞춰져 있었기 때문에 연구원들은 전두엽의 일부분인 브로카 영역을 표적으로 삼았다. 그리고 연구원들은 자기 자극을 시행하는 동안 존이 무의식중에 움직일 것을 염려하여 마우스피스도 착용하게 했다. 그러고는 어떤 변화가 생기든 크게 달라지지는 않을 것이며 오래 지속되지도 않을 거라고 당부했다. 하지만 그 예상은 빗나갔다.

첫 번째 징후는 그날 늦게 통화할 때 나타났다. 존의 목소리가 평소와 달랐다. 어조도 달랐고, 의미를 강조하기 위해 단어 끝을 올렸다 낮추곤 했다. 감정을 묘사한다는 사실에 존 스스로도 무척 놀랐다. 자폐증에 걸린 많은 사람들이 그렇듯이 존도 과거에는 감정을 해석하고 식별하거나, 다른 사람의 어조와 단어 선택이 어떤 관계인지 이해하지 못했다.

그러나 이제는 난생처음 존의 목소리에 감정이 실린 듯했다. 존은 혼란스러워 전화를 끊었다(어쩌면 통화하던 친구가 더 혼란스러웠을지도 모른다). 그러고는 음반을 걸었다. 과거 존이 음향 엔지니어로 일할 때 함께 작업했던 그룹 타바레스의 음악이었다.

"모든 게 달라졌어요. 음반에서 흘러나오는 미세한 차이까지 모두 느껴져요. 소리를 듣는 범위가 천 배는 넓어졌어요. 뇌 자극기로 무슨 일을 했는지, 음악을 듣는 데 아주 중요한 무언가를 해방시킨 것 같아요." 자석이 존의 뇌 속에서 무언가를 해방시킨 듯했고, 그 효과는 음악의 차원을 뛰어넘었다.

"자폐 장애의 여과기, 과거의 나로부터 감정을 걸러냈던 그 여과기가 사라진 듯해요. 친구의 목소리에서 미소를 느꼈어요. 마치 표정을 본 것처럼 말이에요. 그리고 진심이 느껴졌어요."

뇌 자극을 시행한 과학자들도 존의 예상치 못한 변화에 놀라워했다.

TMS 이후 몇 시간은 새로운 연결 고리가 자리를 잡았다고 하기에는 지극히 짧은 시간이다. 섬세한 감정을 느끼는 능력은 원래부터 있었다. 뇌 자극이 어떤 식으로든 그 능력을 해방시켜 전원을 연결한 것이다. 과학자들은 무언가 특별한 일이 생기면 알려달라고 존에게 요청했다. 그리고 실제로 그 일이 일어났다.

과거에는 전혀 읽을 수 없었던 가면 같았던 다른 사람들의 얼굴 표정을 존은 읽을 수 있었던 것이다. 정비사로 일하던 그는 어느 여성 고객과 전에는 한 번도 경험하지 못한 방식으로 소통했다.

"말하는 그녀의 표정이 자기만의 이야기를 털어놓기 시작했습니다. 나는 그녀의 말만 듣는 게 아니라 감정까지 읽고 있었어요." 여성이 자동차의 기계적 문제를 말하는 동안 존은 그녀의 표정과 어조에서 더 깊은 감정을 읽을 수 있었다. 그녀는 걱정이 많았다. 차 때문에, 수리비 때문에, 그 비용을 감당할지, 어떻게 회사에 출근할지…….

자폐를 앓는 많은 사람들처럼 존도 이런 사회적 신호를, 다른 사람들은 당연하게 여기는 이런 신호를 모른 채 평생을 살아왔다. 예전 같으면 존은 여성 고객에게 차에서 내려 기다리라고 무덤덤하게 말했을 것이다. 그런데 느닷없이 뇌의 새로운 부분이 작동해 수십 년간 쌓여온 먼지를 털어내기 시작했다.

"걱정 마세요. 설명을 들어보니 간단히 고칠 수 있는 문제인 것 같아요."

대부분의 자폐증 환자들이 자신의 질환을 고치고자 할 것이다. 존이 TMS 경험을 자신의 블로그에 올리자 많은 사람들이 연락을 해왔다. 조언을 구하는 사람도 있었고, 자신이나 아이들에게 뇌 자극을 시도해보고 싶다는 사람도 있었다. 모두 조금이나마 희망을 꿈꾸고 싶어 했다.

자물쇠가 풀린 존의 감정 주파수가 항상 좋은 소식만 들려준 것은 아니다. 새로운 인지 기능을 끄지 못해 신문 기사에서 전혀 모르는 사람의 사망 소식을 읽고 눈물을 터뜨렸다. 익숙하지도 않은 감정과 공감이 마치 소방 호스처럼 쏟아져 의식을 가득 채워버렸다. "작은 무리의 집단적 감정 에너지를 경험하는 것, 개개인의 희망과 공포, 흥분, 두려움을 느끼는 것은 그 자체를 모르는 것만큼이나 무기력한 일이었습니다."

뇌 자극은 존에게 새로운 능력을 부여했다. 그는 마치 사람들의 영혼을 들여다볼 수 있는 것처럼 느꼈다. 자신에게 무슨 일이 일어났는지 더 자세히 알고 싶었지만 과학자들은 그저 추정만 할 뿐이었다. 저주파 자기 자극은 전기 자극을 위해 설정된 회로에서 음극이 하는 것과 동일한 방식으로 뇌의 활동을 억제하는 것으로 알려져 있다.(고주파 자기 자극의 효과는 그 반대로 뇌세포를 활성화한다.)

과학자들은 어쩌면 존의 뇌가 일시적인 손실을 보상하기 위해 다른 회로들을 가져오는 과정에서 생긴 억제 현상에 반응한 것인지도 모른다고 설명했다. 또 어쩌면 오랫동안 멍한 상태로 지내온 뇌 영역의 활동이 폭발적으로 늘어나면서 감정을 느끼고 판단하는 정신 능력이 갑자기 움직이기 시작했을 수도 있다.

똑똑해지는 대가

존의 변화를 회의적으로 생각하기 쉽다. 존의 설명 외에는 확인할 방법이 없고, 분명한 데이터가 뒷받침되지 못하며, 동일한 결과가 많은 사람들에게도 반복적으로 도출되지 못하기 때문이다.

그러나 한 가지는 기억해야 한다. 모든 정신의학 분야와 지적장애 연구는 개인의 증언에 의존한다는 사실을 말이다. 우울증과 강박 장애, 불안 등 다양한 문제를 가진 수백만 명의 사람들을 진단하고 치료하는 근거는 "그래서 지금 기분이 어떠세요?"라는 질문에서 시작된다. 뇌 스캔이나 혈액 검사, 신체 측정으로는 정신 상태를 탐지할 수 없다.

숨은 감정을 찾아내고 사람을 읽는 능력이 깨어났다는 존의 사례는 분명히 좋은 소식이다. 그는 이 경험을 바탕으로《뇌에 스위치를 켜다Switched On》라는 책을 썼다. 자폐증을 앓으며 지내온 삶과 경험을 주제로 출간한 시리즈 중 최신작이다. 그렇다면 존이 사실을 과장되게 부풀린 것은 아닐까? 존이 감정을 인식한 것이 아니라 상상력을 발휘한 것은 아닐까?

진실은 본인만이 알 것이다. 하지만 존이 거짓말을 하는 것 같지는 않다. 자폐증 환자 중에 TMS 이후 이런 효과를 보인 사람은 존뿐이 아니다. 같은 과학 연구에 참여했던 김Kim이라는 여성도 존과 동일한 경험담을 나눴다. 그녀 역시 난생처음으로 사람들의 표정을 읽고 판단할 수 있게 되었다. 사람들이 비꼬듯 말하는 것도 알게 되었고, 과거에는 흑백처럼 구분되던 사회적 교류도 이제는 화려한 총천연색으로 다가왔다.

그녀가 존의 블로그에 남긴 글을 보자. "뇌 자극을 받기 전에도 사람들의 표정이나 어조를 꽤 잘 파악한다고 생각했어요. 하지만 자극 이후에는 사회적 교류의 거의 절반을 놓치고 있었던 것 같아요."

유사과학 온라인 폭로자들이 지적하듯이 몇 개의 일화만으로는 데이터라고 할 수 없다. 김과 존은 자신들의 경험을 따로 보고한 것이 아니다. 서로에게 영향을 주고 서로의 변화를 과대 해석하도록 북돋웠을 가능성도 있다. 그들이 여전히 스스로를 기만하고 있다면, 그것이야말로 스스로를 파괴하는 행위이다. 김과 존 모두 뇌 자극으로 변화를 느꼈지만 모든 면에서 더 좋아진 것은 아니라고 말했다. 김은 새롭게 확장된 감정 영역으로 과거의 기억을 돌이켜보았고, 당시에 이해하지 못했던 것들을 깨달으면서 혼란스러워했다.

"왜 친구들과 문제가 생겼는지, 왜 동료들과 잘 지내지 못했는지 이해하게 되었지요. TMS는 내가 살아오면서 잘못한 모든 일을 깨닫게 해주었고, 그 때문에 질식할 것 같았어요."

그녀의 새로운 능력이 빠르게 퇴색되고 천연색이던 세상이 갑자기 단색으로 되돌아가면서 상황은 더 나빠졌다.

"이제 어떡해야 하죠? 정신이 나가버린 듯해요. 잠시 보이던 감정들이 지금은 사라져버렸어요. 그래서 다른 사람들의 삶이 어떠할지를 알면서도 나는 그렇게 살 수 없게 되었어요."

존 역시 과거의 경험을 새로이 떠올렸고, 인간관계를 재평가하면서 한 친구의 모습이 자신의 생각과 다르다는 사실을 깨달았다. 그 친구와 나누는 대화가 늘 우호적이라고 생각했는데, 사실은 자신을 조롱하고 비하하며 다른 부류처럼 따돌리려 했다는 것을 이제야 알게 된 것이다. 존은 다시는 그와 이야기하지 않겠다고 다짐했다. 그런데 문제는 여기서 끝나지 않았다. TMS가 존의 생각까지 근본적으로 뒤흔든 바람에 결혼 생활도 파탄 나고 말았다.

존의 아내 마샤는 심한 우울증에 시달렸다. 가끔은 침대를 박차고 나가지 않고서는 못 견딜 정도로 힘들어했다. 이전에는 아내의 질병이 존에게 큰 문제가 되지 않았다. 그는 아내를 그냥 내버려두었다. 그녀의 삶을 공유하기는 했지만 슬픔까지 나누지는 못했다. 다른 사람과 슬픔을 나눠본 적이 없었기 때문이다.

뇌 자극은 존이 아내를 있는 그대로 바라보고 느낄 수 있도록 해주었다. 하지만 그런 아내의 감정을 나누면서 어찌할 바를 몰랐다. 그는 부끄럽고 힘들었다. 그녀의 삶에 드리운 고통의 먹구름이 이제는 존을 집어삼키기 시작했다. 함께 있을 때는 아내의 우울함이 존에게도 들이닥쳤다. 아내가 있는 집을 나와야만 울적한 기분을 털어낼 수 있었다. 그러던 어느 날부터 존은 집으로 돌아가지 않았다.

"TMS는 내 감정적 순결을 빼앗았고 그 상실감 때문에 앞으로도 계속 슬퍼하며 살아갈 것입니다. 사람을 내가 상상하는 모습이 아니라 있는 그대로 바라보게 되는 것, 그것이 감정적으로 더 똑똑해지는 대가 중의 하나입니다."

매사추세츠주에 사는 존과 전화로 이야기를 나눈 것은 2015년 크리스마스 직전이었다. 그는 분명하고 편안한 어조로 말했다. 자신의 경험에 대해서도 충분히 성찰한 듯했다. 또 자신이 설명할 수 없고 해답도 없는 무언가를 솔직하게 인정했다. 기자로서의 경험에 비춰보면, 이런 화법은 해당 주제를 충분히 인지한 상태에서 있는 그대로 말하고 있다는 신호이다.

존은 변화가 여전히 유지되고 있다고 말했다. 그 변화가 뇌 자기 자극 직후처럼 뚜렷하지 않고 더러는 유심히 관찰하지 않으면 사회적 신호를 놓칠 수도 있지만, 어쨌든 존은 확신하고 있다. 뇌 자기 자극이 근본적인 변화를 일으켰다는 사실을 말이다.

여기서 흥미로운 의문이 하나 든다. 그렇다면 자기 자극이 그를 더 똑똑하게 만들었을까? 지금의 존은 사회적 신호를 더 잘 판단하고 대응할 수 있다. 원하는 것을 얻기 위해 자신이 가진 것을 더 효과적으로 활용할 수 있다는 의미이다. 그러나 감정을 더 잘 파악한다고 해서 IQ 검사에 도움이 되지는 않을 것이다. 그렇다면 지능은 IQ 이상의 개념일까? 얼마나 다를까? 신경강화를 통해 IQ에 영향을 미치지 않고서도 '지능'을 향상할 수 있을까? 그 해답은, 이 매혹적이고 복잡한 과학의 다른 영역들처럼 결코 단순하지 않으며 극심한 논란이 따른다.

10장

뇌와 다른 근육들

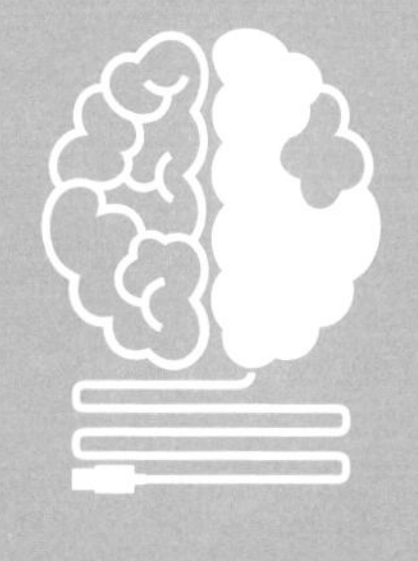

the
genius within

찰스 스피어먼이 규명한 일반지능 'g'는 분명 중요한 개념이다. 하지만 지능을 결정하는 유일한 요인은 아니다. 실제로 스피어먼도 그것을 의도하지는 않았다. 그는 영역에 따라 다른 특수한 정신 기능들이 있다고 추론했다. 두 사람이 동일하게 높은 'g'를 가졌다 하더라도 음악이나 프랑스어 등 성취 영역은 다를 수 있다는 것이다.

단순히 지능이 높은 것이 아니라 적용할 수 있어야 한다. 그리고 어떤 사람들이 다른 사람들에 비해 특정 업무를 더 잘할 수 있다. 무언가를 알파벳 순으로 단순하게 정리하는 것을 좋아했던 스피어먼은 이것을 특수지능 'S'라고 불렀다.

이 모형에서 'g'는 엔진 크기와 같은 고유의 힘이다. 반면 'S'는 이 힘이 각각의 행동으로 얼마나 잘 연결될 수 있는지를 나타낸다. 사륜구동의 페라리가 바다에서도 굴러갈 수 있을까? 그렇지 않다. 적절한 예는 아니지만 페라리는 도로 운행에는 높은 'g'와 'S'를 가졌지만 바다에서는 'S'가 낮다. 고성능 엔진을 바다에서 사용할 수는 없다. 매끈하고 아름다우며 성능이 뛰어난 자동차 페라리는 'g' 자체는 높지만 물에서는 가라앉아버린다.

'S'라는 특수 인자를 고안했다는 것은 지능이 그만큼 다양한 정신 능력에서 비롯된다는 의미이다. 이것은 인지강화에서 매우 중요한 부분이다. 사람의 능력을 향상하는 방법이 한 가지만이 아니라는 것을 암시하기 때문이다. 이론상으로 인지강화를 위한 첫 번째 방법은 전체를 아우르는 'g'를 향상하는 것이다. 하지만 'g'는 타고난 능력을 기반으로 하므로 이것을 강화하기란 대단히 어려운 일이다. 두 번째 방법은 뇌가 해당 기능에 접속하고 활용하는 방식에 변화를 주기 위해, 한 가지 이상의 'S' 인자를 향상하는 것이다. 이 방법이 훨씬 가능성이 높아 보인다.

가장 널리 알려진 지능구조론에서는 'g'를 2가지로 구분한다. 결정성 지능crystallized intelligence과 유동성 지능fluid intelligence이다. 결정성 지능은 오랫동안 우리의 머리에 쌓인 알갱이 같은 것들을 말한다. 지식, 날짜, 왕조의 순서 등이 여기에 해당된다. 당신은 카메룬의 수도가 야운데라는 것을 아는가? 몰랐다면 지금 내가 당신의 결정성 지능을 약간 높여주었다. 물론 잊어버리지 않는다는 전제하에 말이다. 결정성 지능에서는 기억과 회상, 이해와 숫자 계산이 중요하다. 무엇보다 결정성 지능은 어휘와 직결된다. 즉, 단어를 이해하고 기억하고 활용하는 것이다.

유동성 지능은 문제를 해결하는 데 활용하는 인지 처리 과정으로, 결정성 지능을 추론하고 연계하고 활용하는 능력이며, 실마리를 분석하여 결정을 내리는 작업을 수행한다.

찰스 스피어먼이 시험 점수로 'g'를 산출한 것처럼, 결정성 및 유동성 지능도 서로 밀접하게 연결된다. 하나는 매우 높은 수준인데 다른 하나는 매우 낮은 경우는 거의 없다.

일부 과학자들은 'g'를 3가지 영역으로 세분화한다. 의식적으로 시각 이미지를 저장하고 활용하는 능력과 길 찾기 능력을 포함하는 공간 인식 영역이다. 이 유형의 지능은 여성보다 남성이 더 높다. 반면 여성은 일반적으로 단기 기억력이 남성보다 뛰어나다. 물론 평균적으로 그렇다는 뜻이다.

인간은 몇 개의 지능을 가지고 있는가?

모든 과학자들이 일반지능 'g'를 지배적인 개념으로 받아들이는 것은 아니다. 가장 인상적인 사례를 보여준 것은 1980년대 심리학자 하워드 가드너이다. 그는 특수지능 개념을 극단적인 논리로 설명하면서, 인지 기능을 주도하는 것은 전문적 능력이라고 주장했다. 실제로 그는 'S'가 매우 중요하기 때문에 'g'의 영향은 미미할 뿐 아니라 필요조차 없다고 했다. 'S'만이 중요할 뿐이며, 다양한 특수지능을 한데 묶는 일반지능이 없다면 다중지능들이 제각기 높거나 낮은 형태로 드러날 것이라고 했다. 가드너는 각각의 전문성이 서로 다른 유형의 지능이라고 주장했다. 따라서 사람을 평가하는 지능 유형은 단 하나가 아니라 복합적이라고 했다.

이처럼 가드너가 개설한 다양한 지능 중 일부는 스피어먼의 일반지능과 유사해 보인다. 논리-수학 지능과 시각-공간 지능이다. 이 2가지는 표준 인지 능력에 해당하며, IQ 검사로 측정할 수 있다.

이외에도 그는 음악 지능, 대인관계 지능, 자연주의 지능에서 신체 운동 지능, 정신적 탐조 지능 등 비전통적인 지능도 고안했다.

신체 운동 지능이란 신체를 이용해 아이디어와 감정을 전달하는 능력을 말한다. 이런 지능이 높은 사람들은 물리적 공간에서 자기 존재를 인식하며, 촉각에 크게 의존하고, 운동 능력과 손과 눈의 조화가 뛰어나다. 댄서와 운동선수들은 신체 운동 지능이 높다. 정신적 탐조 지능은 다양한 출처의 정보를 한 번에 파악하며 어떤 정보도 놓치지 않는 능력을 말한다. 자연주의 지능은 정원사나 사육사들처럼 동식물 세계에 예민한 것을 의미한다. 대인관계에 뛰어난 사람은 사교성과 친화력이 뛰어나며 타인을 돕기를 즐긴다.

다중지능 이론은 상당히 설득력 있을 뿐 아니라 우리를 안도하게 만든다. 사람은 누구나 잘하는 것이 있다. 모두가 동등하다. 교사와 교육자들이 다중지능 개념을 좋아하는 이유는 모든 아이들을 똑똑한 존재로 만들어주기 때문이다. 이 관점은 세상을 위안의 눈으로 바라보게 한다. 마치 '늘 당신을 지지하는 사람이 있어요'라는 장밋빛 렌즈를 통해 바라보는 것처럼 말이다. 덕분에 다중지능 개념이 상당히 잘 알려진 것도 사실이다. 하지만 과학 이론들이 속속 등장하면서 이 개념은 논란도 많고 근거도 취약하다는 사실이 드러나고 있다.

다중지능 이론이 사회적, 정치적으로 받아들여질지는 이론의 성과와 역량(결국은 가치)이 어떻게 확산되는가에 달렸다. 이것이 실현되려면 다중지능에 포함된 각각의 지능 유형이 서로 독립적이어야 한다. 이를테면 논리 퍼즐에 뛰어난 사람은 그렇지 못한 사람보다 패턴을 인식하는 능력이 뛰어나서는 안 된다. 마찬가지로 악기에 능숙한 사람이 공간 인식 능력까지 뛰어나서는 안 된다.

대부분의 연구 사례에서는 그 반대이다. 스피어먼이 1세기도 전에 학교 시험 점수를 통해 발견한 것처럼 각각의 지능검사 결과가 비슷하게 나타난다. 한 사람이 대다수의 지능 유형 검사에서 좋은 결과를 얻거나 그 반대로 대다수에서 좋지 못한 결과를 얻은 것이다. 기능과 능력을 분리하고자 하는 이론적 시도와는 달리, 실제 데이터는 우수한 기능과 능력이 한 덩어리가 되어 전부가 아닌 특정한 일부에게 전해지는 경향이 있음을 보여준다.

그럼에도 다중지능은 다수의 모방 개념을 낳았는데, 대부분은 그저 유행에 지나지 않는다. 사업가들은 비즈니스 지능이나 경영 지능 등을 주제로 책을 썼다. 이외에도 영적 지능, 실존적 지능, 도덕적 지능, 성적 지능, 리더십 지능이 있고, 대중적 지능, 문화적 지능, 담화적 지능, 창조적 지능도 있다. 더 나아가 자기중심주의, 권모술수주의, 반사회적 인격장애 같은 어둠의 지능도 있다.

이처럼 다양한 지능 유형 중 상당수의 공통점은, IQ 검사로 측정하는 '전통적' 지능의 대안으로 제시된다는 점이다. 그래서 인간의 능력과 잠재력에 대한 지표로서, 또는 적어도 일과 인간관계, 사회에서 성공하기 위한 유용한 지침으로 환영받는다. 감성 지능이 특히 그렇다. 보통은 감성 지능이 없다는 이야기를 많이 한다. "그 사람은 학문적으로는 해박하지만 감성이 뛰어나지는 못해요."

감성 지능은 실재하며 과학적으로 타당한 근거도 있다. 그러나 IQ 검사의 오랜 독재에 대한 반발에 불과하다는 비판을 듣기도 한다. 감성 지능 역시 수학 능력이 없는 사람들을 안심시키기 위해 왜곡되거나 개념이 변질되었다.

지능을 재정의하다

감성 지능이 널리 알려진 가장 큰 이유는 심리학자이자 언론인인 대니얼 골먼이 1995년에 출간한 책 때문일 것이다. 부제는 '왜 감성 지능이 IQ보다 중요한가'이다. 뒷면의 추천사에는 "지능을 재정의하다"라는 문구가 있다.

골먼의 책에서는 감성 지능을 비롯하여 IQ와 경쟁 관계에 있는 지능들을, 인간의 성취를 돕는 중요한 능력이라고 강조한다. 하지만 여기서 그치지 않고 한 걸음 더 나아가 IQ와 다르면서도 그보다 훨씬 중요한, 정신 및 인지적 능력의 상위 척도로서 확고하게 자리 잡는다.

이런 사고방식은 IQ가 낳은 모든 우려들, 예컨대 엘리트 중심주의나 사람들을 문전박대하는 사설 회원제 클럽 같은 것들을 불식시킨다. 주창자들의 말에 따르면 IQ와 경쟁하는 다른 지능들도 포괄적이고 개방적이며 바뀔 수도 있다고 한다. 책이나 DVD 또는 강연회 티켓 값을 지불하고도 나아지는 게 없다면 아무리 비즈니스 지능이나 성적 지능이 있다고 한들 무슨 쓸모가 있을까?

또한 이런 지능들은 상대적으로 타당성이 높다는 인식이 지배적이며, 서로 다른 개별적인 능력으로 간주하므로 우리가 아는 '지능'보다는 훨씬 유용한 개념이다. 이러한 지능들은 '이론적' 지능과는 별개로 나타난다. 시험에서 어떤 성적을 거두었고, 교사나 친구가 당신 머리가 나쁘다며 비아냥거렸더라도 상관없다. 당신에게는 스스로 만들어나갈 수 있는 어떤 능력이 있다.

옳은 말이고 훌륭한 말이다. 사람들이 자신의 일과 경영, 창조, 이성, 대인관계, 담화, 문화, 영성, 도덕, 실존과 관련된 기술과 인식을 향상할 수만 있다면 당연히 과정과 결과도 더 나아질 것이다. 그러나 이런 기회와 능력을 IQ나 일반지능과 동떨어진 개념으로 바라보는 것은, 심지어 지능과 경쟁 관계로 받아들이는 것은 잘못된 생각이다.

하워드 가드너는 다중지능을 처음 소개하면서 더 많은 관심을 끌 목적으로 기술이나 능력 같은 단어보다는 '지능'을 사용했다고 고백했다. 대니얼 골드먼의 책 중에서 한 대목을 보자.

> IQ가 성공의 척도라는 것을 보여주는 경우보다 그렇지 않은 예외가 더 많을 수도 있다. IQ가 인생의 성공을 결정하는 경우는 고작 20퍼센트에 불과하며, 나머지 80퍼센트는 다른 힘에 좌우된다……내 관심사가 바로 이 '다른 특성들'의 집합체, 즉 감성 지능이다……살아가면서 감성 지능으로 인해 저마다 어느 정도의 변화를 겪게 되는지는 정확히 말할 수 없다. 그러나 기존의 데이터를 살펴보더라도 감성 지능이 IQ만큼, 가끔은 IQ보다 더 영향력이 크다는 사실을 짐작할 수 있다.

이것은 사실이 아니다. 앞에서도 살펴보았듯이 현존하는 데이터는 IQ와 인생 경로(적어도 성과)의 관련성이 매우 크다는 것을 보여준다. 스피어먼이 규명한 긍정적인 정신 능력을 지배하는 것은 감성 지능이다. 하지만 IQ 검사로 측정되는 지능을 포함해서 실제로 뇌를 움직이는 모든 유형의 지능은 서로 연결된다. 따라서 한 가지 유형의 지능을 측정하면 다른 유형의 지능들도 어떻게 활용하는지 알 수 있다.

신체 운동 지능을 예로 들어보자. 펜과 종이로 치르는 IQ 검사와는 무척 거리가 멀어 보인다. 그러나 실제로는 IQ 점수와 관련성이 있다. 팔과 다리를 움직이고, 속도와 움직임을 판단하고, 나아가 공을 차는 행동을 정신적으로 얼마나 잘 통제하는지 검사해보면, 그 사람의 정신 기능까지 추측할 수 있다.

내가 스포츠 경기를 많이 보던 1990년대에는 똑똑한 축구 선수가 없었다. 선수들도 스스로를 잘 드러내지 않았다. 왜 그랬는지는 웬만큼 이해가 간다. 블랙번 로버스, 사우스햄튼, 첼시, 잉글랜드 대표 수비수로 활약했던 가련한 그레이엄 르 소는 영리한 수비수로서 관중들의 표적이 되었다. 그가 여러 방면에서 A 학점을 받았고 〈가디언〉까지 즐겨 읽었다는 이유로 말이다.

방송 자본과 외국 인재들이 축구로 몰려들면서, 다양한 언어를 구사하고 생소한 음식까지 마다하지 않는 고상하고 세련된 다인종 축구 선수들이 나타났다. '그 선수는 축구 머리가 뛰어나요.' 압박감 속에서 공을 관중들에게 날려버리는 것이 아니라 고개를 치켜들고 정확히 패스하는 유능한 선수들의 특징을 언급할 때 이런 표현을 사용하기 시작했다.

전술과 역할은 진화했다. 과거의 축구 선수들은 경기를 분석해달라는 요청을 받으면 오직 축구 선수들만이 사용하는 화법으로, 즉 과거와 현재 시제를 뒤섞어가며 어설프게 말했다. 이를테면 이런 식이다. "그가 달리는 것을 보아왔고, 공을 가로질러 패스해왔고, 나는 그저 공을 찼을 뿐이에요." 하지만 요즘은 축구 선수들에게도 지식과 통찰을 기대한다. 그 기준이 급격하게 높아진 것은 최고의 공격형 미드필더 폴 맥베이가《멍청한 축구 선수는 죽었다 : 프로 축구 선수들의 의식 고찰The Stupid Footballer is Dead》이라는 책을 출간한 2013년부터였다.

IQ와 같지는 않겠지만 수준 높은 축구를 하기 위해서는 상당한 인지 능력이 필요하다. 선수들은 관찰하고 생각하고 빠르게 반응해야 하며, 머리로 계획을 정확하게 세우고 시뮬레이션까지 거쳐야 한다. 스포츠 심리학자들은 시각적 예상, 상황적 확률에 대한 지식, 이런 기술들을 설명하기 위해 전략적 의사 결정과 같은 용어를 사용함으로써 해당 분야의 전문가처럼 보인다. 그러나 앞에서도 살펴보았듯이, 정신 능력이 이런 식으로 작동하는 것은 아니다. 하나의 영역에 뛰어난 사람은 보통 다른 영역에서도 꽤 유능한 법이다.

다방면의 스포츠에서 뛰어난 남성과 여성은 아주 많다는 사실 자체가 인지적 유연성cognitive flexibility을 뚜렷하게 보여준다. 크리켓과 골프를 잘하는 축구 선수들도 있고, 자동차 레이서이면서 전문 스키어인 경우도 많다. 영국의 만능 스포츠맨이며 박학다식했던 맥스 우스넘만 한 인물도 드물 것이다. 윔블던 테니스 대회의 복식 우승자이고, 스누커에서 최대 147점을 연속 득점했으며, 로드 크리켓 그라운드에서 100점을 획득했고, 프리미어리그 맨체스터시티 FC에서 주장까지 지냈다.

약간의 상상력만 동원하면 스포츠 심리학자들이 사용하는 용어와 언어를, 더 넓은 세상에 적용할 주요 정신 기능을 설명하는 데 활용할 수 있다. 즉, 공간 주의력, 분산 주의력, 작업 기억, 정신 능력 같은 용어들 모두 전략을 수정하고 대응을 억제하는 능력과 연결된다. 이 인지 과제cognitive tasks(지능과 관련된 다양한 수행 과제 – 옮긴이) 집합을 설명하는 또 다른 방식이 실행 기능이다. 실행 기능이 우수하면 스포츠 분야에서 효과적으로 우위를 점할 수 있다.

2007년 여름 스웨덴의 과학자들이 자국 축구 1부 리그에서 수십 명의 선수들을 모집해 지능을 검사했다. 남녀 클럽의 최상위 그룹과 하위 그룹에서 선발한 코치들에게 각각 수비수 2명, 미드필더 2명, 스트라이커 2명씩 추천받아 40분간 검사를 시행했다. IQ 검사와는 달랐고 언어 능력을 검사한 것도 아니었다. 질문 내용은 실행 기능을 측정하기 위한 정형화된 심리학적 기법이었다. '자유 디자인'이라는 검사에서는 선수들에게 60초 동안 사각형 안의 모든 점을 하나의 선으로 연결하는 방법을 최대한 많이 찾으라고 했다.

검사는 익명으로 진행되었으므로 어떤 선수들이 코치의 추천으로 자원했는지 알 수 없었다(어쩌면 최근 경기에서 부진했던 선수들인지도 모른다). 하지만 선수들의 면면을 추정해볼 때, 그 시즌에 스웨덴 1부 리그에서 뛴 선수들로는 셀틱 FC와 바르셀로나 FC에서 스트라이커로 활약했고 월드컵에 세 차례 출전한 헨리크 라르손, 찰튼 애슬레틱 FC와의 컵 대회에서 최고의 골을 넣은 스토크시티 FC의

스테판 토르다손이 있었다.

연구 결과는 확연했다. 축구 선수들의 검사 결과는 보통 사람들보다 우수했고, 1부 리그 선수들의 점수는 전체 인구의 상위 5퍼센트 이내였다. 게다가 인지 검사 결과는 앞으로의 경력에서도 성공 가능성이 크다는 것을 의미했다. 실제로 가장 똑똑한 선수들은 다음 시즌에서 골을 넣거나 대부분의 골에서 도움을 기록했다.

과학자들은 축구 코치들이 젊은 선수들을 평가하고 모집할 때 오로지 신체 능력과 기술에만 집중함으로써 기회를 놓친다는 연구 결과를 접하고 적잖이 충격을 받았다. 펜과 종이로 30분만 검사하고 왕복 달리기와 프리킥 능력만 점검해도 어떤 선수가 미래에 좋은 성과를 거둘지 효과적으로 판단할 수 있다고 그들은 권고했다. 멍청한 선수는 아직까지 살아남을지 몰라도 머잖아 똑똑한 선수들에게 밀려날 것이다.

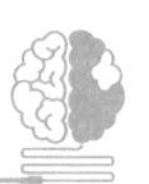

뇌 해커들의 도전

여기에 기회가 있다. 뇌의 작용이 운동 능력에 영향을 미치고 신경강화로 뇌의 작용을 향상할 수 있다면 스마트 약물과 뇌 자극으로 운동선수들의 지능을 높여 스포츠 경쟁력을 향상할 수 있다는 뜻이다. DIY 뇌 해킹 동호회처럼 스포츠 분야에서도 많은 사람들이 이러한 시도를 하고 있다. 스포츠에서 신체 도핑은 뇌 도핑과 연결되어 있다.

사이클 선수 톰 심프슨이 투르 드 프랑스에서 사망한 이유는 기본적인 생존 메커니즘을 해제했기 때문이다. 약물은 그의 중추신경계가 신체 운동에 대응하는 방식, 즉 생리학적 요구에 대응하는 방식을 바꿔버렸다. 그 때문에 뇌가 일반적으로 허용하는 수준 이상으로 신체 능력을 밀어붙이는 바람에 비극적인 결과를 낳았다. 그래서 신경과학자들은 더 안전하고 통제하기도 쉬운 새로운 뇌 조절 기법을 계속 시도하고 있다.

바퀴에 깔린 아이를 구하기 위해 자동차를 들어 올렸다는 어머니와 같은 기적의 힘이 심심찮게 들린다. 하지만 이런 이야기는 의심할 필요가 있다. 확인되지 않은 이야기일 수 있으며, 전혀 검증을 거치지 않았기 때문이다. 어떤 상황에서든 신체적 능력은 한계가 있다. 그리고 더러는 정신적 한계가 신체적 한계보다 낮게 설정될 수도 있다. 쓰러지기 전에 뇌가 우리에게 피로하다고 말해주는 경우처럼 말이다. 몸이 지쳤다는 신호를 보냄으로써 실제로 신체적 한계에 도달하기 전에 미리 알려주는 것이다. 그렇다면 결승선을 통과한 우승자가 어떻게 해서 트랙을 활기차게 돌며 관중의 환호에 화답할 수 있을까?

스포츠 과학자들은 이 현상을 '중앙 집권자 이론central governor theory'이라고 부른다. 중앙 집권자는 안전한 것을 좋아한다. 신체가 잠재적으로 위험한 운동 수준(심장박동, 혈압, 산소 요구량, 근육 피로)에 도달했다는 것을 뇌가 감지하면 경보를 울려 운동을 계속하기에는 너무 지쳤다고 우리를 설득한다.

스포츠 심리학과 훈련의 상당 부분은 중앙 집권자가 경보를 울린 후에도 신체적으로 가능한 영역을 활용하는 데 초점을 둔다. 고통의 벽을 뚫고 부정적 생각을 잠재우며 긍정적 사고로 들어가는 것이다. 이 과정은 보통 동기부여로 나타난다. 수영장에 입장하면서도 두툼한 헤드폰을 쓰고 음악을 듣는 올림픽 수영 선수들이 그렇다. 그리고 첫 마라톤에 도전하느라 훈련에 여념이 없는 내 친구는, 몇 달 전에 길고 고독한 달리기를 할 때 가장 힘들었던 것은 자신의 머릿속에서 들리는 목소리를 거부하는 것이었다고 했다. "이봐, 저기 의자가 있잖아. 좀 앉지그래?"

신경강화는 이론적으로 이 목소리를 잠재우거나 최소한 거부하는 방법이다. 뇌의 작동 방식에 직접 개입함으로써 중앙 집권자의 한계치를 늘리거나 근육이 그 이상으로 작동하도록 지시할 수 있다. 그리고 뇌 전기 자극으로 신체 능력을 밀어붙이고 정신력을 향상할 수 있다.

그 근거를 몇 가지 살펴보자. 2013년 브라질의 과학자들이 숙련된 로드사이클 선수들을 대상으로 뇌에서 근육 활동을 제어하는 운동피질에 20분간 전기 자극을 했더니 선수들의 최대운동부하 검사 결과가 향상되었다. 사실상 운동 능력에서 파괴 검사나 마찬가지였다. 고정된 자전거에 앉은 사이클 선수들이 페달을 밟을 때마다 매분 단위로 저항 수준이 높아졌다. 이 검사는 사이클 선수가 '자발적으로 운동을 끝내거나' 분당 80회로 정해진 회전 속도를 따라가지 못할 때 종료되었다.

각 선수가 자발적이든 아니든 운동을 중단하기 전에 1분 동안 유지할 수 있는 최고 강도를 최대 출력이라고 부른다. 실험은 효과적이었다. 운동피질을 전기로 자극하자 최대 출력이 4퍼센트 증가했다. 지능이 아주 조금 향상된 것과 같이 별 차이가 아닌 것처럼 들릴 수도 있다. 하지만 치열한 자전거 경주에서는 작은 차이가 성공과 실패를 가른다.

이 실험은 조금 덜 치열한 상황에서도 효과가 있는 듯했다. 2015년에 시행된 브라질의 또 다른 실험에서는 단순히 '신체적으로 활동적인'(일주일에 3회 정도 자전거를 타는) 20대 남성들을 대상으로 동일한 결과가 나오는지 확인했다. '탈진 시간 시험'이라는 조금 무시무시한 명칭의 실험에서 참여자들 중 일부는 자전거 실험만큼 끝까지 버텨내지 못했다. 15명의 자원자들 중 4명이 탈락했는데, 그중 한두 명은 자기 뇌가 전기 실험의 대상이 된다는 사실에 겁을 먹고 포기했다. 나머지 남성들에게는 운동피질을 자극하며, 일정한(꽤 빡빡한) 저항 강도를 설정하고는 분당 60회 이상 페달을 돌리게 했다. 그리하여 정해진 속도를 5초간 유지하지 못하면 탈진한 것으로 분류했다.

이 주말 자전거 애호가들은 뇌 자극 없이 평균 407초 동안 운동을 지속했다. 그리고 뇌에 전기 자극을 시행한 이후에는 지속 시간이 1분 이상 늘어난 평균 491초를 기록했다.

뇌 자극기의 효과

멘사 시험을 다시 치르는 날까지 아직 몇 개월이 남았을 때 나도 한번 해보기로 했다. 내 정신 능력을 강화하기에 앞서 뇌 자극으로 신체 능력을 향상할 수 있는지 직접 시험하기로 한 것이다. 일단 뇌 전기 자극기부터 구입했다. 컴퓨터 게이머들을 대상으로 판매하는 장비는 매진되었다. 하지만 자체 제작하는 다른 회사들을 인터넷 검색으로 금방 찾을 수 있었다. 그중 가장 저렴한 제품을 샀다. 가격은 55달러였고, 미국에서 우편으로 2주 만에 도착했다.

설치는 간단했다. 9볼트짜리 직사각형 건전지를 흰 상자 속에 장착하고, 바깥쪽 소켓에는 두 전극으로 이어진 전선을 연결했다. 각 전극은 색깔로 구분되었는데 빨강색은 양극, 검정색은 음극이었다. 전극 끝에는 악어 입 모양의 클립이 붙어 있었고, 이 클립이 내 머리에 전류를 흘려보낼 스펀지(염분에 적신 상태였다)와 연결되어 있었다. 스위치는 전원 끄기, 1mA, 2mA, 3가지였다. 이 정도면 텔레비전의 작은 대기 전구를 켜기에 충분한 전류이다.

조금 더 진지하게 접근하려면 더 많은 비용을 들일 수도 있다. 자극기뿐 아니라 맞춤형 스펀지 전극과 이 스펀지를 담글 염분 세트도 구입할 수 있다. 과학자들이 연구에 사용하는 전문가용은 훨씬 비싸다. 이 제품들은 신뢰성이 높고 전류를 효과적으로 제어할 수 있으며 전극 설치도 훨씬 정밀하다. 하지만 작동 원리는 모두 동일하며 단순하다.

몇 장의 설명서에는 평범한 가정용 스펀지를 잘라서 물 한 컵에 두세 스푼의 소금을 녹인 다음 스펀지를 적시라고 되어 있다. 이 젖은 스펀지를 두개골 양옆의 적절한 위치에 붙여야 하는데 이 과정이 좀 까다로웠다. 특별한 헤드밴드를 샀어야 했는데 그러지 않은 탓이다. 그래서 서랍을 뒤진 끝에 머리에 꼭 맞은 모자를 찾아냈다. 뜨개질한 스파이더맨 모자였는데, 물론 다른 모자도 가능하다.

그렇다면 전극 스펀지를 붙일 적절한 위치는 어디일까? 제품에 동봉된 설명서에는 회사 규정상 전극의 위치를 권장하지 않는다고 되어 있었다. '구글 빠른 검색'에서 지침을 볼 수 있을 것이라고 하면서도, '내용이나 유효성'은 보장할 수 없다고 못박았다. DIY 뇌 자극기인 만큼 사용자들이 그 장치를 어떻게 사용할지는 스스로 연구해야 한다는 의미였다. 그리고 설명서에는 굵은 글씨로 '전문 의료기기로 사용 불가'라고 강조했다. 결국 뇌 자극기 제조회사들은 지금까지 어떤 결과에 대한 어떤 이의 제기도 회피함으로써 법적 규제를 피해간 것이었다.

여기서 주의할 점이 하나 있다. 혼자서 뇌 자극에 도전하고 싶다면 '구글 빠른 검색'에서 산더미처럼 많은 학술 연구 사례를 참고하면 된다. 수많은 신경과학자들이 적어도 수십 년에 걸쳐 사람들의 뇌를 탐험하며(무언가를 읽고 말하게 하거나, 단어와 그림을 연상하게 하거나, 음료수를 맛보게 하거나, 성적 자극을 주는 등의 방식으로) 경력을 쌓아왔다. 이런 연구를 통해 신경과학자들은 인지 기능과 관련된 뇌 부분을 지도화했다.

최근에는 신세대 신경과학자들이 한 걸음 더 나아가 이 지도를 활용하여 뇌 자극 분야를 탐구하고 있다. 예컨대 배외측 전전두엽 피질과 측두-두정엽 연접부라고 불리는 영역들은 도덕적 판단에 관여하는 부분으로 나타났다. 당연히 과학자들은 뇌의 이 영역들을 자극함으로써 사람들의 의사 결정 과정에 영향을 미칠 수 있는지 연구했다. 언어 형성과 관련된 좌측 정면부를 자극하여 다음 문장과 같은 까다로운 발음을 얼마나 잘하는지를 확인한 경우도 있다. "If two witches would watch two watches, which witch would watch which watch?"

뇌 스캐너는 너무 비싸기 때문에 규모가 큰 대학교나 연구 센터 같은 곳에서 보유하고 있다. 물론 이런 장비가 연구의 질을 보장하지는 않는다. 그러나 가끔 연구를 수행하는 사람들의 자격을 뒷받침하기도 한다. 하지만 내 경험에 비춰보면, 별로 똑똑하지 않은 사람도 얼마든지 자기만의 뇌 자극기를 실험할 수 있다.

과학 저널에는 확실하고 치밀한 뇌 자극 실험 사례가 수없이 많이 소개되어 있다. 반면 통계학적 검증이 부족하거나 근본적인 오류를 지닌 연구 사례도 많다. 안타깝지만 아직은 비전문가들이 '구글 빠른 검색'으로 차이를 이해할 수 있을 만큼 신경과학자들도 뇌 영역을 명확히 규명하지는 못했다.

자전거 지구력 검사를 시행한 과학자들은 '벨레트론 다이나핏 프로TM'이라는 사이클 시뮬레이터를 이용했다. 나한테는 이 시뮬레이터 대신 '컨셉 2'라는 '궁극의 전신운동 기구'로 불리는 로잉 머신이 있었다. 내가 방문한 적이 있는 카디프의 어느 체육관에는 이런 문구가 벽에 붙어 있었다. "노 젓기 연습! 나머지는 그저 장난일 뿐!"

나는 아이들이 태어나고 로잉 머신을 구입했는데, 사용해보니 이전보다 집에서 보내는 시간이 더 많아질 것 같다는 생각이 들었다. 그래서 지금도 꽤 주기적으로 운동하는 편이다. 플라이휠에 연결된 줄을 힘껏 잡아당기면 다시 플라이휠의 반작용이 일어난다. 이때 소음이 발생하지만 내 로잉 머신은 크게 거슬리지 않는 정도였다. 정말 성가신 것은 운동 상황을 표시하는 디지털 디스플레이 계기판이다. 페이스메이커 역할을 해줄 보트를 설정할 수도 있지만 보통은 화면에 표시된 수치만으로도 충분하다. 그런데 무의식중에, 즉 의도하지 않게 다리로 밀거나 팔로 당기는 속도를 조금이라도 늦추면 계기판이 즉각 반응하며 운동 강도가 떨어지고 있다고 표시한다. 속도를 줄일 생각이 전혀 없는데도 말이다. 그래서 짜증이 날 때도 있다. 로잉 훈련 방법을 인터넷으로 찾아보니, 2000미터를 주파하려면 7분의 벽을 깨뜨려야 한다는 내용이 많았다. 그리고 이 목표를 달성하는 방법에 대한 웹상의 토론이 수백 페이지가 넘었다.

주변의 얘기에 너무 얽매이지 않고 2000미터를 주파하는 거의 유일한 방법을 소개하면 이렇다. 먼저 첫 500미터까지 시계추처럼 일정하게 노를 젓는다. 500미터를 주파하면 몸과 머리에서 신호를 보내온다. 이런 식으로 계속 1000미터를 저으면 근육과 뇌가 지쳐 죽을지도 모른다는 신호다. 하지만 무시하고 계속 저어야 한다. 1500미터에 이르면 죽음 같은 고통도 희미해진다. 200미터, 약 35초의 거리가 남았을 때 눈이 튀어나올 것 같고, 콧물이 흘러내리며, 뇌가 녹아내리는 듯한 고통이 계속된다. 머릿속에는 오로지 한 가지 생각만 맴돈다. "여기서 멈추지 않아야 다시는 이 짓을 안 할 거야!"

나는 불과 몇 년 전에 2000미터를 7분 내에 주파했고, 마지막 200미터에서 스스로에게 약속한 대로 다시는 같은 '짓'을 하지 않았다. 당장은 그럴 생각이 없었다. 뇌 자극기의 도움을 받는다 하더라도 말이다. 대신 4분 동안 최대한 멀리 노를 젓는 테스트를 계획했다. 지칠 때까지 테스트하는 것이었다.

4분간의 실험을 2회 계획했다. 한 번은 운동피질을 전류로 마사지하면서, 나머지 한 번은 뇌 자극 없이 하기로 했다. 공정한 비교를 위해, 어느 실험에서 뇌 자극을 시행할지 선택해달라고 아내에게 부탁했다. 나는 두 번 다 동일한 복장을 착용했기 때문에 어느 실험에서 아내가 전류를 흘릴지 알지 못했다. 또 검정 테이프로 계기판을 가렸기 때문에 줄어드는 시간 외에는 아무것도 볼 수 없었다. 게다가 거리를 알고 있으면 두 번째 시도에서 목표로 삼을 지점을 미리 파악함으로써 결과를 왜곡할 우려도 있었다.

집에서 만든 식염수에 스펀지 전극을 충분히 적시고 스파이더맨 모자도 썼다. 스위치를 만지작거리는 아내에게 4분을 다시 한 번 상기시키고는 마치 인생이 달린 것처럼 노를 젓기 시작했다. 바나나 몇 개를 먹고 몇 시간을 쉬고 나서 아내에게 스위치를 켤지 말지 선택하라고 하고는 다시 실험을 시작했다. 두 번째는 왠지 조금 더 쉬운 듯했다. 그래서 계기판의 테이프를 벗겨내 결과를 확인하고는 깜짝 놀랐다. 결과가 거의 비슷했다. 첫 시도에서는 1152미터가 찍혀 있었고, 두 번째는 1148미터였다. 온라인에서 본 결과 차트와 비교하면 '평균 이상'이지만 '훌륭함' 수준에는 미치지 못했다. 그래도 나쁘지 않은 결과였다.

뇌 자극기 스위치를 확인했더니 2밀리암페어에 맞춰져 있었다. 두 번째 시도에서 도움을 받았다는 뜻이었다.

"별 차이가 없네. 별로 나아진 게 없어." 내가 말했다.

"그래요? 어떻게 알아요?"

"결과가 거의 똑같잖아. 두 번째 시도에서 스위치가 켜졌는데 거의 달라진 게 없어."

"그럼 첫 번째는요?"

"꺼져 있었던 거 아니야?"

"아뇨."

"뭐라고?"

"나더러 선택하라면서요. 그래서 두 번 다 켰죠."

소통의 실패가 대참사로 이어진 것은 아니다. 2000년 NASA에서 무려 1억 2500만 달러를 들여 투입한 화성 기후 궤도선이 '너희는 미터를 써라, 우리는 인치를 사용하마'라는 어이없는 실수 때문에 화성 주변을 돌기는커녕 붉은 행성에 그대로 처박혀버린 것처럼 말이다. 다만 그날의 내 노력은 허사가 되고 말았다. 그리고 또다시 반복하고 싶지도 않았다.

다른 방법을 찾기로 했다. 유능한 과학자들이 내 가설이 틀렸음을 입증하기 위해 시도하는 것들을 직접 해보기로 했다. 뇌 자극이 노 젓기에 도움이 된다는 발상은 쉽게 반박당할 수도 있었다. 나는 그것을 겨냥하여 표적으로 설정했다. 계기판을 가렸던 테이프와 전극을 떼어내고 아무런 도움 없이 더 긴 거리를 저을 수 있다면 그것은 동기부여 효과일 터였다. 즉, 목표 거리를 더 늘리겠다는 동기가 크게 작용한 탓이다. 인간이 기계를 이길 수 있음을 입증하고자 하는 순수한 욕망으로 인해 나의 뇌와 노력이 크게 자극받을 것이다.

로잉 머신을 세 번째로 설정하고 1134미터를 달렸다. 기계의 승리처럼 보였지만 계기판을 가리지 않자 내 전술도 바뀌었다. 표적이 눈에 보이니 출발이 너무 성급했고 3분 만에 체력이 바닥났다.

물론 일회성 실험으로는 아무것도 입증할 수 없다. 동일한 과정을 12회 정도 반복하여 평균을 낼 필요가 있었다. 그 일은 다른 누군가에게 남겨둘 생각이다.

지구력 스포츠와 인지강화 효과에 관한 초창기 실험 결과들이 흥미롭긴 하지만 그 효과를 과학자들이 납득하기까지는 아직 멀었다. 그렇다면 스포츠에서 다른 정신 기능들, 즉 결정보다는 능력에 의존하는 그런 정신 기능들은 어떨까?

뇌 자극기를 사용하는 운동선수들

윌리엄 스터브먼은 로스앤젤레스의 정신과 의사이다. 적당히 그을린 건강한 피부와 느긋한 태도에서 그가 매일같이 경험하는 트라우마를 찾아보기는 어렵다. 많은 환자들이 그를 마지막 기회로 여긴다. 마비스라는 60세 여성은 양극성 장애로 힘든 시간들을 보냈다. 무시무시한 전기충격 요법을 열네 차례나 반복했지만 효과는 없었다. 스터브먼에게서도 도움을 받지 못한다면, 이제 남은 것은 자살뿐이라고 그녀는 생각했다.

콜린은 이미 그 단계까지 도달한 상태였다. 불과 19세의 나이에 우울증으로 삶이 황폐해진 콜린은 스터브먼의 병원을 찾기 전에 이미 자살을 시도한 경험이 있었다.

그랬던 콜린과 마비스는 뇌 자극 요법으로 치료를 받은 후 완치되어 병원을 걸어 나갔다고 스터브먼은 말했다. 놀라운 일이다. 하지만 내가 스터브먼과 스카이프로 연결해 묻고 싶은 것은 뇌 자극이 그의 테니스 능력에 미친 영향이었다.

스터브먼은 테니스를 자주 하는데 최근에 승률이 부쩍 높아졌다. 테니스 실력이 이렇게 향상된 가장 큰 이유는 첫 서브 성공률이 크게 높아졌기 때문이었다. 요즘은 서브 정확도가 몰라볼 정도로 좋아졌다고 그는 설명했다.

정신적으로 심각한 문제를 지닌 환자들에게 시행한 뇌 자극의 결과에 고무된 스터브먼은 동일한 요법을 자신에게 직접 시도했다. 그는 내가 사용한 것과 동일한 종류의 뇌 전기 자극기를 이용하여 오른쪽 관자놀이 아래의 뇌 영역을 활성화했다. 이 부분은 우측 하전두엽 피질로서 사물을 시각적으로 식별하는 기능에 관여한다. 미군 신병들이 숨겨진 위험을 찾아내는 데 효과를 보였던 것과 같은 방식이다. 스터브먼은 테니스공을 시각화하고, 이 공을 타격하여 상대편 서비스 박스 안의 가상의 사방 3피트 네모 표적 안에 성공적으로 안착시켜 서브 에이스를 얻는 데 주력했다.

뇌 자극은 스터브먼이 수십 개의 첫 서브를 넣기 전과 도중, 후로 나눠 시행되었다. 이 자극으로 서브 정확도가 20~30퍼센트가량 향상되었다고 그는 말했다. 그리고 그 효과가 지속되었다.

스터브먼은 프로 테니스 선수 출신 코치에게도 이 실험을 시도했다. 뇌 자극을 시행한 당일 서브 정확도는 13퍼센트 향상되었고, 실험 5일 후에는 무려 22퍼센트나 높아졌다.

스터브먼은 이 실험 결과를 공개적으로 떠벌릴 사람이 아니었다. 어느 전문가 모임에서만 이 사례를 소개했고, 여기서 주장한 내용도 더 폭넓고 통제된 연구의 필요성이 있다고 한정했다. 과학자로서 그는 이 실험의 의미를 신중하게 말했다. 그러나 테니스 선수로서 그는 뇌 자극이 자신의 경기 능력을 향상시켰고 더 많은 승리를 거둘 수 있다고 확신한다.

극적인 변화를 내세우는 기능 강화 약물 사용은 분명 금지될 것이다. 그러나 현재는 테니스 선수를 비롯하여 누구나 자유로이 뇌 자극 실험을 할 수 있다. 실제로 미국의 헤일로 뉴로사이언스라는 회사는 이런 사람들을 위해 2016년 첨단 뇌 전기 자극 키트를 출시했다. 이 회사는 배터리와 전극을 세련된 모양의 헤드폰에 장착하여 미국 전역의 엘리트 스포츠 스타들에게 보급했다.

헤일로 키트의 표적은 운동피질로, 운동선수들이 특정 운동이나 일상적 운동을 할 때 활용하도록 권장한다. 회사는 이 제품이 뇌 뉴런들의 필수적 연결을 강화함으로써 운동 학습에 도움이 된다고 말한다. 미국의 스키 및 스노보드 팀도 스키점프 선수들이 경사로를 밀어주는 기술을 훈련하는 데 뇌 자극기로 실험을 해왔다. 그리하여 기술을 통제하는 능력뿐 아니라 에너지 활용에서도 가시적인 성과가 있었다고 한다.

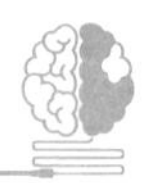

아무리 최고라 하더라도 그동안 누려온 기술적 지배력을 상실할 때도 있다. 골프 선수 어니 엘스는 브리티시 오픈과 US 오픈에서 각각 두 번 우승한 것을 포함하여 총 60여 대회에서 우승했다. 이만한 우승 경력을 가진 사람은 6명에 불과하다. 엘스는 유러피언 투어에서 최초로 상금 2500만 달러를 돌파했고 세계 랭킹 1위에 오르기도 했다. 그리고 자폐증 자선단체에 깊이 관여하며(자폐 성향의 아들이 있다), 모든 면에서 선한 사람이라는 인식이 지배적이다. 하지만 안타깝게도 그의 이름을 구글에서 검색하면 상위 링크 중에 하필이면 역대 최악의 퍼팅으로 꼽히는 장면이 담긴 비디오 클립이 등장한다.

누군가는 15센티미터라고 하고 또 누군가는 거의 30센티미터라고도 한다. 어느 쪽이든 기막힌 장면이다. 바로 뒤에서 촬영하는 카메라 앵글에 그 소름 끼치는 장면이 고스란히 포착되었다. 퍼터를 떠난 공은 꿈틀거리며 옆으로 흐르면서 홀 가장자리를 스치지도 않고 지나쳐버렸다.

2015년 후반, 거센 바람과 까다로운 코스로 악명 높은 스코틀랜드 동부 해안의 카누스티에서 열린 대회에서 일어난 일이다. 경기가 끝나고 이어진 인터뷰에서 엘스는 놀라울 정도로 담담하게 실수의 원인을 설명했다. 퍼터의 무게 배분부터 퍼터를 쥔 방법, 퍼팅을 하면서 느낀 문제점까지 기술적인 설명을 장황하게 늘어놓았다. 겨우 15센티미터 거리의 퍼팅에 대해서 말이다. 바꿔 말하면 생각이 너무 많았던 것이다.

스포츠에서는 생각이 너무 많은 것이 문제다. 골을 넣기 위해 해야 할 행동들을 미리 계산하는 축구 선수. 시속 145킬로미터로 미끄러지듯 튀어 날아오는 공을 받아쳐야 하는 순간에도, 발을 까딱거리고 머리는 움직이지 말고 공을 끝까지 똑바로 쳐다보며 배트를 휘둘러야 한다는 생각을 떠올리는 크리켓 선수. 이처럼 본능적인 행동보다는 생각에 치중하는 것이 스포츠계에서는 고질적인 문제였다.

이렇게 압박감으로 인해 선수들이 실수하는 이유는 스포츠 기술을 가르치는 방식 때문이라고 일부 스포츠 심리학자들을 주장한다. 어쩌면 그것이 가르치는 전부일 수도 있다. 이른바 '명시적 학습'이라고 불리는 것들은(이를테면 손은 여기에 놓고, 발은 이렇게 움직이고, 체중은 앞발에 싣고 등) 운동 기능을 의식하도록 유도한다. 무의식적으로 진행되어야 할 과정을 의식적으로 통제하기 때문에 문제가 된다는 것이다. 코치들은 이 현상을 '분석으로 인한 마비 상태'라고 부른다.

스포츠에서는 '암묵적 학습'이 이루어져야 한다. 이것은 무의식적으로 진행된다. 자전거 타는 법을 배우는 것이 암묵적 학습의 대표적인 예다. 페달을 밟으면서 균형을 잡기 위해 자연스럽게 몸을 비틀며 똑바로 나아가는 과정을 의식적으로 인식하지는 않는다. 따라서 자전거를 배우는 가장 좋은 방법은 지시를 듣는 것이 아니라 그냥 타보는 것이다. 무의식적 작용이 점차 늘어나면서 실력도 향상된다.

암묵적 기술은 가르치기가 더 어렵다. 실행 과정에서 주의를 의도적으로 차단해야 하기 때문이다. 예를 들어 테니스 선수들에게 상대 선수가 서브를 넣을 때 공의 방향이 아닌 속도를 판단해서 서브 방향을 읽어내는 기술을 가르칠 수 있다. 이렇게 해서 선수들은 자신의 대처 방식을 이해하거나 설명할 필요 없이 시각적 단서를 인지하고 대응하는 방법을 배운다. 일부 농구 코치들은 의식의 개입을 차단하기 위해 선수들이 자유투를 연습할 때 노래를 흥얼거리라고 한다.

이런 암묵적 학습법의 목표는 하나다. 작업 기억의 역할을 최소화하여 기억 능력의 분산을 최소화하는 것이다. 이 과정에서 뇌 전기 자극이 효과를 발휘할 수 있다. 작업 기억의 개입을 막는 것보다 아예 차단하는 편이 더 낫지 않을까?

어니 엘스에게는 이미 늦었다. 그의 기억 속에는 이미 퍼팅의 세부적 기술이 각인되어 있기 때문이다. 그러나 초보자들에게 클럽헤드 무게나 스윙 속도를 알려주지 않고 퍼팅을 가르치면 얼마나 도움이 될까? 뇌 자극이 스포츠 능력에 미치는 영향을 연구한 홍콩 대학교의 실험 결과를 보면 충분히 도움이 될 수 있을 듯하다.

이 대학교의 인간수행연구소IHP 연구원들이 골프 경험이 전혀 없는 학생 27명을 모집하여 속성으로 퍼팅을 배우게 했다. 학생들은 암묵적 학습으로 퍼팅 실력을 키웠다. 15분에서 20분 정도 반복해서 최적의 기술을 스스로 터득한 것이다. 매번 연습 때마다 학생들은 1.8미터 거리의 홀컵에 집어넣기 위해 애썼다. 그러다 조금 더 쉽게 넣기 위해 이렇다 할 경사가 없는 인조잔디의 수평면을 따라 일직선으로 공을 치는 방법을 터득했다.

학생들이 퍼팅과 관련된 운동 기능을 배우는 사이, 절반의 학생들에게는 스포츠 과학자들이 뇌 자극을 시행했다. 보통의 경우처럼 뇌의 표적 범위가 넓은 것이 아니라, 좌측 전전두엽 피질(왼쪽 눈 위의 영역으로 작업 기억과 깊은 관련이 있다) 위에 음극(뇌 활동 억제 전극)을 배치했다. 과학자들이 기대한 것은 뇌에 전류를 흘려보내 작업 기억을 활성화하는 것이 아니라 차단하는 것이었다.

며칠 뒤 뇌 자극을 시행하지 않은 학생들까지 다시 불러 모아 모두에게 다시 퍼팅을 하도록 했다. 예상대로 전류로 작업 기억 영역을 억제한 학생들이 일관되게 홀컵에 더 많이 집어넣었다. 7명 중 4~5명이 퍼팅에서 성공적인 결과를 보였고, 뇌 자극을 하지 않은 학생들 중에 성공한 것은 2~3명에 불과했다. 학생들은 자신이 뇌 자극을 받았는지 알지 못했다.

과학자들은 암묵적 학습량이 늘어날수록 퍼팅 능력이 향상된다고 추정했다. 그리고 자원한 학생들에게 명시적 학습을 하지는 않았지만, 과제를 배우고 수행하는 데 작업 기억이 여전히 방해가 된다고 했다. 결국 작업 기억을 끄거나 그 영향을 차단하는 것만으로 학생들의 학습에 도움이 된다는 의미다.

상상을 초월하는 효과

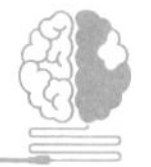

지능과 학습 능력의 관계는 간단히 설명할 수 있는 것이 아니다. 모든 학습에서 의식적 사고가 필요하지는 않기 때문에 인지 능력이 필요 없는 경우도 있다. 게다가 학습이 정해진 수순대로 진행되는 것도 아니다. 나도 강박 장애를 치료하면서 이런 경험을 했다. 사고를 처리하고 불안을 조절하는 방식을 바꾸는 방법을 배우긴 했지만 예상과 다르게 나타났다. 과학자들은 이것을 '비선형적'이라고 표현한다.

일주일에 3시간씩 규칙적으로 인지행동 치료를 받았지만 내 반응은 그때그때 달랐고, 불안 감소와 사고의 여유 등 긍정적인 효과도 들쑥날쑥했다. 그때 나는 치료를 받은 것이 아니라 교육을 받은 것이었다. 스키나 기타 치는 방법을 배우는 것처럼 말이다. 그렇게 많은 시간을 의미 없이 노력만 하다가 어느 순간 나는 깨달았다.

마치 위상이 전이된 느낌, 물리적 세계에서 작은 변화가 실로 큰 차이를 만들어내는 전환점을 경험한 느낌이었다. 물을 끓이는 주전자를 생각해보자. 지속적으로 열을 가하면 시즌 처음 타격에 나선 타자의 긴장감처럼 온도를 끌어올려 80도와 90도를 넘어 마침내 '삐이' 소리를 울리고, 마법의 100도에 도달하면 세상의 어떤 열로도 그 이상 온도를 높일 수 없다. 물은 더 이상 뜨거워질 수 없다. 모든 노력은 이제 물을 증기로 바꾸는 데 쓰인다. 98도를 99도로 바꾸는 데 필요한 열은 99도를 100도로 바꾸는 열과 비슷하다. 그러나 반응은 천지 차이다. 액체에서 증기로, 그리고 불안에서 진정으로.

10년 넘게 고객들의 자산을 투자하여 얻은 이익의 대부분을 단 며칠 사이에 올린 자산관리사가 있다. 이런 갑작스런 폭증과 폭풍은 결과가 투입량의 통제 범위를 벗어날 때 발생한다. 주기적으로 돈을 넣었다 뺀 투자자들은 이런 기회를 얻지 못한다.

스마트 약물이나 뇌 자극이 뇌의 위상 전이를 일으켜 인지 능력을 더 높이 끌어올릴 방법을 찾는다면 어떨까? 이것이 신경강화를 활용하는 일부 정신의학자들의 바람이다. 그들은 화학물질이나 전기 자극이 해로운 사고를 더 잘 제어할 수 있는지 확인하고 싶어 한다. 이런 요법으로 정신적인 문제를 물리적으로 치료할 수는 없으며, 오직 환자가 이미 존재하는 인지 기능의 일부를 해방시키는 데 도움을 줄 뿐이다.

존 엘더 로비슨이 감성 지능의 방출을 설명한 방식, 강박 장애를 치료하기 위해 나만의 요법을 시도하며 조금씩 나아질 때 내가 느꼈던 감정, 이 모두를 해방이라는 단어로 표현할 수 있다. 새로운 능력은 억지로 밀어넣거나 강요하는 것이 아니라 자연스럽게 방출되는 것이다. 끓는 물에서 증기가 방출되는 것처럼. 그리고 뇌 속에는 방출 가능한(위상 전이) 다양한 기능과 능력이 존재한다. 우리는 그저 그 능력들을 살짝 밀어줄 적절한 방법만 찾으면 된다. 뇌에 적절한 무언가를 투입할 수 있다면 상상을 초월할 반응이 일어날 수도 있다.

11장

그림을 그릴 줄 알던 여자아이

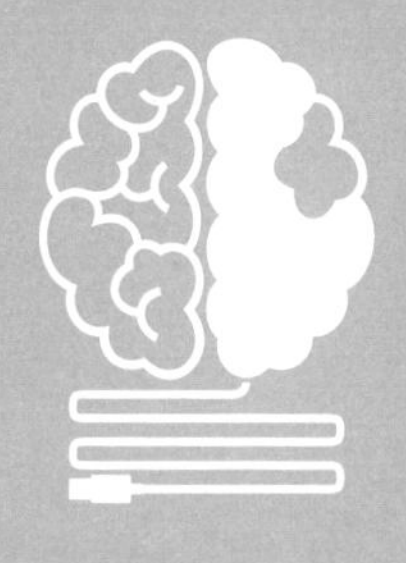

the
genius within

사이클 선수 톰 심프슨의 흔적을 찾아 자전거를 타고 프랑스의 몽 방투에서 휴가를 보내고 돌아온 어느 날, 나는 여섯 살짜리(5년 6개월) 딸에게 말을 탄 남자를 그려보라고 했다. 10분 뒤, 아이가 자랑스러운 듯이 그림을 내밀었다.

이제 보니 딸아이의 예술적 재능이 상당했다. 하지만 이 그림 하나에 아이의 재능이 온전히 드러나지는 않을 것이다. 솔직히 인정하고 싶지는 않지만, 이 그림은 또래 아이들 사이에서는 지극히 평범한 수준이다.

기수의 머리와 몸통, 다리의 비율은 좋다. 고삐가 조금 엉성하지만 전체적으로는 분명히 말 탄 남자의 모습이다. 하지만 이 그림을 굳이 비판한다면, 말의 다리가 몸통으로 빨려 들어간 듯하고 기수의 다리도 성의 없이 그렸다. 하지만 아이들은 대개 이렇게 그린다. 아이들은 보이는 대로 그리는 것이 아니라 진실이라고 알고 있는 것을 그린다. 아이들이 사각형 테이블을 그리는 방식도 이와 비슷하다. 4개의 모서리에 다리가 붙어 있다고 생각하기 때문에 테이블 상판이 마치 투명한 유리인 것처럼 네 다리를 그린다.

다른 여섯 살짜리(5년 6개월) 여자아이가 그린 말 탄 남자의 그림을 소개한다. 훨씬 훌륭하다. 대부분의 미술가와 심리학자들은 여섯 살짜리가 이런 그림을 그리는 것은 말도 안 되는 일이라고 생각할 것이다. 실제로 이 그림을 처음 본 사람들은 여섯 살짜리 아이가 그렸다는 것을 믿지 않았다. 하지만 아이는 그려냈다. 이제 그림을 찬찬히 살펴보자.

이 그림을 그린 아이의 이름은 나디아 초민이다. 1970년대 초 나디아의 어머니가 이 그림을 포함하여 딸이 스케치한 다른 그림들을 임상심리학자들에게 처음 보여주었다. 학자들은 어머니가 무언가

잘못 알고 있거나 어쩌면 자신들을 속이려고 하는지도 모른다고 생각했다.

세부 묘사, 원근법, 범상치 않은 정면 접근법 등 모든 면에서 여섯 살짜리 아이의 그림치고는 지나치게 성숙한 정신세계가 엿보였다. 이 그림을 처음 보는 사람은 도저히 여섯 살짜리 아이의 그림이라고 믿지 않았을 것이다. 도화지의 경계조차 허물어버리는 이미지였다. 어린아이의 그림으로는 전례가 없는 일이었다. 훨씬 나이 많은 아이들과 성인들은 대부분 구도에 맞춰 그림을 그린다. 이미지와 문자를 압축해서라도 도화지 끄트머리까지 잡아먹지 않는다.

나디아는 1967년에 태어났다. 영국 미들랜드에서 자란 그녀는 부모와 할머니가 우크라이나 출신이었던 탓에 유독 눈에 띄는 아이였다. 아버지는 영어를 잘했지만 나머지 가족들은 그렇지 못했다. 특히 할머니는 말수가 거의 없었다. 나디아가 말을 거의 하지 못했던 이유도 그런 할머니와 대부분의 시간을 같이 보냈기 때문이다. 나디아가 아장아장 걷기 시작할 때부터는 행동 조절에 어려움을 겪었다. 자동차나 주변의 위험은 안중에도 없이 공원을 뛰어다니는가 하면, 늘 말없이 지내다가도 이따금씩 난폭한 소리나 비명을 지르기도 했다. 그런 나디아를 감당하지 못한 할머니는 어린 손녀를 침실에 가둬둘 때가 많았다.

학교에서는 친구들과의 차이가 더욱 두드러졌다. 나디아는 주변 사람들에게 관심이 없었고, 때로는 허공을 응시하거나 목적 없이 교실을 어슬렁거리기도 했다. 1년이 지나도 딸의 언어 능력이 나아지지 않아 걱정하던 부모는 의학적 조언을 구하려고 런던 그레이트 오먼드 스트리트에 있는 어린이 병원에 데리고 갔다. 처음 나디아를 진단한 전문가들의 보고서에는 주로 탁월한 그림 실력이 언급되었다. 노팅엄 대학교 아동심리학자들의 검진을 받으면서 나디아가 지닌 예술적 재능의 실체가 드러나기 시작했다.

하지만 노팅엄에서의 출발이 그리 좋은 조짐은 아니었다. 나이가 들어서도 나디아는 어설프고 굼뜨고 무기력했다. 한번은 심리학자 한 명이 놀이방에서 나디아에게 장난감들을 보여주고, 다른 학자들은 어머니와 함께 밖에서만 안쪽을 볼 수 있는 유리를 통해 아이를 관찰했다. 솔직히 어머니가 주장한 딸의 예술적 재능을 입증할 만한 징후는 전혀 보이지 않았다. 딸을 걱정하는 어머니가 자랑스럽게 보여준 섬세하고 능숙한 스케치들을 유리 너머의 오동통한 갈색 머리 소녀가 그렸다고 믿기는 어려웠다.

나디아는 건네받은 두꺼운 노란색 크레용을 종이에 마구 휘갈기더니 커다란 낙서 더미를 만들어냈다. 심리학자들은 딸이 안전하고 통제된 환경에서 사람답게 살기를 바라는 어머니가 거짓말을 꾸며낸 것이 아닌지 의심했다.

그런데 나디아에게 뾰족한 볼펜 하나를 건네자 상황은 완전히 뒤집어졌다. 시무룩하던 어린 소녀가 갑자기 활기를 띠더니 빠르고 자신 있게 여러 장의 그림을 그리며 미소 짓기도 하고 혼잣말도 했다. 수탉, 강아지, 고양이, 기린, 펠리컨, 인물, 기차 등 수많은 동물과 사물을 그렸다. 평소처럼 말없이 가만히 있거나 느릿느릿 걸어 다니던 모습과는 달리 명확한 움직임으로 각각의 그림들을 조합했다.

그리고 멋지고 역동적이며 안장과 장식까지 갖춘 여러 마리의 말과 기사를 그렸다. 질주하듯 불룩 솟아오른 근육, 완벽한 균형을 이루며 또 한 걸음을 내디딜 채비를 하는 다리. 심리학자 중 한 명의 표현을 빌리면 마치 레오나르도 다빈치의 스케치 같았다.

심리학자들이 어리석었다. 아동의 지적 능력과 미술 능력에 대한 그 많은 지식에 비춰볼 때 이것은 불가능한 일이었다. 나디아의 시점, 음영, 원근법 등 모든 것이 또래들보다 몇 년 이상 앞섰다. 나디아의 그림에는 상징물도, 이를테면 하늘의 태양이나 배경 속의 나무 같은 것도 없었다.

심리학자들은 나디아의 그림이 비범하다는 것을 어떻게 확신했을까? 그들은 다섯 살짜리 아이들의 그림을 수도 없이 보아왔다. 몇 년 전 그들은 영국의 일요 신문 〈옵저버〉에서 주최한 어린이 사생대회에서 아이들이 그린 약 2만 4천여 장의 '미라 같은 그림'을 건네받았다. 엉성한 여자의 몸통에 박혀 있는 팔과 다리를 수없이 살펴보던 심리학자들은 그 또래 아동의 미술 실력이 어느 정도인지 충분히 알고 있었다.

어린아이들에게 사각형이나 마름모를 그리라고 하면, 종이에서 펜을 떼어가며 직선을 하나씩 4개를 그어 완성한다. 하지만 나디아는 두 번의 동작으로 마름모를 완성했다. 눈과 손의 조화가 탁월했다. 아이들은 보통 머뭇거리며 작은 움직임으로 그림을 그리면서 눈으로 매번 선의 진행을 바라보고 방향을 수정한다. 반면 나디아는 손을 굳게 믿는 듯 자신 있는 움직임으로 끊어지지 않고 그림을 그려나갔다. 나디아는 신발 끈조차 제대로 묶지 못하는 아이였다.

선이 똑바르지 않으면 똑바를 때까지 또 다른 선을 그리고 또 그렸다. 머릿속의 정확한 그림을 따라가기보다는 하나의 선을 그리고,

이것을 바탕으로 다른 선들을 연결하는, 그래서 모든 선이 첫 번째 선과 연결되는 보통 아이들의 그림 그리는 방식과는 큰 차이가 있었다.

색깔에 전혀 관심이 없는 것도 나디아의 또 다른 차이였다. 이 아이의 그림에서는 검은색과 회색, 흰색이 전부였다. 단색은 삭막하고 차갑게 느껴졌고, 어린 소녀인 자신만큼이나 다른 사람들과의 교감이 쉽지 않았다.

심리학자들은 나디아를 다섯 달 동안 지켜보았지만 그녀의 행동은 늘 그대로였다. 그들이 물어보는 것이나 도와주려는 일에 관심조차 보이지 않았다. 그러다 어느 순간부터 나아지기 시작했다. 특수학교에 다니던 일곱 살 때부터 사회성이 점차 향상되었다. 아홉 살에는 말수가 늘어났고 손가락을 베었을 때는 반창고를 달라고 하는 등 무언가를 요구하기 시작했다. 이전보다 분명 행복해 보였지만, 지적 능력이 해방되면서 그리기 능력은 점차 퇴화되었다.

나디아의 그림은 친구들이나 몇 살 더 많은 아이들의 그림과 비슷한 수준이었다. 다른 아이들의 그림을 따라 그리기도 했다. 어린이 같은 형체를 상징물처럼 그림에 집어넣었고, 과거의 그림에서 두드러졌던 생명력도 사라졌다.

나디아는 일상적인 도움 없이도 살아남기 위해 발버둥쳐야 했다. 갓 성인이 되었지만 돈 개념도 없었고 식사조차 제대로 하지 못했다. 그러다 어느 특수목적 시설에서 여생을 보냈다. 2010년 나디아를 연구했던 노팅엄 대학교 심리학자들 중 로나 셀프가 그녀를 다시 찾아갔다.

40대 초반의 나이에 셀프 박사를 다시 만난 나디아는 또다시 예전처럼 거의 말이 없었고, 식사 도구를 제대로 사용하지 못해 맨손으로 음식을 집어 먹곤 했다. 여전히 분노가 폭발하면 텔레비전 같은 물건을 집어던질 때도 있었다. 그래서 방에는 물건이 거의 없었다. 관찰 끝에 셀프 박사가 평가한 나디아는 '심각한 학습 장애를 지닌 그저 평범한 사람'이었다.

유년 시절의 걸작들이 벽에 걸려 있는데도 나디아는 눈길조차 주지 않았고 과거에 소중했던 검정 펜도 집어 드는 일이 없었다. 직원 중 누군가가 펜을 건네며 그림을 그려보라고 하면 펜을 아예 두 동강 내곤 했다. 그녀의 재능은 희미해져만 갔다. 20대 초반에 그린 그림도 다섯 살짜리의 작품처럼 보였다. 특히 말을 스케치한 그림 하나는 내 딸의 그림과 매우 흡사했다. 2015년 10월, 나디아는 짧게 병을 앓다 세상을 떠났다.

학습 장애를 지닌 나디아의 그림 실력은 아주 특별했지만 유일한 것은 아니었다. 1987년, BBC 텔레비전 다큐멘터리에서 영국 최고의 젊은 미술가로 당시 특수학교에 다니던 열한 살 소년 스티븐 윌트셔를 소개했다. IQ가 60으로 학습 장애를 지녔던 스티븐은 길거리에서 본 건물들을 기억했다가 놀라울 정도로 정밀하게 그려내는 능력으로 시청자들을 매혹시켰다. 현재 그는 특유의 화법을 가진 전문 미술가로 유명하다. 이스탄불이든 싱가포르든 헬리콥터로 쓱 훑어보고는 무대에서 오로지 기억만으로 도시의 광경을 그려냈다.

언어나 사회적 단서를 이해하는 기본적인 기능조차 수행하지 못하는 뇌가 어떻게 그처럼 놀라운 일을 해낼 수 있을까? 나디아와 스티븐이 보여준 뛰어난 단편적 기능들은 어디서 비롯된 것일까? 신경과학자들 중에는 존 엘더 로비슨의 사례와 유사한 정신적 재배선mental rewire으로 생각하는 사람들이 많다.

나디아의 학습 장애는 뇌의 선천적 결함에서 비롯된 것으로 추정된다. 그렇다면 뇌는 신경의 우회 설정을 통해, 손상된 영역의 기능을 다른 영역에 지시할 수 있다. 그런데 뇌는 영역별로 전문화된 기능을 수행하므로 해당 영역의 수행 방식도 달라진다. 따라서 이런 차별화된 접근 방식으로 인해 중대한 개선, 즉 뇌 위상 전이가 이루어질 수 있다.

우뇌와 좌뇌의 진실

뇌의 작동 방식에서 가장 근본적인 차이는 좌우측의 기능에 있다. 우리가 뇌의 10퍼센트만을 사용한다는 믿음만큼이나 잘못된 통념이 좌뇌 지향적 사람과 우뇌 지향적 사람들이 다르다는 것이다. 하지만 이런 추정의 바탕에는 진실이 있다. 뇌의 좌우측은 경계면을 가로질러 소통하며, 우리의 생각과 행동들, 특히 고차원적인 것일수록 부분적이나마 좌우 반구 모두에 의해 제어된다. 하지만 신경과학자들이 추적한 대로 일부 기능과 능력은 한쪽이 다른 쪽에 비해 뛰어날 수 있다.

예를 들어 뇌의 좌측은 언어와 말하기 및 일부 운동 기능과 밀접한 관련이 있다. 반면 우뇌는 말하기와는 관련이 적으며 공간 인식과 시각, 구조화 기능에 관여한다. 또 좌뇌는 말하기와 읽기를 포함하여 논리적, 추상적, 순차적, 상징적 기능과 밀접하며, 우뇌는 병렬처리와 직관적 문제 해결에 중점을 둔다.

뇌의 좌우 반구가 다른 기능을 한다는 인식은 나디아와 스티븐 같은 사람들의 예술적 기능에 대한 이론적 기초로 활용된다. 뇌의 왼쪽이 손상되면 이론상 다른 쪽에서 일부 과제를 대신하며, 처리 방식도 달라지거나 오른쪽에 특화된 역량을 발휘할 여지가 그만큼 커진다. 이런 상황에서 우뇌는 좌뇌의 구속과 감독에서 자유로워진다.

좌뇌가 정상적으로 발달하지 못한 것이 바로 자폐증이다. 나디아와 스티븐 모두 자폐증 진단을 받았다. 자폐증 환자 10명 중 1명은 특별한 능력을 보인다. 이런 사람들을 일컬어 '서번트(지능은 낮지만 특정 영역의 천재)'라고 부른다.

서번트는 인간 지능의 긍정적 집합체가 아니다. 그들의 지능, 아니 그들의 정신 능력은 결코 일반적이지 않다. 아주 특별하다.

1,345,873에 749,823를 곱하는 것도 계산기에 숫자를 누르는 속도보다 빨리 암산하는 서번트들도 있다. 글을 읽지는 못하면서도 지난 일들을 놀라울 정도로 세세하게 기억하는가 하면, 피아노의 알파벳도 모르면서 마치 거장처럼 연주하는 이들도 있다. 그들의 능력은 정신적 위상 전이, 나아가 신경강화의 비밀을 풀 열쇠가 될지도 모른다.

한 가지만 천재, 서번트 증후군

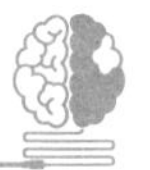

서번트는 흔하지 않지만 대럴드 트레퍼트 박사가 아는 사람만 수백 명에 이른다. 트레퍼트는 위스콘신의 정신의학자로 1960년대 초부터 특별한 정신 능력을 가진 사람들을 연구해왔다.

그동안 그가 보아온 환자들은 수백, 수천 명에 이른다. 하지만 그 일을 시작한 첫날 만났던 아이들이 지금도 기억에 뚜렷하다고 한다. 오슈코시 인근의 위네바고 정신보건연구소에 신설된 아동 연구팀은 심각한 장애를 지닌 아동 30명을 관리하고 있었다. 그 아이들의 상당수는 지적장애를 지녔으며 자폐증 진단을 받고 입원한 것이었다. 대다수 아이들은 스스로를 돌볼 능력이 없었다. 아이들에게는 씻기와 옷 입기, 식사 같은 기본적인 일상조차 버거웠다. 로버트는 말을 못하는 데다 심각한 학습 장애로 어려움을 겪었다. 하지만 로버트에게는 특별한 능력이 있었다. 무려 500개의 조각 퍼즐을 그림을 덮은 채로 맞출 수 있었다. 조각 모양을 훑어보고는 뒤집힌 퍼즐을 '마치 재봉틀 같은 정확한 움직임과 리듬으로' 조립할 수 있다고 한다.

아서는《역사 속 오늘 산책》연감처럼 날짜별로 일어난 사건을 기록해둔 거대한 저장고 같았다. 아서는 그 내용에 대해 사람들에게 질문하기를 좋아했다. 트레퍼트는 밤마다 다음 날에 해당하는 역사를 읽으려 노력하지만 늘 아서의 많은 질문에 제대로 답하지 못한다.

헨리의 재능은 조금 다르다. 그는 자유투 라인에서 모든 슛을 어김없이 림 안으로 꽂아 넣는다. 트레퍼트가 관찰한 바로는, 헨리는 '극도로 강박적인' 루틴을 갖고 있는데, 늘 똑같은 위치에 서서 매번 똑같은 방법으로 공을 던진다.

마지막으로 존은 밀워키 시의 모든 버스 노선을 처음부터 끝까지 정확히 외우고 있다. 대중교통 체계 전체를 기억하는 것이다. 존은 버스를 좋아했다. 그는 가끔씩 버스 정면에 붙은 목적지 안내판 같은 골판지 모형을 들고 연구소를 돌아다니곤 했는데, 모든 정류장과 거리 이름이 적힌 종이 두루마리도 가지고 있었다.

1980년 어느 여름밤, 트레퍼트의 딸 조니는 기적을 경험하고는 흥분에 사로잡힌 채 집으로 돌아왔다. 기적의 주인공은 조산에다 끔찍한 합병증까지 앓아 지적장애를 지녔던 레슬리 렘케라는 소년이었다. 소년은 태어난 지 채 6개월도 지나지 않아 두 눈마저 수술로 잃었다.

의사는 레슬리가 죽을 수도 있다고 했지만 양부모는 결코 아이를 포기하지 않았다. 특히 엄마가 더 그랬다. 엄마는 음식 삼키는 법뿐 아니라 아이의 다리를 자신의 두 다리에 묶어서 걷는 법도 가르쳤다. 아홉 살 무렵에는 아이에게 피아노를 사 주고, 아이의 손을 자신의 손 위에 얹고 같이 연주하곤 했다.

그러던 어느 날 밤, 음악 소리에 잠을 깬 엄마가 중증 장애 아들을 찾아 거실로 나왔다. 그곳에서 아들은 차이코프스키의 피아노 협주곡 1번을 연주하고 있었다. TV 영화 〈신시어리 유어스Sincerely Yours〉의 주제곡인데, 전날 밤 온 가족이 이 영화를 봤다. 엄마는 레슬리가 그때 처음 이 음악을 들었다고 했다.

레슬리의 뛰어난 피아노 실력 덕분에 '위스콘신 양부모 감사의 날' 행사에 초청받아 지역 고등학교에서 연주했다. 조니 트레퍼트는 바로 그 콘서트 현장에 있었다. 집에 돌아온 조니는 레슬리가 '클래식, 종교음악, 대중음악 등 모든 종류의 음악을 오로지 기억만으로 능숙한 피아노 거장처럼' 연주했다고 아버지에게 설명했다.

이날 콘서트 현장에는 그린베이 텔레비전 방송사의 영화 관계자들도 있었다. 그곳에서 목격한 사실에 크게 놀란 관계자들은 연주 모습을 담은 영상을 정신보건 전문가인 트레퍼트에게 보여주었다. 이 자리에서 트레퍼트는 레슬리가 서번트라는 사실을 그들에게 설명했다. 이 이야기는 마치 바이러스처럼 퍼져 그해의 유명 사건이 되었다. 크리스마스 무렵 미국의 많은 사람들이 레슬리와 사랑에 빠졌고, 저명한 TV 앵커 월터 크롱카이트는 그해 마지막으로 진행하던 CBS 〈이브닝 뉴스〉를 이렇게 마무리했다. "지금은 기적을 찬미하는 계절이지요. 이 계절에 꼭 어울리는 이야기가 있습니다. 한 젊은이와 피아노, 그리고 기적에 대한 이야기 말이죠."

3년 뒤 레슬리는 〈60분〉 쇼에 3명의 서번트 중 한 명으로 출연했다. 이 자리에서 레슬리를 바라보며 '눈물짓던' 사람이 있었는데 바로 배우 더스틴 호프만이었다. 영화 〈레인맨〉의 제작진이 자폐 서번트인 레이먼드의 동생 찰리 역을 맡아달라고 호프먼에게 제의했을 때, 그는 이 제의를 거절하며 레이먼드 역을 하고 싶다고 말했다.

〈레인맨〉은 서번트의 놀라운 능력을 대중에게 소개한 영화다. 사실 이 영화 때문에 사람들은 자폐증과 서번트 기능이 항상 동반된다고 생각했다. 하지만 서번트와 자폐증은 분명 다르다. 자폐증을 지닌 사람들 대부분은 특별한 서번트 기능이 없는데도 대중적인 인식 때문에 마치 그래야 하는 것 같아 자신은 물론 가족들까지 힘들어한다. 마찬가지로 모든 서번트들이 자폐인 것도 아니다.

트레퍼트는 서번트들에게 나타나는 특별한 능력을 '천재성의 섬islands of genius'이라고 묘사한다. 그는 제임스 쿡 같은 탐험가가 되어 이 섬들을 찾아내고 지도를 만들며 여기서 발견한 인생들을 기록한다.

현재 트레퍼트는 청소년과 성인을 포함하여 전 세계 300명 이상의 서번트 명단을 보유하고 있다. 그중 일부는 그가 직접 만났고, 일부는 지역신문이나 웹사이트 등에서 보고서만 읽은 사람들이다. 그들 중 상당수는 비슷한 능력을 가진 다른 사람들의 이야기를 듣거나 읽으면서 인터넷 검색으로 트레퍼트의 이름을 알아내고 그에게 편지를 보낸 사람들이다.

트레퍼트의 명단에 포함된 서번트는 대부분 자폐를 앓고 있지만 그렇지 않은 사람들도 있다. 또한 서번트 대부분이 선천적으로 특별한 능력을 타고났지만 그렇지 않은 사람들도 있다. 이런 사람들을 '후천적 서번트'라고 부른다. 그들의 정신적 재능은 나중에야 드러났다. 정신적 위상 전이 덕분에 놀라운 잠재력이 해방된 것이다. 그들에게 이런 능력이 잠재되어 있었다면 당신의 뇌에서도 같은 일이 벌어질지 모른다.

아르헨티나의 작가 호르헤 루이스 보르헤스의 단편소설 《기억의 천재 푸네스Funes the Memorious》에는 말에서 떨어져 머리를 부딪친 이후로 서번트가 된 남자가 등장한다. 이 남자의 기억력은 너무도 완벽하다. 소설의 한 대목을 보자. "그의 기억에서 무엇보다 중요한 것은 육체적 쾌락이나 고통에 대한 우리의 인식보다 훨씬 세밀하고 생생하다는 점이다."

그러나 이 세밀한 기억에는 대가가 따랐다. 남자는 추상적인 사고가 불가능했고, 자신이 본 모든 것들을 같은 개념으로 연결할 수 없었다. 심지어 '개'라는 개념조차 다양성과 차이로 그를 괴롭혔다. 옆에서 본 모습과 정면에서 마주 본 모습이 완전히 달랐기 때문이다.

"푸네스는 부패, 충치, 권태가 조용히 진행되는 것을 지속적으로 인식할 수 있었다. 죽음과 습도의 진행도 인식한다. 그는 형태가 다양하고, 순간적이며, 극도로 정밀한 세상을 바라보는 고독하면서도 명석한 관찰자였다."

보르헤스가 이 이야기를 다룬 1942년 이후로 과학자들은 머리에 충격을 받고 서번트가 된 사람들을 발견했다. 그중 한 사람을 2015년 여름에 만났다.

뇌진탕 후에 천재가 되다

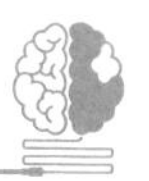

핍 테일러는 자신의 첫 기적이 에든버러의 어느 버스에서 시작되었다고 한다. 1994년 늦은 여름이었다. 도시는 또 하나의 축제를 끝낸 뒤 일상으로 돌아오는 중이었고 핍은 일하러 가는 중이었다. 해는 이미 반짝이는 포스만灣 위로 높이 떠 있었고, 시내로 밀려드는 자동차와 트럭을 실어 나르는 현수교의 높은 교각 위로 갈매기들이 날아다녔다. 그때까지 핍은 위험에 처해본 적이 없었다.

29세의 여성 핍은 중심가의 어느 사무용 건물 직원 매점에서 웨이트리스로 일하고 있었다. 핍은 모닝사이드의 집에서 두 친구와 함께 생활했다. 그녀는 러시아워에 버스를 타고 도로를 달리는 그 짧은 여정을 좋아했다. 마음을 내려놓고 여유를 즐기는 시간이었다. 그날 아침, 버스 창가에 기대앉은 그녀는 버스가 목적지에 거의 도착했다는 것을 미처 알지 못했다. 검정 치마를 펄럭이며 급히 자리에서 일어나던 그녀는 좌석이 바닥보다 조금 높은 단 위에 있다는 사실을 깜빡하고는 천장에 매달린 낡은 가죽 손잡이에 머리를 심하게 부딪쳤다. 그때 핍의 머릿속 깊은 곳에서 무슨 일이 벌어졌다.

그날 점심시간이 정신없이 지나가고 깨끗이 설거지한 그릇도 원래 자리에 정리했다. 핍은 마지막으로 진공청소기 호스를 들고 빈 의자 다리 사이로 열심히 휘젓고 있었다. 또 하루를 만족스럽게 보낸 그녀가 등을 쭉 펴고 일어섰다. 바로 그때 왼쪽 눈 위쪽의 뇌 속 어딘가에서 모세관이 무너지면서 뇌동맥류가 파열되었다. 지주막하 출혈이 일어난 것이다.

이때만 해도 핍은 자신에게 무슨 일이 일어났는지 알지 못했다. 그저 통증이 느껴졌고, 뒤통수에 떨어진 물이 목을 타고 흘러내리는 듯한 느낌이 들었다. 그것은 물이 아니라 피였다. 피가 머리 바깥쪽이 아니라 머릿속에서 흘러내리고 있었던 것이다. 한 동료가 핍에게 왜 울고 있느냐고 물었다. 하지만 핍은 울고 있다는 사실을 느끼지 못했다.

국민건강서비스NHS 웹사이트에 따르면, "지주막하 출혈은 갑작스럽게 심한 두통을 일으킨다. 뇌 손상과 사망에 이르지 않으려면 신속한 의료 처치가 필요하다"고 되어 있다.

동료는 택시를 부르는 게 어떻겠냐고 핍에게 물었다. 이때 핍의 대답이 자신의 목숨을 구했다. 핍은 구급차를 요청했고, 진료 의사의 말처럼 기적적으로 살아났다.

현재 핍은 잉글랜드 북서부의 위럴 반도에 살고 있다. 그녀의 집에서 북쪽으로 가면 머지강을 가로지르는 여객선을 탈 수 있다. 그리고 남쪽으로 가면 디강이 만든 개펄이 있다. 위럴 반도의 남쪽 가장자리를 따라 유유히 흐르는 디강은 그 자체로 관광객들을 불러 모은다. 관광객들은 바지선이 에어버스 380의 거대한 날개를 싣고 브로턴의 공장 지대에서 디강을 따라 모스틴의 수심 깊은 항구로 이동하는 모습을 구경한다. 핍이 사는 마을은 체스터 서부와 인접해 있으며, 한때 로마인들이 런던에 앞서 수도로 정하려 했던 곳이라고 일부 역사가들이 주장하기도 한다. 체스터의 도시 방벽 안에서 살던 핍 테일러는 두 번째 기적을 부여받았다.

2012년 어느 늦은 봄 밤이었다. 핍과 친구들이 시내의 술집에서 시간을 보낼 때였다. 핍은 아는 남자와 대화를 나누고 있었다. 핍은 아는 사람을 우연히 만나 무척 기뻤다. 남자는 핍에게 키스하고 술을 더 주문하러 일어섰다.

그다음에 일어난 이야기는 2가지 버전이 있다. 먼저 남자의 관점에서 이야기해보자. 남자는 자기 잔에 500cc 남짓의 라거 맥주와 핍의 잔에 화이트 와인을 담아 바삭한 '치즈 & 양파' 과자 한 봉지를 들고 돌아왔다. 하지만 친구의 모습은 어디에도 없었다. 남자가 좋은 밤을 망쳤다고 생각했을지도 모른다. 하지만 그날 저녁 핍이 겪은 것에 비하면 아무것도 아니었다.

정확히 무슨 일이 일어났는지는 아무도 모른다. 핍의 기억은 분명하지 않다. 다만 친구들과 여동생, 길 건너편 술집 출입문 관리인의 이야기를 종합하면 어느 정도 그림이 맞춰진다. 다리를 풀 생각이었는지 자리에서 일어난 핍은 웃는 얼굴로 술자리를 벗어나 문 쪽으로 다가갔다. 그러더니 갑자기 정신을 잃고 바깥의 좁고 가파른 돌계단에 머리를 부딪치며 쓰러졌다. 그렇게 계단에서 굴러떨어지면서 머리 오른쪽이 계속해서 부딪쳤다. 처음 쓰러졌을 때만 해도 의식이 있었지만 바닥에 떨어졌을 때는 그렇지 않았다.

또다시 구급차가 달려왔고 핍은 또다시 입원했다. 그리고 심한 두통과 증상을 완화하는 약을 들고 집으로 돌아왔다. 그 와중에 치료를 맡았던 의사는 장기적 손상은 없을 것 같다고 말했다.

아무튼 추락 사고 이후로 시간이 지나면서 핍의 기분도 나아졌다. 거의 20년 전에 있었던 지주막하 출혈에서 많이 회복되었지만 그 때문에 의욕도 사라지고 늘 무기력하게 지내왔다. 이따금씩 어지럼증과 일시적 기억상실도 있었다. 그래서 쓰러졌는지도 모른다. 그녀의 말로는 이번에는 머리에 반복적으로 충격을 받아서인지 그동안 뇌출혈로 생긴 증상이 바로잡힌 듯하고 가을이 지나면서 기분도 훨씬 좋아졌다고 했다.

달라진 것은 그뿐이 아니었다. 사고 이후로 시간이 흐르면서 갈망이 일었다. 뇌가 회복되면서 흥분감도 느껴졌다. 스스로를 표현하고픈 충동도 느꼈다. 뜻밖의 일은 아니었다. 학교에 다닐 때 미술을 좋아했던 그녀는 스누피 만화를 제법 잘 그렸다. 하지만 재능이 그리 특별하지는 않아 미술 선생님은 다른 진로를 알아보라고 조언했다. 문제는 늘 눈이었다. 눈을 그리기가 어려웠다. 사람의 눈을 사실적으로 그리려고 해도 늘 만화 같았다.

미술 선생님의 조언을 기억하고 있었기에, 사고 후 몇 주가 지나면서 핍의 관심은 그림에서 나무 조각으로 바뀌었다. 그녀는 묵직하고 튼튼한 벤치 바이스를 사서 작은 정원에 있는 창고에 설치했다. 그로부터 3년이 지났지만 그 물건들은 사용하지 않은 채 자리만 지키고 있다. 목공예는 속도가 너무 느려서 재미가 없었다. 점토 공예도 마찬가지였다. 그러던 어느 오후, 핍은 연필과 메모지를 집어 들더니 스케치를 시작했다.

그림은 생각보다 좋았다. 스스로도 놀란 핍은 책 속의 사진을 보고 고양이를 그렸다. 그것도 괜찮았다. 무언가 달라졌다. 핍의 뇌가 변한 것이다. 재능, 기술, 완전히 새로운 능력이 생긴 것이다. 엄마에게 그림을 보여주자 엄마는 기적이라고 했다.

다음 그림은 핍이 쓰러지기 전에 그린 소녀의 얼굴이다.

그리고 다음 페이지의 그림은 사고 이후에 그린 것이다.

심리학자들은 핍 테일러를 후천적 서번트라고 한다. 그리고 핍 테일러 같은 후천적 서번트들의 정신적 위상 전이에 대한 사람들의 반응은 보통 2가지로 나뉜다. 하나는 경이롭고 경외롭고 신비롭다는 반응이며, 다른 하나는 믿을 수 없다는 반응이다. 반응이야 다를 수 있지만 회의론과 불신이 조금 더 일반적이다.

물론 핍이 우리를 속이고 있는지도 모른다. 원래 이런 능력이 있었는데 숨기고 있다가 기적적인 전이가 일어났다고 주장할 수도 있는 것이다. 게다가 우리는 그녀 스스로 밝히기 전까지는 그 사실을

입증할 방법이 없다. 내가 핍을 직접 만나려 했던 이유 중의 하나도 그 때문이었다.

나는 커피를 함께 마신 50대 초반의 친절하고 활달한 여성이 교묘한 사기꾼이 아니라고 장담할 수는 없다(핍의 어머니는 옆집에 살았는데, 딸이 월요일 아침 일찍부터 누구와 대화를 하는지 나무 울타리 너머로 머리를 내밀고 쳐다보았다). 하지만 그렇지 않아 보였다. 무엇보다 그런 속임수로 그녀가 얻을 것이 없었다. 그림을 파는 사람도 아니고, 그렇다고 자기 그림을 남에게 그냥 주는 것도 달가워하지 않았다. 게다가 그녀는 속된 말로 '관종'도 아니다. 내가 핍을 알게 된 것도, 그녀가 그림을 주제로 어느 뇌손상 자선단체와 나눈 대화 내용이 언론의 먹이사슬을 따라 지역신문에서 데일리 메일까지 다루었기 때문이다. 인터뷰 약속을 하고 집으로 찾아갔는데, 핍은 약속을 잊은 채 아직 자고 있었다.

머리에 충격을 받으면서 뇌 속에서 잇따라 위상 전이가 일어나 그림 실력이 향상되었다. 그렇다면 그 사고로 지능도 높아졌을까? 핍은 수학이나 기억력 같은 다른 정신 능력에서는 눈에 띌 만한 변화가 없다고 했다. 그리고 사고 전후로 IQ 검사를 한 적이 없기 때문에 향상 여부를 판단할 수도 없다. 하지만 몇몇 지표에서 보면 핍은 분명 조금 더 똑똑해졌다. 오랫동안 지능을 판단하는 데 활용된 기능 중 하나가 바로 그림이기 때문이다.

그림 천재는 얼마든지 만들 수 있다

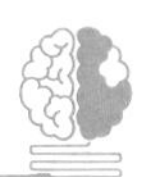

지난 수십 년에 걸쳐 심리학자들은 아동이 직접 그린 그림을 보고 정신적 발달을 시험했다. 팔과 다리(또 다른 부위)의 수가 실물과 흡사하고, 위치와 묘사가 정확할수록 높은 점수를 부여했다. 예를 들어 코는 폭보다 길이가 더 길어야 하고, 옷은 신체가 보이지 않아야 좋은 점수를 받았다. 그리고 속눈썹, 눈동자, 발가락, 엄지손가락, 수염, 치아, 헤어스타일 등 세밀한 묘사에 추가 점수를 줬다.

알프레드 비네의 정신연령 검사와 비슷하게 '사람 그리기'는 아동의 발달 단계를 평가하는 데 사용된다. 2세에서 5세 사이의 아동은 일반적으로 얼굴 위주로 그리며, 머리에 다리가 붙은 올챙이 모양으로 묘사한다. 그러다 팔이 몸통 중간에서 조금 위에 붙고, 손가락이 큼지막한 손이 등장한다. 4세부터는 허리와 같은 세부 묘사가 시작되고, 팔이 어깨 부위에 제대로 붙어 있지만, 다리는 보통 서로 떨어져 수평을 이룬다. 5세부터는 무늬와 장식이 특징을 이루고 목도 등장한다. 6세부터는 인물 주위에 다양한 색깔의 배경이 나타나고, 8세가 되면 어떤 동작을 하는 듯한 역동적인 장면을 그리기 시작한다.

이때부터 그림은 점차 난해해지며, 장식과 색상만으로는 그림을 돋보이게 하기 어렵다. 움직이는 인물은 팔다리를 굽혀야 하고 사물을 다루는 모습도 현실적이어야 한다. 자의식이 성장하므로 발달 단계의 핵심이 된다. 그래서 결과가 만족스럽지 않으면 그리다가 그만두는 아이들도 종종 있다. 반면 일부 아이들은 본능적인 기능을 의식적인 기술로 발전시키기도 한다. 또 다른 많은 아이들은 아예 우스꽝스럽게 그린다. 자신의 그림 실력을 잘 알기 때문에 일부러 비현실적으로 그려서 비판을 회피할 수도 있다. 몸통을 기괴하게 그리는 경우도 있다. 우스갯소리나 말장난을 써넣기도 한다. 이런 아이들은 예술적인 것이 아니라 영리하다는 칭찬을 받고 싶어한다.

인물 그림을 통한 지능검사에서는 스케치 점수를 그 또래 아동의 예상 점수와 단순 비교한다. 이 방식대로면 어린 나디아 초민의 지능은 차트를 아예 벗어난다.

그리기 검사에서 평균보다 현저히 낮은 수치는 그 아동의 지능도 그만큼 낮다는 신호이며, 오랫동안 사회적, 교육적으로 활용되어 왔다. 최근에는 수십 년 전에 비해 이 검사를 시행하는 경우가 줄었지만, 개발도상국을 포함한 일부 나라에서는 여전히 활용되고 있다. 심지어 성인의 학습 장애를 비롯한 정신장애를 확인하기 위한 지능검사에 이 방법을 적용하는 곳도 있다. 말하자면 그림 실력을 향상하기 위해 머리에 충격을 주거나 다른 여러 기법을 적용함으로써 지능도 향상할 수 있는지에 대해 논란이 있다는 뜻이다. 그리고 그리기 능력을 향상하기 위해 과학자들이 발견한 방법 중 하나가 뇌 전기 자극이다.

2013년 하버드 대학교의 과학자들이 밥이라는 전직 건축업자의 그리기 능력을 향상하기 위해 전기 자극을 시행했다. 밥은 뇌 좌측에 발생한 뇌졸중으로 어려움을 겪고 있었는데, 이런 자극이 뇌 활동에 일종의 변화를 초래하여 외상 이후에 새로운 능력을 '해방'시킬 수 있는지 알고 싶었다. 그래서 뇌 전기 자극기를 뇌 우측 전두엽 피질 위쪽 두개골에 부착했다. 그런 다음 밥에게 그림을 그리라고 했다. 전극으로 밥의 뇌를 실제로 자극하면서 그리기를 요구한 적도 있었고, 어떤 때는 말로만 자극한다고 하고 실제로는 아무런 자극을 가하지 않기도 했다.

다음은 밥이 전기 자극 없이 그린 그림이다.

그리고 다음은 전기 자극을 받은 상태에서 그린 그림이다.

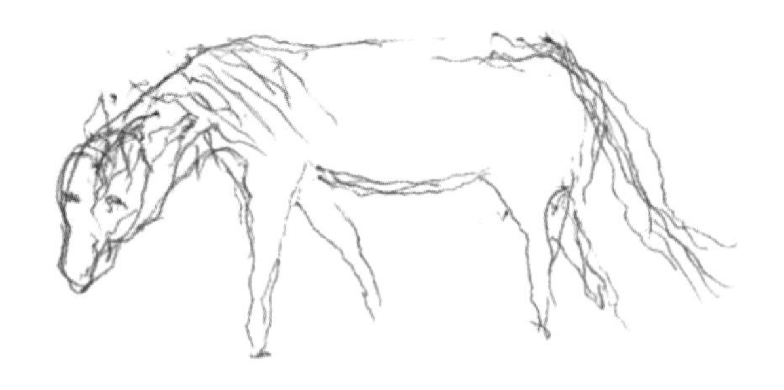

솔직히 어느 쪽도 인상적이지는 않다. 특히 나디아나 핍의 그림에 비하면 말이다. 하지만 밥은 한 장을 그리는 데 2분 30초밖에 걸리지 않았다. 과학자들이 밥을 너무 오랫동안 전류에 노출시키고 싶지 않았기 때문이다. 나디아와 폅은 그림을 그리는 데 몇 시간씩 걸렸다. 아무튼 중요한 것은 미술적 가치가 아니라 '이전'과 '이후'의 수준 차이가 또렷하다는 것이다.

밥은 집도 그렸다. 다음은 전기 자극 없이 그린 그림이다.

그리고 다음은 전기 자극을 받은 상태에서 그린 그림이다.

하버드 대학교의 과학자들은 이 그림들을 섞어서 11명의 동료들에게 나눠 주고 다음의 항목별로 1에서 10점까지 점수를 매기라고 했다.

- 창의성 : 상상력이나 독창적인 아이디어를 활용했는가?
- 화법 : 2차원 평면 위에 견고한 사물을 표현했는가?
- 미학 : 아름다운가, 또는 아름다움을 인식하고 있는가?
- 현실성 : 상상이 아니라 실제 사물을 표현했는가?
- 정확도 : 꼼꼼하며 실수가 없는가?

전기 자극을 가했을 때 그린 그림의 점수가 훨씬 높았다. 다시 말해 밥이 미술적 천재가 된 것은 아니지만, 연구 결과만 놓고 보면 전기 자극의 효과가 상당한 것은 분명하다.

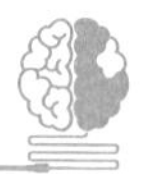

후천적 천재들

이런 식으로 뇌가 변화하는 과정에서 어떤 일이 일어나는지, 그것이 핍 테일러 같은 서번트들에게 어떤 형태로 나타나는지, 그것이 모든 사람들의 정신적 위상 전이와 인지 향상에 어떤 도움을 줄 수 있는지, 이 모든 것을 이해하기 위해서는 또 하나 고려할 것이 있다. 2014년 인공지능 개발에 몰두하던 이스라엘과 미국의 컴퓨터 과학자들이 자극적인 의문을 제기했다. "똑똑하다는 말을 들으려면 얼마나 많은 정보를 생략해야 하는가?"

일반적으로 사실적인 지식을 많이 알수록 지능이 좋다고 간주하지만, 과학자들은 고차원적인 추상화를 위해 일부 지식을 무시할 수 있는 것이 진정한 지능이라고 주장했다. 그들이 말하는 인식은 범주화의 개념으로 구체적인 요소를 어느 정도는 버릴 수 있다는 의미다. 그렇다면 구체적 범주 체계와 추상적 범주 체계의 차이는 무엇일까? 추상화와 범주화에는 'two,' '2,' 'Ⅱ,' 'ⅱ,' 'deux' 등을 모두 같은 의미로 인식한다. 그러나 구체명사(구체적인 모습을 갖춘 물건을 나타내는 명사)의 관점에서는 같은 페이지에 표시된 기호의 순서와 형태를 제각기 다르게 받아들인다.

아동의 뇌가 발달하면서 구체적 사고에서 추상적 사고로 옮겨 간다. 예를 들어 고양이마다 가지고 있는 특성을 무시하고, 개와 구분되는 특징만으로 범주화한다. 이렇게 하지 않으면 우리의 뇌는 수렁에 빠지고 말 것이다. 온갖 고양이와 개에 관한 세부 정보뿐 아니라 수많은 구체적인 예들을 모두 기억하려 할 것이기 때문이다. 따라서 고양이의 기본값만 기억하다가 필요하면 특정 종류의 고양이로 확대하는 것이 훨씬 수월하다. 구체적 세부 정보를 생략했다고 해서 잊어버린 것은 아니다. 이 정보는 기억 은행에 저장되어 있다가 필요할 때 사용한다.

많은 서번트들은 정신적 위상 전이를 실현하는 과정에서 이 생략된 구체적인 세부 정보에 접근할 수 있는 것으로 보인다. 하지만 그 대가로 추상적 사고와 개념으로 처리하는 능력을 상실한다. 즉, 세상과의 교류를 돕는 'P-FIT(두정엽-전두엽 통합이론)' 정신 회로를 활용하지 못하는 것이다. 자폐에서도 이와 비슷한 교류가 일어난다. 자폐증 뇌의 기능 방식을 설명하는 가장 일반적인 이론을 '약한 중앙응집성 이론the weak central coherence'이라고 부른다.

약한 중앙응집성 이론에 따르면, 자폐증을 지닌 사람들의 뇌의 재배선은 장소와 사물 같은 구체적인 세부 정보를 추상 개념으로 전환하는 고차원적 처리를 수행할 수 없다. 이런 의식 구조를 가진 사람은 달리기나 수영하는 방법은 쉽게 설명할 수 있지만 왜 그래야 하는지는 설명하기 어렵다.

그림과 미술은 추상과 구체적인 세부 정보의 차이를 가장 극명하게 보여준다. 후천적 서번트의 한 부류로서, 알츠하이머에 비해 상대적으로 드문 퇴화 상태인 전측두엽 치매를 가진 사람들이 있다. 전측두엽 치매는 다른 치매에 비해 비교적 이른 나이에 시작되며 언어와 계획, 의사 결정, 행동 등을 제어하는 뇌의 전측두 영역에 문제가 생긴 것이다. 이 뉴런들과 그 사이의 연결 고리들이 침습성과 독성, 점성을 띠는 단백질 덩어리에 서서히 중독되면서 생명력을 잃고 기능도 시들어버린다.

전측두엽 치매 환자들은 말하고 이해하는 능력을 상실하는 경우가 많으며, 다른 사회적 기능이 유년기 상태로 퇴화된다. 그러나 그들 역시 한두 가지 뛰어난 정신 능력을 보여준다.

메이비스라는 여성은 8개 국어를 구사하고 브리지 게임 실력도 프로 수준이었다. 메이비스는 64세에 처음 치매 증상을 발견했고, 68세 때는 IQ 검사를 통해 뇌의 일부 영역이 다른 영역에 비해 퇴화했음을 확인했다. 수리 능력은 뛰어났지만, 들려준 단어를 하나도 기억하지 못했다. 일반 지식도 잊어버리고 기본적인 질문에 답하기도 어려웠지만 여전히 체스는 할 수 있었다.

몇몇 특별한 치매 사례에서는 환자의 뇌가 퇴화하는 과정에서 새로운 능력이 나타나기도 한다. 전측두엽 치매 환자는 그림을 그리고 싶은 강한 충동을 느끼고는 치매 이전에는 전혀 보이지 않던 서번트 기능을 드러낸다.

신경학자 브루스 밀러는 샌프란시스코의 한 병원에서 치매 환자 집단을 대상으로 전이 과정을 연구했다. 뇌의 전측두 영역이 손상되면 오른편의 활동이 폭발적으로 늘어날 것이라는 그의 믿음은 뇌 스캔을 통해 증명되었다. 그리고 왼편의 활동이 무기력해지고 그 역할을 오른편이 대신하면서 그림도 추상적이거나 상징적이기보다는 명확하고 사실적인 특징을 띠었다.

다시 말해 치매 환자들은 추상적 범주화에서 특징적이고 구체적인 세부 요소로 전환된 것이다. 그림을 그리는 기술은 능숙했지만 접근 방식은 제한적이었다. 일반 미술가들이 개념적 또는 추상적으로 묘사한 작품과는 달랐다. 실제로 저명한 미술가들 중 치매를 앓고 이와 유사한 경향을 보인 사람들이 있다. 추상적 형태에서 벗어나 풍경이나 인물 및 동물의 초상을 상투적 이미지로 그리는 경우가 많았던 것이다.

뇌의 재배선이 이런 화법의 변화를 뒷받침한다는 사실을 입증하는 사례도 있다. 2014년 일본의 과학자들이 60대 중반에 뇌출혈을 앓은 JN이라는 이름의 퇴직한 사무직 노동자를 연구했다. 그림 그리기를 좋아했던 JN이 뇌 손상 이전에 마지막으로 그린 그림은 아내의 초상화였다. 그는 전측두엽 치매 환자와 동일하게 좌측 전전두엽이 손상되었는데, 과학자들은 그의 화법에 어떤 변화가 생겼는지 확인하고 싶었다.

1년 뒤 누구로부터 어떤 지시도 받지 않은 JN이 자연스럽게 다시 붓을 들었다. 다시 아내의 초상화를 그리기로 한 그는 눈에 보이는 대로 붓을 움직였다. 미술에 비전문가인 연구원들이 보기에도 과거보다 훨씬 사실적이고 살아 있는 듯한 느낌이었다.

그림을 평가하기 위해 도쿄 국립미술음악대학교의 전문가 27명을 초청했다. 과학자들은 이유나 상황에 대해 아무런 설명을 하지 않고 몇몇 기준에 따라 그림을 평가하고 점수를 매기라고 했다. 평가 결과는 과학자들의 첫 느낌 그대로였다. 뇌 손상 이후의 그림에 대해 사실주의와 기술적 요소에서 높은 점수를 주었지만, 미학과 연상 효과는 반대였다. JN의 뇌가 추상적 처리에서 구체적 처리로 전환된 것이다.

그의 뇌 혈류를 스캔했더니 우측 두정엽 뒷부분이 더 활성화되어 있었다. 과학자들은 JN의 왼쪽 전전두엽이 손상되면서 다른 영역에서 보상 활동이 늘어났다고 설명했다. 뇌 왼쪽의 방해가 사라지니 열쇠는 오른쪽으로 넘어간 것이다.

추상적인 정보와 구체적인 정보의 차이를 드러내는 또 다른 서번트 사례가 있다. 단독으로 들려준 음표를 구분하는 '완벽한' 또는 절대적인 음감 능력이다. 절대 음감을 가진 사람은 1만 명 중 1명에 불과하며 가르칠 수도 없다고 한다. 대부분의 음악가들, 특히 천재 음악가들조차 이 능력을 갖고 있지 않다. 그들의 경우 '도'를 들려주고 '도'라고 알려주면, 그다음에 이어지는 '솔'이나 '미', '파' 등 어떤 음표든 정확히 가려낸다. 하지만 처음에 '도'라는 것을 알려주지 않으면 절대 음감이 없는 사람들은 음의 높낮이를 구분하기 힘들다.

하지만 우리 모두는 절대 음감을 위한 정신적 장치를 분명히 갖추고 있다. 소리를 들으려면 그 소리를 구성하는 모든 요소들의 주파수를 분석하고 식별해야 한다. 생리학적 의미에서 보면 우리의 뇌가 440헤르츠 주파수의 소리를 음표 '라'로 식별할 수 있어야 한다는 뜻이다. 이것은 660테라헤르츠의 빛을 '파란색'으로 식별하는 것과 비슷하다. 즉, 우리 대부분은 이렇게 할 수 없거나 하지 않는다.

그 이유는 개별 소리들의 정보를 무시하는 대신 다양한 모든 음표들의 결합에 치중하기 때문이다. 또 그것이 무언가를 들을 때 우리가 가장 중요하게 고려하는 측면이기도 하다. 이와 반대로 절대 음감을 지닌 서번트들은 가공되지 않은 원시 데이터, 즉 소리의 주파수에 따른 구체적인 정보를 직접 받아들인다.

자폐를 지닌 사람들의 일부가 형광등을 바라볼 때도 이와 비슷하다. 보통 사람들은 전체적인 모습을 바라본다. 반면 구체적 처리에 특화된 뇌를 가진 사람은 형광등이 초당 120회 깜빡이는 것을 볼 수 있으며, 일부 자폐증 환자들이 방향 감각에 취약한 이유도 그 때문이다.

공감각은 초능력인가?

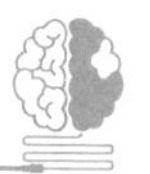

뇌의 추상적인 정보 처리 과정이 구체적인 정보 처리로 전환되면 고차원적 서번트 인지 능력을 촉발할 수 있고, 나아가 신경강화를 향한 길을 제시할 수도 있다는 발상을 뒷받침하는, 특별한 정신 능력을 지닌 또 다른 집단도 있다. 이런 사람들도 서번트처럼, 보통 사람들에게는 없는 특별한 인지 장치를 가진 것으로 보인다. 그들은 서로 다른 감각으로 이루어진 입출력 정보를 뒤섞어버리는 공감각을 갖고 있다. 공감각을 지닌 사람들의 일부는 소리를 보고 색깔을 듣는다. 이런 현상은 이미 잘 알려져 있으며 많은 관심을 받아왔다.

하지만 잘 알려지지 않은 공감각 유형도 있다. 시간의 흐름을 물리적으로 바라보는 사람들이다. 누구든 어느 정도는 이렇게 하고 있다. 책읽기와 글쓰기를 왼쪽에서 오른쪽 방향으로 진행하는 문화권에 사는 사람들은 시간도 같은 방향으로 흐른다고 생각한다. 누군가에게 지난주에 무슨 일을 했는지 물어보면 대체로 왼팔을 흔들어댈 가능성이 높다. 반면 미래에 일어날 일은 주로 오른손으로 표현한다. 여러 과학 실험에서도 주초나 연초를 신호로 표현하라고 했더니 왼손을 주로 사용했고, 주말이나 연말을 표현할 때는 오른손을 사용했다. 미국의 어린이들은 식사처럼 시간과 관련된 개념을 왼쪽에서 오른쪽(왼쪽은 아침, 오른쪽은 저녁) 순서로 표현하고, 아랍어를 사용하는 어린이들은 오른쪽에서 왼쪽으로 표현한다.

우리는 작은 숫자를 왼쪽으로 시각화하는 경향이 있다. 의식의 눈에는 상상의 선이 있다. 시간과 숫자를 비롯해 여러 연속체들이 이 선에 걸린다. 심리학자들은 추상적 개념을 구체적 표현으로 구상화하는 과정이라고 말한다. 지능의 측면에서 구체적 사례를 추상적 개념으로 범주화하는 것과는 정반대 과정이다. 이 방식에서는 뇌 속의 시간 개념을 시계의 숫자와 같은 개별적이고 구체적인 단위로 바꾼다. 이처럼 구체적인 처리 과정을 통해, 흐르는 시간을 하루와 시간, 분 단위로 헤아릴 수 있다. 이렇게 시간을 세분화하는 감각이 바로 공감각을 지닌 사람의 특징이다.

가장 놀라운 것은, 공감각을 지닌 사람들이 상상의 시간 선을 의식적으로 인지한다는 것이다. 그들은 의식의 눈을 통해 또는 몸을 회전하거나 휘감고 있는 형태로, 삼차원 공간에서 상상의 시간 선을 명확하게 시각화한다. 건축가들이 머릿속으로 건물을 설계하듯이(창은 이쪽으로 설치하고, 이쪽 지붕은 각도를 다르게 하고) 공감각을 지닌 사람들도 시간을 공간적으로 구성한다(이른 아침은 저쪽으로, 늦은 오후는 조금 위로). 이상하게 들릴지 모르지만, 시공간 공감각을 가진 사람에게는 시간을 시각화하지 않는 것이 도리어 이상하다. 시간의 시각화는 다양한 유형의 공감각을 가진 사람들에게서 발견되는 공통적인 특징이기 때문이다. 따라서 공감각을 지닌 사람들은 다른 사람들이 세상을 경험하는 방식이 자신들과 전혀 다르다는 사실을 깨닫고 (인생의 막바지에 이르러서야 깨닫는 사람도 있다) 소스라치게 놀라기도 한다.

시간의 구체적 시각화는 이미 오래전 1880년경에 초창기 지능 연구자였던 프랜시스 골턴(추악한 지도와 우생학 아이디어를 낸 사람)도 언급한 바 있다. '당시에 크게 인기를 끌던' 수리천문학자가 골턴에게 말했다. "1, 2, 3, 4 등의 숫자들이 일직선으로 늘어서 있고, 나는 그 옆에 약간 떨어져 있습니다. 숫자가 내게서 점점 멀어지기 때문에 내가 명확히 볼 수 있는 가장 멀리 떨어진 숫자는 100입니다. 100은 거무스름한 회색빛이고, 나에게서 가까울수록 색깔은 옅어집니다. 최대 200까지는 크기가 불규칙적입니다. 10자리마다 털뭉치가 있고요."

에든버러 대학교의 최근 연구에서는 시공간 공감각이 단순히 지적 호기심을 넘어선다고 주장한다. 공감각은 인지적 장점이 될 수 있으며, IQ 검사에서 일부 질문 유형과도 관련이 있다. 바꾸어 말하면 공감각이 높을수록 지능도 높을 수 있다는 의미다.

에든버러 대학교의 한 연구에서 10명의 공감각을 지닌 사람들이 시간 인지 검사에서 다른 사람들보다 일관되게 높은 점수를 얻었다. 예를 들어 20세기에 주요 사건들이 발생한 해, 아카데미 수상작이 개봉된 때, 크리스마스 노래가 처음으로 울려 퍼졌을 때 등을 파악하는 문제에서 탁월한 능력을 보였다. 그들의 뇌가 시간과 그 흐름에 특화되어 있음을 감안하면 그리 놀라운 일이 아닐 수도 있다. 그러나 이 연구에서는 공감각의 이점이 생각보다 크다는 것을 보여준다.

또한 과학자들은 공감각을 지닌 사람들에게 실제 사물이나 3D 공간에서 가상의 사물을 조작하는 공간 능력도 측정했다. 복잡한 모양의 이미지를 보여주고, 나무 블록을 한 손만 써서 그 모양대로 구성해보라고 했다. 총과 나팔 같은 사물을 다양한 각도로 배치하여 실루엣만 보여주고 무엇인지 알아맞히도록 했다. 또 블록을 조합한 형태를 회전시키면 어떤 모양이 될지 파악하는 시험도 했다. 이 모두에서 공감각을 지닌 사람들은 보통 사람보다 월등히 나은 점수를 얻었다.

공감각을 지닌 사람들의 정신 능력은 지금까지 살아온 과거의 세세한 부분들을 상기할 때 더욱 두드러졌다. 과학자들은 개인별로

5세부터 검사하기 3년 전까지 일정한 간격으로 연속해서 햇수를 제시한 다음 기억할 수 있는 최대한 많은 내용을 기록하라고 요구했다. 그리하여 1년당 1분씩 시간을 주고 그 당시에 어떤 일을 했는지, 친구는 누구였는지 등을 기록하라고 했다. 검사 대상자들의 연령이 대부분 30~40대였으니 이삼십 년 전의 일들을 떠올려야 했다.

공감각을 지닌 사람들 모두 놀라운 점수를 받았는데, 특히 이안이라는 32세의 남자는 과학자들을 어이없게 만들었다. 9년 동안의 기록에서 공감각을 지닌 사람들이 써낸 사건의 수는 평균 74개로 '보통' 사람들보다 2배 더 많았다. 하지만 이안이 적어낸 사건은 무려 123개였다.

에든버러 대학교의 과학자들은 이안의 점수를 그대로 받아들이기 어려웠다. 그래서 이안이 여동생과 이모, 약혼녀와 보낸 시간 동안 떠올린 기억들을 일일이 검증했다. 이안이 떠올린 사건들은 모두 사실이었다.

지금까지 논의한 사례들, 즉 자폐성 서번트와 치매 환자, 공감각을 지닌 사람들은 모두 인간의 뇌가 일반지능에서 얼마나 벗어날 수 있는지를 입증한다. 하나의 정신 능력이 발현되면 나머지를 전부 가려버릴 수도 있다.

이런 불균형은 뇌의 소통 방식, 신경 경로의 선택, 연결 영역 등에 기인하는 것으로 보인다. 병으로 인한 뇌 손상이나 특이한 발달이 일반적인 뇌 상태를 특이하게 바꾼다. 그리고 무엇보다 중요한 것은 신체의 손상과 질병 없이도 이런 긍정적인 효과를 충분히 이끌어낼 수 있다는 사실이다.

12장

내 안의 천재성

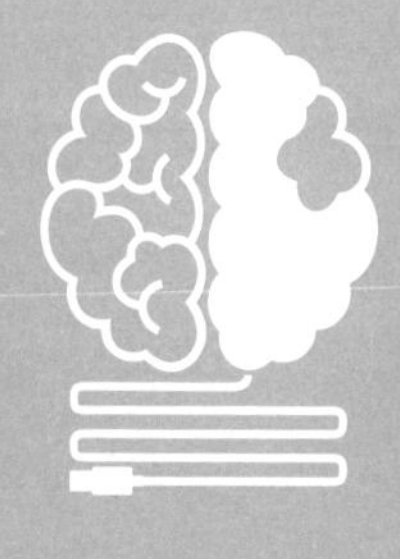

the
genius within

지난 1세기 동안 의사들은 서번트의 놀라운 재능이 보통 사람들에게는 미지의 세계라고 생각했다. 서번트는 그저 그렇게 태어났다는 것이다. 그러나 치매 환자를 비롯한 일부 사람들의 뇌 위상 전이는 그렇지 않을 수도 있음을 보여준다. 그들의 변화는 뇌의 일부 기능이 차단되면서 생겼다. 그처럼 놀라운 방식으로 그림 그리는 법을 배운 적이 없으며 그 능력은 내부에서 '해방'되었다. 후천적 서번트의 뇌 스캔을 보면, 작동하지 않던 뇌 영역이 갑자기 활동하는 것도 아니고, 사용되지 않던 90퍼센트의 뇌 중 어느 한 부분에 그 비밀이 담겨 있는 것도 아니다. 우리의 뇌 속 장치는 엇비슷하다. 그저 사용하는 방법이 다를 뿐이다. 그리고 신경강화를 통해 이 숨은 뇌 장치가 그림을 그리는 일보다 훨씬 많은 역할을 할 수 있다. 머리에 '탕' 하는 순간 더 많은 서번트 기능이 해방될 수도 있다.

열 살 소년 올랜도 세럴은 친구들과 야구를 하다가 1루로 질주하던 도중에 갑작스런 통증을 느끼고 바닥에 쓰러졌다. 수비수가 던진 딱딱한 야구공이 올랜도의 머리 왼쪽(이번에도 왼쪽이다)을 강타한 것이다. 그날 이후로 소년의 삶은 달라졌다. 절대 잊을 수 없는 사건이었다.

올랜도는 몇날 며칠 심한 두통을 앓았고, 통증이 가라앉으면서 기억력이 몰라보게 좋아졌다. 사고 이후 하루하루의 날씨와 세세한 일들까지 뚜렷하게 기억했다. 게다가 어느 날짜를 제시하든 요일을 정확히 맞혔다.

사고 이후의 변화는 지금까지도 지속되고 있다. 어떤 날짜를 제시하든 1979년 8월 17일(금요일) 사고 이후라면 즉각 요일을 맞히고 잠시 기억을 더듬다가 날씨까지 대답한다. 이것은 '달력 셈법'이라고 불리는데, 올랜도는 이 능력을 바라지도 않고 발휘하려고 애쓰지도 않는다고 한다. 그 많은 정보를 어떻게 기억하는지 스스로도 알지 못하며 그냥 떠오른다는 것이다. 세세한 내용을 따로 학습하거나 배운 적도 없지만, 지난 달력과 일기예보를 찾아보지 않아도 된다고 한다.

미국의 루이스라는 여성도 있다. '해 질 녘 꽁꽁 언 눈더미를 덮은' 슬로프 위로 스키를 타던 루이스는 엎어지면서 쇄골이 부러지고 머리에도 큰 충격을 받았다. 이 사고로 중간 수준의 뇌진탕 진단을 받았는데, '이후 몇 주 동안 무언가 이상해졌다'고 했다. 너무 많은 것을 기억하게 된 것이다. 한 번 가본 적 있는 건물의 평면도(방,

현관, 복도 등 전부)를 너무나 세세하게 기억하고 재구성할 수 있게 되었다.

"하지만 이 능력은 정적인 공간에만 해당됩니다. 리틀록과 텍사캐나 사이의 530번 도로에 있는 휴게소 자동판매기 안에 무엇이 있는지 말할 수 있습니다. 거기 갔을 때 그 안에 뭐가 있었는지 기억하고 있으니까요. 하지만 유감스럽게도 열쇠를 어디에 뒀는지는 기억하지 못할 때가 많습니다. 열쇠는 늘 같은 자리에 있는 게 아니니까요."

이런 예들은 패턴이 있다. 즉, 특정 형태의 뇌 손상은 뇌를 재배선하고 구체적 정보를 중심으로 처리한다. 그런데 이런 뇌 손상은 새로운 무언가, 이를테면 몇 년 전 뇌에 저장된 구체적인 세부 정보(전혀 의식하지 않는 정보)를 상기하는 능력도 유발한다. 이런 정보는 무의식 속에 감춰져 있으며, 정신적 위상 전이의 비밀을 제공하는 것처럼 보이는 것은 잠재의식이다.

건물의 평면도를 기억하는 것, 오래전의 날씨를 알아맞히는 정확한 기억, 이 모든 것이 가능한 이유는 지식과 상관없이 뇌 어딘가에 정보를 쌓아두었기 때문이다. 그러다 머리에 충격을 받으면서 저장소가 열리고 그 속에 들어 있던 내용이 쏟아져 나온다.

사람은 누구나 구체적인 정보를 축적해두는 저장소를 갖고 있다. 이름, 얼굴, 혀끝에 맴도는 십자말풀이 정답 등 구체적인 정보는 꼭 다른 무언가를 생각할 때 떠오른다. 잠재의식이라는 말이 신비롭게 들리기도 하지만, 뇌가 정보를 저장한다는 점에서는 특별할 것이 전혀 없다. 그러다 긴급하게 대처해야 하는 상황에서는 의식적으로 주의력을 가동한다.

잠재의식 속에 묻혀 있는 구체적인 정보 중 곱셈표나 전쟁 날짜, 생일 등 일부는 학습한 것들이다. 하지만 일부는 인식 과정을 거치지 않고 감각에서 잠재의식으로 곧바로 이동한다.

우리의 감각은 수많은 광경과 소리의 공격을 끊임없이 받으며, 그 속에서 살아남고 성장하기 위해서는 모든 동물의 뇌가 그 자극들을 여과하여 필요 없는 것은 버리고 중요한 것들만 기억해야 한다. 이 과정은 즉각적으로 이루어지지 않으므로 뇌는 정보를 저장하는 한편 분류하는 방법을 습득해야 한다. 이것이 감각 기억이다. 감각 기억은 보통 무언가를 몇 초 동안만 기억한다. 가장 대표적인 사례가 아이들이 원을 그리며 불꽃놀이를 할 때 생기는 동그란 불꽃들이다. 불꽃이 지나간 자취는 더 이상 그 자리에 남아 있지 않다. 그저 감각 기억으로 잠깐 남아 있을 뿐이다. 감각 기억에 담긴 정보는 대부분 의식하지 못하고 그대로 폐기된다. 하지만 루이스와 올랜도의 경험으로 보면 그중 일부가 쌓여 있다가 재생될 수 있다.

뇌에 충격을 가해 잠재의식을 깨우는 방법과 과학자들이 지능과 인지 능력을 향상하는 방법을 주제로 책을 쓰고 있다고 말하면, 사람들은 한결같이 사고를 당한 뒤 깨어나면서 외국어를 구사하게 된 사람들 이야기를 한다.

안타깝게도 이런 것은 불가능하다. 뇌의 특별한 능력은 현실과 개인적 경험에 뿌리를 두고 있다. 외국어처럼 과거에 알지 못한 세부 지식과 전문성이 그 사람의 뇌에서 스스로 발현되거나 이식될 수 없다. 공부한 적이 없는데 뇌에 충격을 가한다고 해서 러시아어를 유창하게 할 수는 없다. 느닷없이 헬리콥터를 운전하는 능력이 생길 수 없는 것처럼 말이다.

그렇지만 러시아어를 말하는 것처럼 들릴 수는 있다. 그런 사람들이 구사하는 것은 외국어가 아니라 이국적인 억양이다. 이처럼 특이한 변화는 1세기 전에 프랑스의 신경학자 피에르 마리가 뇌졸중 환자를 만나면서 확인되었다. 파리 출신의 이 환자는 뇌졸중을 앓은 이후로 마치 알자스 지방 사람처럼 말하기 시작했다. 그 후로 영국인처럼 '상류층 말투'를 쓰는 미국인부터 친구들에게 중국어 억양을 구사하던 포츠머스 출신의 여성에 이르기까지 비슷한 보고 사례는 10건도 넘는다. 이런 현상을 '외국어 억양 증후군'이라고 부른다. 언론에서 다루는 신비로운 이야기와는 달리 실제로는 간단히 설명할 수 있다.

해답은 새로운 억양이 나타나는 이유가 아니라 방식이다. 신경과학자들과 언어학자들은 이런 억양을 언어 장애의 일종이라고 한다. 뇌졸중 이후에 종종 그렇듯이, 언어 장애가 나타나면 말이 어눌해지거나 끊어지기도 한다. 어떤 경우에는 소리의 높낮이와 리듬, 세기 등의 변화가 미약하고 일정해서 기존의 억양처럼 들릴 수도 있다. 그러나 이것은 전적으로 우연의 일치다. 외국어처럼 들리는 것은 우리의 뇌에서 그렇게 받아들이는 것이지 말하는 사람의 뇌에서 일어나는 것이 아니다.

관련 증후군에서 회복 중인 사람이 특이한 언어를 쓰기 시작하는 경우도 마찬가지다. 말하는 사람은 그 언어를 이미 알고 있으면서도 한동안 사용하지 않았기 때문에 주변 사람들은 새로운 언어를 구사하는 것을 보고 '당황하거나' 그 사람이 쏟아내는 생소한 어휘를 이해하지 못하는 것이다.

외국어를 구사하는 새로운 능력 때문에 주의가 분산될 수도 있지만, 이처럼 뇌 속의 변화로 우리의 잠재의식에서 발현되는 특별한 능력이나 감각, 행동 등에 관한 사례는 매우 다양하다. 그중 일부는 지능을 발견하고 접근하는 방식에 대한 단서를 제시한다. 이런 경우를 '경험 효과'라고 부른다. 우리 대부분은 이처럼 착각한 경험들이 있다. 경험 효과의 가장 잘 알려진 사례는 아마도 데자뷰일 것이다.

영적, 종교적 경험을 홍보할 목적으로 이 경험 효과를 이용하는 경우도 있다. 그러나 '관찰과 경험을 통해 배운다'는 '경험적'의 사전적 의미를 고려하면 과학자들이 어떤 생각을 하고 있는지 짐작할 수 있다. 가끔 오래된 기억과 감각처럼 뇌의 저장소와 데이터 창고 한구석에 자리하던 것들이 의식의 전면으로 밀려나기도 한다. 이 저장소에는 우리가 보고 행동하고 생각한 모든 것들이 담겨 있다는 점을 감안하면, 가장 평범한 삶에서 추출해낸 경험 효과일지라도 더러는 아주 기이할 수도 있다. 경험 효과의 가장 구체적인 사례가 임사 체험이다.

임사 체험은 순수 심리학이 종교와 뒤섞여 오용되는 사례다. 생명이 위독한 사람이 수술 중에 천사를 보고 회복했다는 이야기가 있다. 천사가 실제로 존재한다고 믿는 사람들은 이런 이야기에 매료된다.

임사 체험은 무시되거나 유신론으로 이해되기도 한다. 빛의 터널, 사망한 친척들의 목소리, 적막한 느낌 등 무신론자들은 눈 하나 깜박하지 않을 이야기들을 죽음의 문턱에서 돌아온 사람들은 천국의 모습을 어렴풋이 보았다고 주장한다.

하지만 종교적 해석을 배제하면 많은 이들의 임사 체험이 꽤 합리적으로 들린다. 특히 임사 순간 뇌에서 펼쳐지는 혼돈이 그렇다. 실제로 임사 순간을 표현하는 상투적인 말도 있다. "눈 깜빡할 사이에 제 삶 전체가 스쳐 지나갔어요."

19세기 스위스의 지질학자 앨버트 하임이 등산 도중 심한 낙상을 당한 적이 있다. 그 순간 죽음이 임박했다고 확신했던 그는 훗날 이런 말을 했다. "살아온 날들 전체가 눈앞의 무대처럼 여러 장의 그림으로 펼쳐졌습니다. 그 공연의 주인공이 바로 나였지요."

과학자들은 이것을 '생애 회고'라고 부른다. 사람들이 임사 체험 이야기를 할 때 빠지지 않는 것이 생애 회고이며, 주로 영화나 연속 사진 혹은 한두 장의 깜빡이는 장면으로 나타난다. 사건은 시간의 흐름을 좇아가거나 거꾸로 진행하여 유년기에서 끝맺을 수도 있다. 임사 체험에서 생애 회고는 기억의 변덕이며 구체적 사건과 직결된 의식이 갑작스럽게 복구되는 것이다. 가끔은 실제 사건이 일어나고 몇십 년이 지난 후에 처음으로 떠올리는 기억도 있다.

지능을 깨우는 뇌의 섬광

흥미로운 점은, 간질이 있는 사람들이 발작을 일으키기 전 뇌에서 전기 활동이 증가하는 이른바 '전조' 증상과 이 생애 회고가 유사하다는 사실이다. 이런 기억의 섬광들이 두려운 이유 중 하나는 그 기억이 어디에서 오는지 알 수 없기 때문이다. 어느 간질 환자는 발작 이후에 닥쳐오는 상황을 이렇게 표현했다.

> 낯선 기억의 섬광들이 며칠간 계속되었습니다. 지금 하는 행동이나 말, 생각과도 전혀 관련 없는, 어떤 때는 아주 먼 옛날의 무차별적인 기억들이 3초짜리 동영상처럼, 어디에서 왔는지조차 모르는 채 머릿속에서 깜빡입니다.

또 다른 환자는 독특한 기억이 떠오르면 발작이 다가오는 신호라고 말한다.

> 2학년 점심 때 〈브래디 번치〉(1970년대 미국 시트콤－옮긴이)나 〈젯슨 가족〉(1960년대 미국 애니메이션－옮긴이)의 주제곡과 피자 냄새가 뒤섞이면 나는 그 자리에 쓰러집니다. 빛의 일그러짐, 피터 브래디(〈브래디 번치〉의 등장인물－옮긴이), 선생님들의 목소리가 들립니다. 피자 맛이 입에 가득하고, 나는 몸의 한쪽이 널빤지처럼 뻣뻣해집니다. 속은 롤러코스터를 탄 것처럼 뒤집어지고 숨을 몰아쉬며 흐느적거립니다. 그러다 세상이 깜깜해집니다. 내가 어렸을 때, 주로 2학년 때, 눈앞에 깜빡이는 이미지가 보이면 나는 선 채로 졸음이 쏟아집니다……기억이 감정을 바꿔놓기도 합니다. 깊은 슬픔, 할머니의 장례식, 마치 그곳에 있는 것처럼. 행복도 그렇습니다.

간질 환자의 기억과 이미지의 복구가 이처럼 임의로 이루어지는 것만은 아니다. 과학자들은 전기 자극으로 이를 촉진하는 방법을 찾아냈다.

간질 시술 요법 중 하나는 뇌 속 깊이 얇은 선을 연속으로 이식하는 것이다. 이 선들이 소량의 전류를 주변 세포조직으로 흘려보낸다.

필라델피아의 신경과학자들이 30대 환자의 두개골 외부에 전도패드를 부착하고 뇌를 자극하기 위해 스위치를 켜자 환자가 이렇게 말했다. "고등학교 때 일이 떠오르네요……왜 갑자기 이런 기억이 튀어나오는 거죠?" 2주일 뒤에 환자가 다시 왔을 때도 그랬고, 이후로 그 남자의 뇌에 전류를 흘려보낼 때마다 같은 반응이 나타났다.

볼티모어 존스 홉킨스 병원의 뇌 외과의사들도 간질 환자 한 명을 치료하면서 이와 비슷한 경험을 했다. 과학자들은 이 환자의 머리에 설치한 전극의 위치에 따라 4가지의 기억 유형 중 하나를 의식하게 할 수 있었다. 한 쌍의 전극은 그가 어렸을 때 보았던 TV 프로그램 〈고인돌 가족 플린스톤〉의 주제곡을 떠올리도록 유도했다. 다른 한 쌍은 필라델피아 필리스 경기를 중계하던 야구 해설가 리치 애시번(1997년 사망)을 상기시켰고, 또 다른 쌍은 환자가 이름을 기억하지 못하는 어느 여성 가수의 친숙한 목소리가 들리게 했다. 그리고 마지막 쌍은 록밴드 핑크 플로이드의 노래 '위시 유 워 히어Wish You Were Here'의 강렬한 기억을 유발했다.

이것은 일회성 경험이 아니다. 프랑스 남부의 과학자들이 시행한 대규모 연구에서는, 1990년대 초반과 중반에 뇌 자극을 시술한 180명의 간질 환자들 중에 16명이 또렷한 기억과 더불어 연구자들이 '꿈의 상태'로 규정한 부작용도 경험했다고 설명했다. 그들이 떠올린 기억들 모두 환영받을 만한 것들은 아니었다. 한 여성은 열네 살에 편도선을 앓을 때 마취에 사용한 가스 마스크의 기억을 반복해서 떠올렸다. 검은 옷을 입은 대머리 남자가 다가오는 모습을 바라보며 죽을지도 모른다고 생각했던 기억이었다.

지난 10여 년 동안 정신의학자들과 신경과학자들은 더 다양한 상황(측좌핵처럼 DIY 뇌 자극의 범위를 벗어나는 영역)에 적용할 목적으로 깊은 뇌 자극술을 사용하기 시작했다. 이 기법은 대체로 파킨슨병의 증상을 조절하는 데 사용된다. 그러나 제한적이지만 우울증이나 강박 장애 같은 다양한 정신질환에 적용하는 경우도 점차 늘고 있다. 물론 이 전기 자극도 예상치 못한 부작용들을 유발했다.

임상 연구에서는 뇌를 깊이 자극하면 인간의 광범위한 관찰 능력과 경험을 이끌어낼 수 있음을 보여준다. 과거의 경험을 떠올리게 하는 기억과 감각, 누군가 가까이 있다는 느낌, 환희와 웃음, 멈출 수 없는 눈물, 맛, 냄새, 온기, 씹기, 희열, 의욕 충만 등. 이 모든 것들이 외부 스위치를 켜고 끄는 것으로 유발할 수 있다.

핍 테일러 같은 후천적 서번트들이 보여준 놀라운 기능과 마찬가지로 이런 감각들도 전류를 통해 주입하는 것이 아니라 활성화되는 것이다. 기억과 회상을 비롯하여 뇌 전극으로 촉발되는 여러 변화들은 뇌 외상을 입은 환자들에게 나타나는 증상과 매우 비슷하다. 뇌 자극으로도 외국인 억양 증후군과 유사하게 말투가 바뀔 수 있다. 네덜란드에서 강박 장애를 앓던 환자의 뇌에 전류를 흘려보냈더니 '매우 독특한' 발음뿐 아니라 '생소한' 언어를 구사하여 아내마저 충격에 빠트렸다. 게다가 그 후로 집의 화장실보다는 공중화장실을 주로 이용했다.

네덜란드의 또 다른 강박 장애 환자가 보여준 모습은 정반대였다. 깊은 뇌 자극으로 그는 난생처음 그 지역의 억양을 사용하게 되었고, 전류가 흐르는 동안에는 매우 거친 언어를 구사했다.

뇌 자극의 가장 놀라운 사례는 대상자가 자기도 모르게 아예 다른 언어를 사용한 것이다. 한 남자는 프랑스어로 숫자를 세기 시작하더니 나중에는 느닷없이 중국어 숫자들이 튀어나왔다. 또 다른 프랑스인은 영어로 바꾸더니 갑자기 다시 프랑스어로 돌아왔다. 이탈리아의 신경외과 의사들은 세르비아 여성이 이탈리아어를 말할 수 있게 만들기도 했다.(물론 이 모든 환자들은 제2외국어를 이미 구사할 수 있었다. 다시 말하지만 뇌 자극으로 받아들인 게 아니라 잠재의식에서 해방된 것이다.)

무의식의 세계가 똑똑하다

잠재의식은 단순히 수동적인 정보 저장소가 아니다. 잠재의식은 가동할 수 있는 자체 처리 능력을 갖추고 있다. 심리학자들은 이 잠재의식의 처리 능력이 정확히 어디까지인지에 대해 오랫동안 논쟁해왔다. 예를 들어 무언가를 판단할 때 의식적 및 무의식적 능력이 서로 연결된다고는 생각지 않는다.

그들이 동의하는 것 한 가지는 잠재의식이 의식적 처리 과정에 비해 덜 진보했다는 사실이다. 무의식적 사고는 자극에 반응하고 대상을 인식하며 익숙한 동작을 수행하고 기본적인 사실들을 떠올릴 수 있다고 보았다. 그러나 계획이나 논리적 추론, 아이디어 통합, 지능의 본질 같은 한층 복잡한 정신적 처리 작용은 주의력, 즉 의식적 사고가 필요하다고 믿어왔다. 의식의 세계는 똑똑하지만 무의식의 세계는 우둔하다는 것이다.

하지만 2012년에 들어 이러한 관점이 바뀌었다. 사람들이 의식적으로 인식하지 않고서도 기본적인 수리 문제를 풀고 문장을 읽고 분석할 수 있다는 사실을 입증했기 때문이다. 그들의 뇌는 '요청받은 사실조차 인식하지 못한 상태로' 지능검사에서 정답을 찾고 있었다.

과학자들은 '연속영상 인식 억제'라고 불리는 기법을 활용했다. 과학자들은 특수 안경을 자원자들에게 씌우고 양쪽 눈에 각각 다른 이미지를 보여주었다. 오른쪽 눈에는 선명하고 다채로우며 빠르게 변하는 이미지를 쏟아부었다.(이런 형태의 이미지를 네덜란드의 추상화가 피에트 몬드리안의 그림 양식을 본따 몬드리안 패턴이라고 부른다). 그리고 왼쪽 눈에는 '8 + 7 + 3'과 같은 간단한 더하기를 연속적으로 보여주었다.

이 실험에서 오른쪽 눈에 보여준 이미지의 시각적 자극이 너무 산만해서, 왼쪽 눈에 보여준 이미지가 오른쪽과 다르다는 사실을 정확히 인식하기까지 몇 초의 시간이 필요하다. 과학자들은 의식이 인식하기 전에 이미지를 모두 제거했다. 그랬더니 자원자들은 수리 문제에 대해 전혀 인식하지 못했다. 그런데 숫자가 거기 있었다는 사실조차 모르는 상태에서도 잠재의식은 해답을 찾기 위해 애쓰고 있었다.

이미지를 모두 제거한 다음 자원자들의 두 눈에 숫자 하나를 깜빡이며 최대한 빨리 소리치라고 했다. 과학자들은 깜빡거린 숫자가 앞의 더하기 문제의 답과 동일할 때(문제의 답은 18이다) 대답 속도가 훨씬 빠르다는 사실을 발견했다. 이것은 자원자들의 잠재의식이 해답을 구해서 입력해두었다는 의미다.

단어 실험에서도 동일한 현상이 일어났다. 이어진 실험에서 과학자들은 수리 문제를 간단한 문장으로 대체했다. '커피를 끓였어'처럼 말이 되는 문장도 있었고 '커피를 다렸어'나 '창문이 그녀에게 화를 냈어' 같은 비문도 있었다. 이번에는 과학자들이 자원자들의 두 눈에 각각의 문장들을 보여주고 '말이 된다, 안 된다'를 머릿속으로 언제 떠올렸는지 말하라고 했다. 무의식적 처리가 의식에 그 결과를 전달한 순간을 파악하려 한 것이다.

과학자들은 말이 안 되는 문장에 무의식이 주의를 발동할 것으로 생각했다. 명확하게 문법이 맞지 않는 문장이기 때문이다. 그들이 옮았다. 자원자들은 비문에 빠르게 반응했다. 이것은 자원자들의 의식이 다채로운 이미지에 지배되는 와중에도 잠재의식은 비문의 의미를 읽고 처리하는 데 주력했다는 사실을 보여준다. 이 연구 결과는 서번트 기능에 대한 대중적 설명을 뒷받침하기도 한다. 즉, 서번트들은 보통 사람들은 하지 못하는 잠재의식의 처리 능력이 탁월하다는 것이다. 더욱이 이 부분이 신경강화의 목표로 삼아야 하는 영역이다.

무의식이 의식 활동에 영향을 미치는 방향으로 활성화될 수 있다는 원리를 식역하 점화subliminal priming(잠재의식을 자극한다는 의미 – 옮긴이)라고 한다. 이것은 꽤 논란이 많은 개념이다. 브랜드 이름과 이미지를 짧게 보여주는 식역하 광고는 많은 국가에서 금지하고 있다. 비틀스에서 주다스 프리스트에 이르기까지 많은 음악가들이 노래 속에 메시지를 숨겼다는 이유로 기소된 바 있다.

식역하 점화 개념을 장난에 이용하거나 사회에 해악을 끼치는 경우도 있다. 디즈니 애니메이션 〈생쥐 구조대The Rescuers〉의 낡은 비디오테이프를 구해 38분 마크 부근에서 정지하면 생쥐 영웅 비앙카와 버나드가 건물을 날아가는 장면이 나오는데, 한순간 윗옷을 벗은 여자가 창가에 서 있는 장면이 스쳐 지나간다. 1980년대 BBC 방송의 쇼 프로그램 〈더 영 원스The Young Ones〉에서는 주기적으로 개구리나 스키 타는 사람 같은 이미지를 순간적으로 보여주었다. 시청자들에게 재미를 주거나 짜증 나게 한다는 것 외에는 특별한 이유도 없었다.

과학계 종사자들도 식역하 점화를 못마땅해한다. 예컨대 노인들과 관련되는 '은퇴'라는 단어를 듣는 것만으로도 나이 든 사람처럼 천천히 걷게 된다는 연구 결과를 재현할 수 없을 때 특히 그러하다. 이런 효과에 대한 사회심리학 연구들이 새롭게 조명되고 있다. 특정 상황에서 식역하 점화가 일어날 수 있고 실제로 일어난다는 데는 의문의 여지가 없다. 문제는 뇌의 내부와 외부 모두에서 일어나는 일들을 감안할 때 특정 행동 반응과 자극이 얼마나 가까이 위치할 수 있느냐이다.

과학자들은 의식이 패턴을 인식하지 못한 경우에도 잠재의식은 패턴을 인식할 수 있다고 한다. 1980년대와 1990년대에 툴사 대학교에서 진행한 실험에서 이 사실이 입증되었다. 박사 과정 학생들을 포함한 자원자들에게 짧게 깜빡이는 수천 개의 이미지를 컴퓨터 화면으로 번갈아 보여주었다. 그들이 본 것은 폭이 넓은 2개의 사각형과 길이가 긴 2개의 사각형으로 이루어진 단순한 격자무늬였다. 4개의 사각형 중 하나에 알파벳이나 숫자가 들어 있었고 자원자들은 이를 인식하는 대로 컴퓨터 키를 누르면 되었다(상단 좌측, 상단 우측, 하단 좌측 또는 하단 우측). 표적들은 일관성 없이 매번 이동하는 것처럼 보였다.

그런데 과학자들은 이동 순서에 일정한 규칙을 숨겨놓았다. 표적이 정해진 패턴에 따라 움직였던 것이다. 자원자들이 그 사실을 알지는 못했지만 잠재의식은 그 패턴을 학습하고 있었다. 화면을 응시하며 버튼을 누르는 횟수가 거듭될수록 속도와 정확도가 향상되었던 것이다. 실험이 막바지에 이르렀을 무렵 과학자들이 그 패턴을 살짝 바꾸자 반응 속도가 느려지고 실수도 속출했다.

실험 이후의 인터뷰에서 밝혀진 대로 자원자들 중 어느 누구도 패턴을 인지하지 못했다. 더 놀라운 사실은 과학자들이 연속 이미지를 정지 상태로 보여주며 패턴을 찾아보라고 했을 때도 전혀 발견하지 못했다는 점이다. 그들의 의식은 눈으로 쏟아져 들어오는 구체적인 정보를 처리하는 무의식의 능력을 따라가지 못했다.

온갖 대화들이 오가는 중에 당신의 이름이 들리는 대화를 곧바로 찾아내는 칵테일 파티 효과도 이와 동일한 메커니즘으로 설명할 수 있다. 잠재의식은 귀에 들리는 모든 소리를 처리하지만 의식하는 소리를 구분하기 때문에 혼돈에 빠지지는 않는다. 방 저편에서 상사가 당신 이름을 불렀을 때처럼 관련 있는 무언가가 제시될 때 주의력이 발동한다.

이런 무의식의 능력이 사람마다 어떻게 다른지 연구해온 심리학자들은 이것이 의식적 지능인 일반지능 'g'나 IQ와는 다르다고 말한다. 바꿔 말하면 IQ가 더 높다고 해서 무의식적으로 패턴을 추적하고 탐지하는 능력까지 더 뛰어난 것은 아니다. 진화론적 관점에서 보면 이런 결과가 이치에 맞는다고 과학자들은 주장한다. 무의식적 지능은 인간 존재보다 선행하는 개념이고, 따라서 전통적인 인지 능력과는 다른 뇌 회로와 뇌 영역을 기반으로 한다는 것이다.

잠재의식을 사용하는 서번트

이처럼 오래되고 깊이 있으며 잠재의식을 지닌 뇌가 패턴을 인지하고 간단한 계산을 수행하는 방식에 일부 서번트들이 잠재의식에 다가가는 방식을 접목한다면, 가장 오래되고 이해하기 어려운 서번트 기능인 달력 셈법도 어쩌면 설명할 수 있을 것이다.

달력은 순서가 정해진 것처럼 보이지만 실제로는 불규칙하다. 영국과 미국의 달력에는 1752년 9월 첫 주와 둘째 주의 날짜가 없다. 두 나라와 다른 몇몇 나라의 달력에서는 9월 2일 자정에서 9월 14일로 바로 건너뛴다. 그 사이에 있어야 할 날짜들은 다시는 등장하지 않는다.

11일을 잃어버린 데는 그만한 이유가 있었다. 유럽의 많은 나라들은 그레고리력이 더 정확하다는 이유로 날짜 계산 방식을 오래전에 바꿨지만 영국은 아무 관심이 없었다. 오래된 율리우스력을 고집해온 개신교 국가 영국은 가톨릭의 발명품으로 여겨지던 새 역법을 오랫동안 거부했다. 그러다 새 역법이 더 낫다는 사실을 인정할 무렵에는 영국이 이미 너무 멀리 와버린 상황이었기 때문에 새 제도를 도입하려면 11일을 건너뛸 수밖에 없었다.

그다음에는 3월과 4월에 임의로 정해지는 부활절이 있는데, 고대 공식에 따라 추분이 지나고 첫 보름달이 뜬 날 이후 첫 번째 일요일로 정했다. 물론 윤년은 2월이 29일까지이므로 하루가 추가된다.

달력 셈법에 능한 서번트는 이 모든 복잡한 계산을 처리할 수 있다. 그중 최고는 뉴욕주의 쌍둥이 형제 조지와 찰스이다. 그들은 과거와 미래를 포함해 약 4만 년 이내의 어떤 날짜든 요일을 말할 수 있다. 물론 다른 서번트들처럼 의식적으로 해답을 찾아내는 것 같지는 않다. 형제는 그냥 머릿속에 떠오른 것을 말할 뿐이라고 말한다. 잠재의식이 처리한 결과물이었다.

서번트들이 어떻게 달력을 정확히 계산하는지 심리학자들은 오랫동안 고심해왔다. 행동을 관찰하고, 가까운 날부터 먼 미래의 날짜와 요일을 알아내기까지 걸린 시간을 측정했다. 심리학자들은 서번트들이 기억과 계산 기능을 조합하여 문제를 해결한다고 결론지었다.

달력은 자체적인 주기와 패턴을 갖고 있다. 달력 양식은 14가지뿐이다. 1월 1일은 7개 요일 중에 하나가 되고, 윤년일 수도 아닐 수도 있다. 모든 것은 28년마다 반복되므로, 예컨대 2016년과 2044년의 달력은 동일하다. 그리고 (2000년 크리스마스는 월요일처럼) 특정 기준점을 기억하면 이것을 바탕으로 다른 날짜들을 추적할 수 있다.

수학자들은 서번트들의 달력 계산 기능을 모방하기 위해 다양한 유형의 알고리즘을 고안했다. 그중 한 사람이《이상한 나라의 앨리스》의 저자 루이스 캐럴이다. 이 소설에는 수학과 관련된 여러 이야기와 이 분야의 우스갯소리들이 담겨 있다. 또 한 사람은 '생명 게임Game of Life' 개발자로 잘 알려진 존 콘웨이다. 생명 게임은 세포 자동자Cellular Automation(유한 상태를 지닌 세포들로 구성된 세포 어레이로, 주변 세포의 일정한 변화에 따라 규칙적으로 변화하는 자동 장치 – 옮긴이)라고 불리는 진화와 발달의 단순 모조 게임으로, 이것을 바탕으로 '심시티SimCity'를 비롯한 여러 세대의 생명 모조 게임 아류작들이 나왔다.

대다수 사람들도 이론적으로는 이런 기준점과 계산법을 배워 적어도 수십 년 정도의 날짜와 요일을 맞힐 수 있다. 하지만 서번트들보다 훨씬 많은 시간이 걸리고, 지능을 주로 사용하기 때문에 의식적으로 주의를 기울여야 한다. 그리고 자폐성 서번트들의 경우도 달력 계산 속도 및 정확도와 IQ 사이에는 일정한 연결 고리가 있어 보인다.

1960년대 뉴욕의 조지와 찰스를 찾아간 오클라호마의 한 심리학자는 두 형제와 다른 달력 셈법 서번트들이 어떻게 해서 그와 같은 능력을 발휘하는지 파헤치기로 결심했다. 많은 시간을 들여 달력을 연구한 그는 자신이 고안한 방법을 가장 똑똑한 대학원생 제자에게 단계적으로 가르치고 혼자 계속 연습하라고 했다. 학생의 이름은 벤자민 랭던이었는데 처음에는 발전 속도가 무척 더뎠다. 정신적 부담을 덜어주기 위해 곱셈표까지 제공했지만 첫 8회 차 수업까지는 요일을 정확히 맞히지 못했다. 그러나 16회 차가 지나자 랭던 자신도 놀랄 정도로 무의식적 지능에 가속도가 붙기 시작했다.

10년 후 랭던의 동료가 이때의 상황을 이렇게 회상했다.

> 벤자민의 연습량도 어마어마했지만 쌍둥이의 계산 속도에는 한참 미치지 못했습니다. 그러다가 갑자기 쌍둥이의 속도를 따라잡을 수 있는 방법을 찾아냈지요. 어떻게 된 일인지, 벤자민 자신도 놀랄 정도로 그의 뇌가 복잡한 계산을 자동으로 하게 되었고, 나중에는 곱셈표마저 기억하더군요…… 더 이상 그는 다양한 계산들을 의식적으로 할 필요가 없게 되었습니다.

랭던의 능력이 향상되면서 그 주제에 대해 논의하는 것조차 꺼리기 시작했다. 이것은 계산 방법을 실험하고 보고한다는 프로젝트의 목표에도 어긋나는 것이었다.

또 다른 동료가 말했다.

> 흥미로웠을 뿐 아니라 항상 기억에 남았던 한 가지는, 벤자민이 능숙하고 빠르게 대답할 때쯤 어떻게 그럴 수 있는지 설명하라고 하자 무척 짜증스럽게 반응했다는 점입니다. 답은 그저 떠오를 뿐 벤자민에게는 단계적 처리 과정이 아니었으니까요. 이 처리 과정은 우리가 암묵적 기억이라고 부르는 것과 비슷합니다. 정답을 구했지만 구체적이고 명시적인 기억으로 설명하기 어려운 것 말입니다.

암묵적 기억은 똑똑한 무의식을 설명하는 또 다른 용어이다. 암묵적 기억은 인식하지 못한 채 뇌에 저장하고 상기하는 절차와 습관의 기억이다. 이 기억에 관해서는 앞서 스포츠 기술을 다루는 장에서 설명했다.

조지와 찰스를 포함한 많은 서번트들이 달력을 살펴보며 많은 시간을 보내지만 일부러 외우려 하지는 않는다고 말한다. 더욱이 수학자들이 요일을 알아맞히기 위해 고안한 알고리즘을 의도적으로 이해하려고 하지도 않는다. 대신 서번트들의 잠재의식은 감각 기억으로 들락날락하는 구체적인 세부 정보를 통해 날짜와 요일의 관계를 파악하는 것으로 보인다. 그리고 이보다 더 중요한 것은, 서번트들은 잠재의식이 처리한 결과를 느낄 수 있다는 점이다. 그냥 읽어내는 것이다.

벤자민 랭던은 잠재의식으로 달력 계산을 해냄으로써 서번트와 유사한 기능을 계발했다. 그렇다면 다른 서번트들도 이런 잠재의식 처리 과정을 활용한다는 것이다. 나아가 모든 사람들의 뇌가 자체적으로 서번트 기능을 계발할 능력을 갖고 있다는 뜻이다.

13장

사형수 수감동에서 가장 행복한 남자

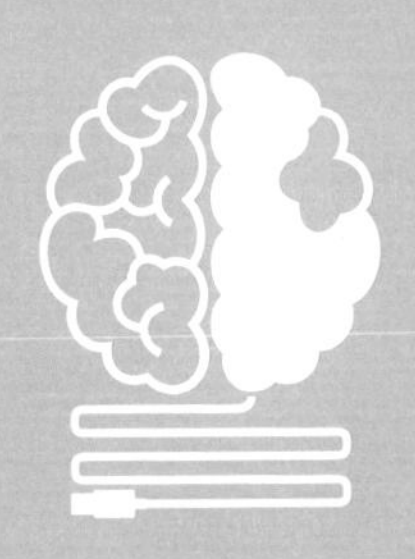

the
genius within

인지강화 실험의 일환으로 나는 멘사 동료들도 만났다. 모임에 참석해 우리의 공통점이 무엇인지, IQ가 높은 사람들이 어떤 유형인지, IQ가 높은 것 말고 다른 차이가 있는지 유심히 살폈다.

멘사 회원들은 해마다 영국의 각각 다른 도시로 초청되어 일주일 동안 놀이와 게임을 즐기며 시간을 보낸다. 2015년 9월의 모임은 글래스고에서 열렸다. 300여 명의 참석자 중 내가 마지막으로 도착했다. 등록 마감일도 잊어버리고 날짜도 헷갈린 데다 글래스고에서도 엉뚱한 지역의 호텔을 잡은 탓이었다.

모임 일정은 목요일부터 월요일까지였는데 나는 토요일 저녁에만 참석할 수 있었다. 그래서 금속으로 만든 아르마딜로(개미핥기, 나무늘보와 가까운 포유류 – 옮긴이) 모양의 글래스고 과학센터에서 클라이드강 건너편에 새로 지은 듯한 호텔에 부랴부랴 들어선 초저녁에는 이미 놀이와 게임이 한창 진행되고 있었다. 그도 그럴 것이

내가 보고 따라온 멘사 표지판이 아예 게임룸을 가리키고 있었다. 사용한 커피 컵과 빈 의자들이 여기저기 널려 있는 것으로 보아 놀이 시간은 끝난 듯했고, 컴퓨터 사용법을 두고 토론하는 남자 둘만 남아 있었다.

옆방 테이블에는 스테이플로 박은 서류들이 잔뜩 쌓여 있었다. 수십 종류의 소식지였는데, 겉장에는 '코그니토Cognito,' '나우Now,' '파르나소스Parnassus,' '패스시커Pathseeker,' '이코노마니아Economania' 등의 표제가 인쇄되어 있었고 모두 멘사의 특별 분과에서 제작한 것들이었다. 도대체 멘사 회원들은 무슨 일을 하는 걸까? 알고 보니 상당수가 기사를 쓰고, 소식지를 편집하고, 같은 관심사를 가진 회원들에게 배포했다. 관심사의 종류도 컨트리 음악에서 항공, 자동차, 축구, 가정용 녹음실, 아메리카 문물, 공감대, 양봉, 냉장고 자석 수집 등 매우 다양해서 소식지만으로 테이블 2개 이상을 가득 채울 정도였다. 나는 소식지를 최대한 많이 들고 바로 들어갔다.

그곳에서 1970년대부터 멘사 회원이던 존과 메리를 만났다. "지적인 여성들을 만나고 싶어 이런 행사에 오기 시작했어요." 존이 내게 말했다. 그 역시 지적인 매력을 가지고 있었지만 애초에 바랐던 보상을 얻지는 못해 여전히 독신이었다. "사람들 대부분이 아주 친근하지만 별난 부분도 있으니 조심해야 해요." 메리가 내게 말했다. 그러더니 서둘러 나를 안심시켰다. 별난 것도 충분히 환영받을 만한 일이며 멘사의 어느 누구도 그런 것으로 사람을 섣불리 판단하지는 않는다고 했다.

두 사람 다 멘사 회원이라는 사실을 친구들에게 비밀로 했고, 사람들을 만나고 즐기기 위해 멘사 모임에 참석한다고 말했다. 해마다 비슷한 사람들을 만나 이야기를 나누며 즐거운 시간을 보내지만 멘사에서 주관하는 행사 외에 따로 만나는 경우는 거의 없다고도 했다. 왜 그럴까? 메리의 말처럼 IQ가 똑같이 높다고 해서 다른 공통점까지 있는 것은 아니기 때문이다.

사회를 화두로 이야기를 나눌 때 존이 1990년대 꽤 떠들썩했던 멘사 스캔들을 언급했다. 1995년 오랫동안 멘사 조직을 이끌어온 해럴드 게일이 울버햄프턴에 있는 멘사 본사에서 개인적인 영리활동을 했다는 이유로 파면되었다. 내부 조사와 법정 심리가 이어졌고, 몇 년 지나지 않아 게일은 교통사고로 사망했다. 사고를 당하기 전에 게일은 당시의 멘사 의장이던 클라이브 싱클레어 경이 주도한 '현장 조사'를 통해 울버햄프턴의 집무실에서 쫓겨나게 된 과정을 사람들에게 털어놓곤 했다. 그러면서 싱클레어 경은 건물의 자물쇠까지 모두 바꾸었다고 했다.

싱클레어 경이 물러난 후 1997년에 줄리 백스터(IQ 154)가 의장에 임명되었다. 그녀는 멘사 위원회가 '자체 영향력 확대와 권력 강화'에 집착하며 일부 남성들은 멘사 조직에 고착되어 '사회생활을 하지 못하는 가엾은 사람들'이라며 9개월 만에 떠나버렸다. 그리고 지금은 멘사의 상황이 이전보다 훨씬 차분해졌다고 존은 말했다.

존은 내게 특별 분과에 가입했는지 물었다. 그는 소식지 중 하나를 편집했는데, 회원들에게 보여줄 문서들이 건넌방에 쌓여 있다고 했다. 내가 이미 알고 있다고 말하려는데 그 문서들은 오직 참고용이며 어디로든 반출해서는 안 된다고 덧붙였다. 멘사는 내부 문서가 비회원들의 손에 들어가는 것을 원치 않았다. 그래서 존이 다른 곳을 보는 사이 바텐더에게 은닉물을 숨길 가방을 하나 달라고 조용히 부탁했다.

글래스고 모임에서 사람들과 대화를 나눌수록 IQ가 얼마나 높은지, 그래서 달라진 게 무엇인지 등을 이야기하고 싶어 하는 사람이 아무도 없다는 것을 깨달았다. 한 남성은 멘사에서 인증한 IQ를 자기소개서에 넣었다가 다시 뺐다고 했다. 그래서 회원들은 서로의 IQ에 대해 알지 못했고 그러고 싶어 하지도 않았다. IQ 얘기를 꺼냈을 때 처음에는 사람들이 당황하는 듯한 인상을 받았지만 나중에는 그냥 관심이 없을 뿐이라고 생각하게 되었다. 멘사도 결국은 테니스 클럽이나 지역 역사학회처럼 그저 하나의 사회집단일 뿐이었다.

그런데 그게 아니었다. 테니스 클럽 회원들은 스포츠를 즐기기 위해 가입한다. 지역 역사학회 회원들은 지역 역사에 관해 공통 관심사를 나누기 위해 모인다. 물론 모임에 참석해서 그런 대화를 나누고 싶어 한다. 하지만 글래스고까지 스스로 찾아온 멘사 회원들은 옆에 앉은 동료 회원과 IQ와 지능에 대해 이야기 나누는 것을 금기시하는 것처럼 보였다.

내 옆에 앉았던 찰리라는 남성은 영국의 한 지역에서 멘사 시험을 감독하고 선별하는 일을 한다고 했다. 내게는 행운이었다. 시험에 다시 응시하기 위한 정보를 얻을 수 있었기 때문이다. 찰리는 언론인이 멘사 시험에 응시할 때는 선서를 요구한다고 했다. 그것 또한 내게는 좋은 정보였다. 찰리는 시험 단계마다 언론인이 참석했는지 확인하고, 다른 사람들과 인터뷰를 해서는 안 된다는 경고의 말도 남겼다. 그리고 매번 시험지를 나눠 주기 전에 파워포인트 프레젠테이션을 하면서 이 규정을 반복한다고 했다. 그런 찰리가 나는 마음에 들었다. 하지만 내가 시험을 치를 지역이 그의 관할이 아니라는 사실이 더 기뻤다.

서로의 IQ를 비교하고 의견을 나누는 것을 꺼린다면 그들은 왜 멘사에 가입했을까? 나와 대화했던 사람들 대부분은 그냥 호기심 때문이라거나, 자신들이 처음 가입했던 1970년대에는 지금보다 멘사의 인기가 훨씬 많았다고 말했다. 당시 영국은 지금보다 훨씬 친절한 나라였고, 자신의 재능과 능력을 자랑스러워하는 사람들을 비아냥거리지도 않았다는 것이었다. 몇몇 사람들은 학교에서 괴롭힘을 당하거나 아무것도 해내지 못할 것이라는 말을 듣고는 자신의 가치를 객관적으로 입증하기 위해 멘사에 가입했다고 말했다. 다른 몇몇 사람들도 말은 하지 않았지만 그렇게 느끼는 것 같았다. 다만 '친구들'과 '아는 사람들' 중에 그런 이유로 멘사에 가입한 사람이 꽤 될 거라고 덧붙였다.

멘사 가입이 무언가를 입증하는 것이라면, 그들이 정말로 멘사에 가입해서 마음이 더 편안해졌는지 확인할 수는 없었다. 자리를 떠날 무렵 대화의 주제는 멘사 월보였다. 멘사는 이 월보를 투명한 비닐봉투에 넣어 회원들에게 보냈다. 일부 회원들은 투명한 비닐봉투보다 속이 보이지 않는 갈색 종이봉투로 받았으면 좋았을 거라고 했다. "집배원이 내용물을 보는 것이 싫어요. 조롱거리가 될 수도 있으니까요."

호텔 체육관을 이용하려고 들어오는 한 무리의 사람들이 멘사 이름이 적힌 내 배지와 온갖 인쇄물과 특별 분과 소식지가 가득 담긴 비닐봉투를 유심히 바라보았다. 이 비닐봉투 겉면에는 호텔에서 제공하는 빨래 봉투라고 적혀 있었다. 나는 메리가 말한 별난 부분이라는 표현을 떠올리며 조용히 그 자리를 벗어났다.

IQ의 상대성 원리

당신의 IQ가 얼마인지 알고 있는가? 그렇다고 말하는 사람들 대부분은 잘못 알고 있는 것이다. 학교에서 측정한 IQ가 160, 180, 심지어 200이라고 말하는 사람도 있다. 불가능한 일은 아니지만, 오늘날 그 사람들의 IQ가 그렇게 높을 가능성은 극히 낮다. 그들의

IQ가 변했다기보다는 측정 방식이 달라진 탓이다.

알프레드 비네가 의도한 것처럼 정신연령 검사로 얻는 IQ는 특별한 관심이 필요한 아동을 식별하는 유용한 방법이다. 하지만 이 방식에는 명백한 결함이 있다. 그저 나이만 먹어도 IQ는 얼마든지 낮아질 수 있기 때문이다.(IQ가 200인 5세 아동에게 하루 뒤 동일한 IQ 검사를 다시 시행했는데 그날 우연찮게 여섯 번째 생일이고 정신연령이 매우 높은 10세로 측정되었다면, 그 아이의 IQ는 하룻밤 새 167로 떨어진다는 결론이 나온다.)

어린 시절에 측정한 IQ가 어른일 때보다 더 높게 나오는 이유가 여기에 있다. 예를 들어 서른 살의 친구가 IQ 160이라고 한다면, 아마도 정신연령이 16세인 열 살 때의 IQ일 것이다. 그 친구의 현재 IQ가 160이 되려면 정신연령이 48세 정도 되어야 하는데, 이것은 말도 안 되는 일이다. 왜냐하면 지능검사에서 평균 점수는 나이가 들수록 높아지기 때문이다.

IQ를 계산하기 위해 정신연령과 신체연령의 비율을 활용하는 것은 교실 밖에서는 의미가 없으며 끊임없는 논란의 원천이다. 하지만 언어학적으로는 정확성을 보여준다. IQ 측정에 사용되는 또 다른 방법, 즉 멘사에서도 추천하는 이 방법에는 마땅한 이름조차 없다.

멘사에서 활용하는 지능검사는 결과를 지수로 나타내지 않는다. 대신 통계학적 공식을 적용하여 개인의 결과물을 평균치와 대조한다. 평균치에서 멀어질수록 점수가 높거나 낮은 것으로 판단한다.

여기서 중요한 것은 평균치가 실제 점수를 반영하는 것이 아니라는 점이다. 이 수치는 평균적인 성적을 '보여주기' 위해 허공에서 뽑아낸 숫자일 뿐이다. IQ 검사에 사용하는 100이라는 수치는, 멘사에 가입한 아이들의 이야기를 다룬 신문 기사에서 암시하듯이 IQ가 100인 사람이 150개의 문제 중 100개의 정답을 맞혔다거나 무언가에서 100퍼센트의 성적을 올렸다는 의미가 아니다. 100이라는 수치는 평균 성적에 '부여하는' 점수일 뿐이다. 그래서 반드시 100이어야 할 이유는 없으며 200이나 900이 될 수도 있다. 축구와 럭비, 테니스에서 골goal과 트라이try, 포인트point에 따라 다른 수치를 부여하는 것처럼 말이다.

IQ 검사에서 평균 이상의 성적을 거두면 100보다 높은 점수를 얻지만, 과연 얼마나 높은 점수를 받아야 할까? 그것은 IQ 척도에 따라 달라지며, 내 'IQ는 145이다'라는 하나의 수치는 아무 의미가 없다. 누군가가 15 대 0으로 이겼다고 말할 때 그 종목이 테니스인지 미식축구인지가 중요한 것처럼 말이다.

가장 널리 사용되는 IQ 점수 체계에서는 사람들의 3분의 2가 85에서 115 사이라고 추정한다. 이 범위에서 아래나 위로 향할수록 점차 그 수가 적어지며, IQ 70 이하나 130 이상은 50명 중 1명 정도에 불과하다. 그리고 더 멀어질수록 수치는 급격히 떨어진다. IQ 150 이상은 1600명 중 1명, 160 이상은 3만 명 중 1명 남짓이다.

이것이 현대식 IQ 검사의 측정 방식이다. 검사 성적을 자신의 나이가 아니라 다른 모든 사람들의 성적과 비교하는 것이다. 왜냐하면 IQ는 상대적인 개념이기 때문이다. 그래서 집단 전체의 성적이 변하더라도 그 속에는 점수가 높은 집단과 낮은 집단이 여전히 존재한다. 아무리 교육을 많이 하고 선택적으로 양육하고 인지 능력을 향상하더라도 모든 사람들의 IQ를 100 이상으로 만드는 것은 불가능하다. "미국인의 절반 가까이가 IQ 100 이하다"라고 비판하는 사람은 자신의 지능이 그것밖에 안 된다고 드러내는 것과 다름없다.

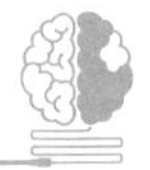

천재성을 감추는 이유

오늘날 지능을 바라보는 시선은 예전과 많이 다르다. 과거에 지적 능력이 떨어지는 사람들을 조롱당할 때처럼 IQ가 낮은 사람들을 멸시하기보다 오히려 최상위에 속한 사람들에게 대중의 비난이 더 많이 쏟아진다. 그 이유는 정신 능력이 뛰어나면 더 많은 것을 가질 수 있다는 이점에서 비롯된 시기와 질투 때문일 수도 있고, 전문성이 점점 떨어지는 사회상이 반영되었기 때문일지도 모른다. 멘사 시험에 응시하기로 결심한 사람들, 그래서 돈을 내고 가입하는 사람들을 향한 사회의 눈초리는 더욱 차갑다. 고지능자 클럽을 주제로 열린 온라인 포럼에 접속해보면, 1세기 전에 정신지체자들에게 쏟아내던 경멸적인 표현과 거의 흡사한 말들이 쏟아진다.

"나는 멘사에 들어갈 자격이 있지만, 그곳 사람들의 면면을 살펴보니 사회적으로 부적합한 사람들이 모인 클럽이라는 것을 깨달았습니다. 대개의 경우 지능 빼고는 사회적으로 뒤떨어진 경우가 많으니까요."

"아주 똑똑한 사람들이 놀라울 정도로 어리석을 때가 많아요."

"멘사에 가입한 사람들 중 내가 아는 몇몇은 자신이 (또는 부모의 생각에도) '보통 사람들'보다 뛰어나다는 데서 오는 불안감과 결핍감을 보상하기 위해 애쓰는 사회 부적응자들입니다."

높은 지능을 가진 아이들의 경우 더욱 불편하다. 몇몇 조사에 따르면 중학교 여학생 5명 중에 1명, 남학생 10명 중에 1명 비율로 자신의 뛰어난 수학 실력을 감춘다고 한다. 다른 아이들의 눈에 띄어 괴롭힘을 당할 수 있기 때문이었다.

그리고 천재들도 있다. 천재는 서번트와 다르다. 서번트의 능력은 우리보다 뛰어나지만, 지금은 타고난 자질보다 무언가를 성취함으로써 관심을 끄는 천재성의 시대이다. 윌리엄 시디스만큼 큰 주목을 끈 천재도 드물다. 많은 사람들이 하버드 대학교에서 수학과 학위를 취득하기 위해 열심히 노력하는데, 윌리엄 시디스는 열한 살의 나이에 그 일을 해냈다. 열일곱 살에는 휴스턴에 있는 라이스 대학교에서 학부생들을 가르쳤고, 1년 뒤에는 두 번째 전공인 법학을 공부하기 위해 다시 하버드 대학교로 돌아왔다.

시디스는 한동안 미국에서 가장 저명한 어린이였다. 그가 하버드에 입학했을 때 신문기자들은 국내 정치에 대한 견해를 물었다. 시디스가 라듐 추진 로켓으로 20분 만에 금성에 도착할 수 있을 것이라고 말하자 〈시카고 트리뷴〉은 이 기사를 1면에 게재했다. 그리고 이듬해에는 하버드 대학교 학부생 신분으로 수학과 교수들에게 강의를 하자 〈뉴욕 타임스〉는 이 광경을 복음을 전하는 예수의 소년기에 비유했다. 이때는 존 레넌이 몇 개월 전 인터뷰에서 비틀스가 예수보다 유명하다고 말했다는 이유로 앨라배마의 어느 라디오 진행자가 비틀스의 음악 틀기를 거부했다는 소식을 〈뉴욕 타임스〉가 1면으로 게재하여 음악사에 반향을 일으킨 때로부터 꼭 56년 전이 되는 날이었다.

시디스를 향한 찬탄 속에서도 일부 언론은 그를 괴롭히지 못해 안달이었다. 어떤 기자는 스포츠에 관심 없는 시디스를 조롱하며 개도 무서워할 것이라고 비아냥거렸다. 일부 독신 서약자들은, 여자들이 접근하여 시시덕거릴 때가 무척 어색하다는 시디스의 말에 잔인하게 반응했다. 한 신문은, "여자에 대해 책으로 배울 수는 없다. 특히 수학책으로는"이라며 헐뜯었다. 뉴욕의 한 신문사에서 시디스를 본 적조차 없는 댈러스 출신의 스무 살 여성에게 의견을 묻자 이런 대답이 돌아왔다. "그 사람은 분명 계집애 같고, 손목시계를 자랑하고, 소매에 손수건을 매고 있을 거예요."

요즘은 시디스가 성인이 되어 이루지 못한 일들에 대한 이야기가 많이 떠돈다. 법학을 공부하던 도중에 참여했던 사회주의 노동절

퍼레이드가 폭력으로 얼룩지면서 그도 경찰에 체포되었다. 투옥을 피하기 위해 부모는 시디스를 캘리포니아로 데려갔고 그 후로는 시디스의 삶도 평온을 되찾았다. 직업도 그와는 전혀 어울리지 않는 평범한 일들을 전전했다. 그의 말처럼 머리를 굴릴 필요가 없는 일들이었다.

언론은 시디스의 몰락에 환호했다. 심지어 미국 법조계의 위대한 지성들조차 이 대열에 합류했다. 시디스가 자신을 조롱한 〈뉴요커〉를 사생활 침해로 고소했을 때 법원은 이렇게 선고했다. "시디스가 대중의 관심을 싫어했다 하더라도, 그의 비범한 업적과 성향은 관심을 받기에 충분하다고 생각한다." 그리고 이렇게 덧붙였다. "그의 뒤이은 인생사도 과거의 약속을 충족했는지에 대한 답이므로, 여전히 대중의 관심사다."

비교적 최근의 안타까운 천재는 1997년 열세 살의 나이에 옥스퍼드 대학교 수학과에 입학한 수피아 유소프이다. 유소프는 2년 만에 학교에서 사라졌고, 경찰의 강도 높은 탐색 끝에 어느 카페에서 웨이트리스로 발견되었다. 2008년 3월, 한 타블로이드 신문은 그녀가 훗날 매춘부가 되었다고 폭로했다.

기사들은 하나같이 천재의 몰락을 고소해하는 듯하다. 마치 이 젊은 천재들이 스스로도 입증하기 어려웠던 어린 시절의 놀라운 업적을 요구하기라도 한 것처럼, 마치 그들의 비범한 지능이 다른 사람들을 괴롭히기 위한 치밀한 계획인 것처럼 말이다. 젊은 시절의 지적 조숙함이야말로 가장 용서받기 어려운 죄인가 보다.

지능이 높을수록 상식은 떨어진다

멘사 회원들은 조직의 대중적 이미지에 굉장히 냉정하다. 2012년 크리스마스를 일주일 앞두고 BBC와 멘사 회원이자 대변인이던 피터 베임브리지가 시청자들에게 고개 숙여 사과해야 했다. 앞서 〈BBC 브렉퍼스트〉 프로그램에서 생방송으로 내보낸 인터뷰 도중 베임브리지가 IQ 60 이하의 사람들을 당근에 비유했기 때문이다. "대부분의 IQ 검사에서 남녀의 평균 점수는 100 전후이며 수치가 높을수록 똑똑하다는 뜻입니다. 그리고 IQ가 60 언저리면 당근과 다를 게 없지요"라고 베임브리지가 말했다.

베임브리지는 당연히 비난을 받았다. 그중 특히 많았던 것은 IQ가 높은 사람들에 대한 통념을 꼬집는 내용이었다. 이 이야기는 〈데일리 메일〉의 '당근 사과'에 대한 뉴스 기사에 옥스퍼드의 'liamf12'라는 아이디를 가진 사람이 댓글로 깔끔하게 정리해두었다. "이게 이 나라의 문제점이다. 요즘 기업들은 관리직을 대학원 출신자들로 빠르게 재편하고 있다. 하지만 나의 지적 경험에 비춰보면, 그들이 문제에 적합한 해답을 제시할지는 몰라도 상식과는 거리가 멀다."

유럽과학기구의 과학자 맷 테일러(2014년 고속으로 날아가는 혜성에 우주선을 착륙시킨 팀의 일원)의 여동생이 기자들에게 오빠가 자동차를 어디에 주차했는지 몰라서 애를 먹을 때가 종종 있다고 말했다. 그러자 〈데일리 텔레그래프〉는 독자들에게 이와 비슷한 질문을 던졌다. "왜 천재들은 상식적이지 못할까?"

상식은 초지능의 크립토나이트(슈퍼맨의 힘을 떨어뜨리는 물질-옮긴이)이며 IQ가 높은 사람의 아킬레스건이다. 실제로 지능이 높을수록 그 방대한 뇌를 채울 상식은 상대적으로 부족하다. 인생의 성공과 관련된 것으로 보이는 IQ와는 달리 상식은(측정 기준이 꽤 조악하기는 하지만) 그렇지 못하다. 더구나 IQ가 높을수록 상식이 적다고 생각하는 사람들이 많다. 상당히 성급한 가정이지만 나름대로 의미는 있다. IQ와 상식의 부정적인 연관성을 입증할 만한 확실한 근거는 없다. 왜냐하면 상식이 지능만큼이나 정의하기 어렵기 때문이다.

상식은 '실용 지능'이다. 실용 지능은 일반적으로 누군가의 의사 결정을 평가하여 판단한다. 하지만 상식이 있는지 없는지에 대한 판단을 맡은 사람이 대상자의 의사 결정에 동의하는지 아닌지에 좌우된다. 앞에서 살펴보았듯이, IQ가 높은 사람들은 (평균적으로) 좌파 지향적 자유주의를 추구하는 경향이 있으므로 상식의 결핍을 드러내는 가장 보편적인 흔적의 하나로 (좌파 지향적 자유주의를 추구하는) 정치적 정당성 관념을 꼽을 수 있다.

2009년 이론의학 교수 브루스 찰튼은 '똑똑한 바보'라는 별명까지 붙여가며 '고지능-저상식 역설'을 탐구했다. 그는 인간의 고지능은 진화의 산물이었다고 한다. 지능이 높으면 심각한 문제들을 해결하기 위한 추상적 분석이 가능하기 때문이다. 그러나 현대의 인류에게는 그리 많이 필요하지 않다고 한다. 지금까지 인류는 수많은 사회적 상황들에 대응할 방법들을 개발해왔기 때문이다. 그는 이처럼 영역별로 구체적인 대응 방식들이 이른바 대다수 사람들이 의미하는 상식이라고 했다. 즉, 널리 받아들여지고 현실에서 검증까지 거친 수행 방식이다.

하지만 고지능자들은 다르다고 찰튼은 말한다. 그들은 보통 사람들이 이미 최선의 대안을 입증한 상황조차 추상적 문제 해결 능력을 계속 활용하려고 한다. 그래서 검증된 상식을 무시하고, 굳이 더 참신한 해결책을 찾으려 한다. 하지만 이런 아이디어는 대부분 그릇되거나, 더 문제가 많거나, 어리석은 것들이다.

곰곰이 생각해보면 그럴듯하게 들리기도 한다. 그러나 상황에 따라 옳을 수도, 틀릴 수도 있다. 즉, 똑똑한 바보들이 어떤 종류의 문제에 대해 해결책을 잘못 제시했는지 설명할 필요가 있다. 실망스럽지만 찰튼은 여기에 대해 아무런 대답도 하지 않는다. 대신 그는 자기 분야 외에는 어리숙한 물리학자, 안과 밖 모두에서 어리숙한 사회학자들에 대해 말한다. 그리고 사회문제에 대한 추상적 분석은 좌익의 정치적 관점을 낳는다고 했다. 찰튼은 똑똑한 바보들이 하는 일을 한데 묶어 '정치적 정당성'으로 표현한다. 정치적 정당성 속에서 어리석고 잘못된 관념들이 주류 지적 엘리트 사이에서 도덕적으로 강요되었다. 더욱이 이런 관념들은 학문적, 정치적, 사회적 담론까지 침범했다.(찰튼 박사는 정치적 정당성이 고조되면서 서구 문명이 어떻게 파멸했는지를 주제로 《사상의 감옥Thought Prison》이라는 책을 저술했다. 다시 말하지만 그는 사례를 구체적으로 언급하지 않았다. 독자들 각자의 개인적 경험과 비공식적 지식을 통해 사례를 떠올리도록 권유할 뿐이다.)

정치적 정당성을 기피하는 것은 오늘날 보수주의의 공통된 특징이므로 누가 똑똑한 바보인지를 결정하는 것 역시 그 사람의 정치적 관점에 달렸다. 아니면 상식이 부족한 것을 똑똑한 사람들의 속성으로 여기는 것 역시 그들을 손가락질하는 것에 불과하다. 상호부검협회와 우생학의 자부심 넘치던 연구자들이 주장하던 역사적 우월성에 대한 반작용이라고 할 수 있다.

앨버트 아인슈타인 역시 상식이 부족했다고 한다. 그는 양말 신기를 싫어했고, 70대까지 몸담았던 프린스턴 대학교에서 길을 잃고 주위 사람에게 집으로 가는 길을 묻기도 했다. 하지만 아인슈타인은 자신이 내린 결정이 어떤 결과를 야기할지 정확히 알고 있었다. 루스벨트 대통령에게 원자탄을 개발해야 한다고 주장했지만 그 이후에 벌어진 참상에 몹시 괴로워했다. 아인슈타인이라는 사람 자체에 대해서는 논쟁의 여지가 없다. "상식은 열여덟 살까지 얻은 편견의 집합체입니다." 이것이 그가 생각했던 상식의 개념이다.

상식과 지능의 본질을 규명하기는 쉽지 않겠지만, 찰스 스피어먼이 정립하고 대다수 심리학자들이 받아들인 일반지능 'g'의 개념은 비교적 이해하기 쉽다. 일반지능은 정신 능력이며, 뇌와 재능을 인지 처리가 필요한 다양한 작업으로 전환하는 방법에 대한 하나의 척도이다. 감성 지능, 경영 지능, 성性 지능 등 모든 유형의 지능이 더 높은 수준의 뇌 기능을 사용해야 하는 경우에는 거의 대부분 'g'에 의존해야 한다.

지능에 대한 그릇된 보도도 있고 지능 그 자체를 우월한 속성으로 간주하는 새로운 해석도 있다. 하지만 논리적으로 생각하면 IQ가 대체로 그 사람의 일반지능을 반영한다. 많은 심리학자들이 IQ가 'g'의 척도라고 생각한다. 하지만 비판가들은 다른 무언가를 찾아야 한다고 주장한다. 인지 능력을 측정할 독립적인 척도를 개발하라는 것이다. 그것이 일반지능을 나타내는 척도이자 IQ와 무관하다는 것도 보여주라고 한다.

그러나 이것은 불가능하다. 적어도 지금까지는 불가능했다. 쉽게 말해서 IQ는 지능을 나타내는 꽤 괜찮은 지표이자, 적어도 지금까지 지능을 한정하고 정량화하기 위한 최선의 방식이다.

하지만 인간의 모든 능력을 IQ로 재단하지도, 재단할 수도 없는 것 또한 사실이다. 지능이 낮은 사람도 마찬가지다. IQ와 관련된 가장 날카로운 논쟁은 IQ가 가장 낮은 등급에 해당하는 사람들에게 적용하는 방식이다. 알프레드 비네는 저지능자들을 돕기 위해 원조

지능검사 기법을 고안했지만, 그들 중 일부는 오히려 이 개념 때문에 큰 고통을 겪었다. 미국의 많은 주에서 IQ는 말 그대로 생사의 문제였다.

IQ 70 이하는 절대 사형수가 되지 않는다

사형수 수감동의 전등은 밤새 켜져 있었다. 조 애러디는 개의치 않았다. 장난감 기차를 갖고 놀 시간이 더 많았으니까. 2개의 객차가 딸린 태엽식 기차였다. 조는 가끔씩 기차를 철창 밖으로 내보내 교도소 복도를 칙칙거리며 달리게 했다. 그러다 교도관이나 가까운 감방의 사형수들이 그 기차를 조에게로 다시 보내면 좋아서 어쩔 줄을 몰랐다. 동료 죄수 중에서 그에게 기차를 돌려주던 사람은 주로 노먼 워튼이었는데, 그는 경찰관을 죽인 죄로 사형 집행을 앞두고 있었다. 워튼은 몇 시간씩 기차를 가지고 조와 놀아주곤 했다. 이리로 저리로. 칙칙폭폭!

아내를 죽인 안젤로 아그네스와 살인자이자 마약 거래상인 피트 카탈래나는 기차놀이를 바라보다 싫증이 나면 감방에서 손을 뻗어 기차를 넘어뜨리곤 했다. "전복됐어! 전복됐어!" 조는 흥분된 목소리로 외쳤다. "바로 세워야 해!"

조 애러디는 스물세 살이었지만 정신연령은 유아에 가까웠다.

1938년 캐넌시티에 있는 콜로라도 주립교도소의 소장 로이 베스트는 조에게 마지막 크리스마스 선물로 기차를 주었다. 그로부터 2주일이 채 지나지 않아 베스트와 교도소 담당 샬러 신부가 조의 방에 들어와서 그를 데리고 길지 않은 자갈길을 걸어 우드페커 힐의 집행실로 향했다. 조는 기차를 가져가고 싶다고 말했지만 아그네스는 자기가 보관하겠다고 했다.

베스트 소장과 샬러 신부는 조에게 어떤 일이 일어날지 설명했지만 조는 알아듣지 못했다. 가스실로 들어서는 순간에도 조는 이를 드러내며 싱글거렸다. 하얀 반바지와 양말을 신고 3개의 의자 중 가운데 앉아, 교도관이 끈으로 몸을 묶는 순간에도 그의 얼굴에서는 웃음이 떠나지 않았다. 검은 띠로 눈을 가릴 때가 되어서야 무언가 이상한 느낌을 받았지만 그것도 잠시뿐이었다. 베스트 소장이 밖으로 나가기에 앞서 조의 손을 꼭 잡자 웃음이 되살아났다. 샬러 신부도 눈물을 머금고 작별 인사를 하고 나왔다. 그러자 철문이 굳게 닫혔다.

조 애러디가 가스실로 향한 이유는 도로시 드레인이라는 열다섯 살 소녀를 강간하고 죽인 사실을 인정했기 때문이다. 하지만 그것은 사법부의 착오였다. 조가 범인이라는 어떤 증거도 없었다. 하지만 경관은 피해자의 침실 벽지의 물방울무늬와 옷, 범죄로 인한 혼란스러운 감정과 자책감 등을 매우 상세하고 정확하게 진술했다고 주장했다.

사실 조는 검정색과 빨간색도 구분하지 못하고 요일도 잘 모른다. 샬러 신부가 집행 전에 주기도문을 읽을 때도 조가 따라 할 수 있게끔 두 단어씩 끊어 읽었다. 조가 유죄 판결을 받긴 했지만 사실은 무죄였다. 하지만 근본적인 문제는 그것이 아니었다. 애초에 그는 법정에 설 만한 지능 자체를 갖추지 못한 사람이었다.

사형 선고를 받고 수감된 미국의 수감자들 3100명 중에 5분의 1은 지적장애를 지닌 것으로 알려져 있다. 이들이 사형수 수감동을 벗어날 방법은 2가지뿐이다. 죽어서 관 속에 들어가거나, 아니면 항소심 판사에게 정신지체를 부각하여 집행을 유보하고 낮은 지능을 들어 종신형으로 선고를 바꾸는 것이었다.

미국에서는 정신 능력이 비정상적으로 낮은 사람들의 사형 집행은 잔인하고 문제가 있다고 여겨 금지한다. 일부 주에서는 수감자의 지능과 운명까지 결정하는 사안에 대해 오랫동안 IQ를 활용해 왔다. 플로리다에서는 IQ 70을 기준으로 71 이상이어야 사형의 의미를 이해할 수 있다고 규정했다. 반면 오클라호마에서는 IQ 75가 기준이다. 2014년에 대법원은 각 주의 기준을 유연하게 적용할 필요가 있다고 권고했지만 컷오프 원칙은 지금도 유지되고 있다.

컷오프 이하의 지능이라고 해서 반드시 사형 집행을 면하는 것은 아니다. 검찰에서는 흑인과 라틴아메리카 출신 피고인들은 해당 민족의 평균 IQ가 상대적으로 낮은 점을 감안하여 측정한 IQ에 몇 점을 추가해야 한다고 주장했다. 이 주장은 몇몇 사건에서 실제로 받아들여졌다. 이 피고인들의 점수가 낮은 이유는 지적장애 때문이 아니라 사회 및 문화적 요인 때문이라는 것이 검찰의 논리였다. 이 주장대로 IQ를 '보정'하면 사형 선고를 내릴 수 있다. 따라서 변호인들은 사형수 감방으로 끌려갈 사람들을 구하기 위해 의뢰인들이 죽음의 의미를 이해할 정도로 똑똑하지 않다는 사실을 입증해야 했다. 그러기 위해 도움을 요청한 사람이 스티브 그린스펀이다.

스티브 그린스펀은 평생을 지능과 씨름한 과학자이다. 코네티컷 대학교의 교육심리학자로서 그는 이성과 판단력 같은 신경심리학 기능을 연구하고 이것이 어떻게 잘못 흘러갈 수 있는지를 탐구했다. 그리고 남는 시간에는 유죄 판결을 받은 수감자들을 구제하기 위해 애쓴다.

2013년 11월 루이지애나 법정에 출석한 그린스펀은 1995년 택시운전사를 살해한 테디 체스터는 정신지체자이므로 사형을 집행해서는 안 된다고 주장했다. 당시 체스터는 자신을 모욕했다며 분노했고, 'catch-22 상황(불가항력의 상황)'에서도 자신의 정신은 문제가 전혀 없다고 주장했다. 그리고 자신을 '학습부진아'라고 말한 증인들에게도 거짓말을 하고 있다고 단언했다. 물론 체스터의 변호인은 추론에 문제가 있는 사람으로서 얼마든지 할 수 있는 말이라고 옹호했다. 내가 이 책을 끝낸 2016년 말에도 체스터는 언제일지 모르는 사형 집행을 앞두고 있다.

2009년 스티브 그린스펀은 이미 사형 집행으로 사망한 조 애러디의 사후 사면 운동에 힘쓰고 있었다. 이 운동은 다른 경우들처럼 새로운 증거가 나왔다거나 실제 살인자의 임종 자백으로 시작된 것이 아니다. 시작은 한 편의 시에서 비롯되었다.

마거릿 영의 〈치료소The Clinic〉라는 제목의 시는 1994년에 발표되었다. 20행으로 이루어진 이 시는 조의 사형이 집행되던 날 캐넌시티 교도소의 광경을 담고 있다. 비탄에 젖은 교도소장, 장난감 기차, 영문도 모른 채 마른 눈으로 죽어간 아이.

1992년 로키산맥에서 생활하던 로버트 퍼스케라는 남성에게 이 시가 도착했다. 퍼스케는 지적장애인들을 돕는 기관에서 활동하던 성직자로 법제도에서 불이익을 받은 지적장애인들을 도와주었다. 시를 읽던 그는 기차를 두고 떠날 수밖에 없었던 마른 눈의 아이를 찾아야겠다고 다짐했다.

그때부터 퍼스케는 콜로라도 로키산맥 동부에 있는 모든 도시의 도서관 기록보관소를 뒤지기 시작했다. 〈푸에블로 칩턴〉, 〈그랜드 정션 데일리 센티널〉, 〈와이오밍 스테이트 트리뷴〉, 〈로키 마운틴 뉴스〉 등 오래된 지역 신문 기사를 일일이 찾아 정리했다. 이윽고 1995년에 그는 조의 이름을 찾아냈고, 10년 뒤에는 그의 오명을 씻기 위한 웹사이트도 만들었다.

스티브 그린스펀은 이 운동의 일환으로, 그동안 조의 명예 회복을 위해 사람들이 찾아낸 자료를 바탕으로 조의 낮은 지능에 대한 상세한 보고서를 작성했다. 그린스펀은 기소당한 범죄의 개념, 사형 집행의 의미, 재판 과정에서 제시된 증거 등을 들어서 조 애러디가 이해했다는 주장, 그가 옳고 그름을 판단할 수 있다는 주장을 조목조목 반박했다. 조 애러디의 정신연령은 고작 네 살 반에 불과했다고 그린스펀은 설명했다.

조 애러디가 도로시 드레인을 죽였다는 증거는 어디에도 없었다. 목격자도 없었고 조가 그녀의 집 가까이에 있었다는 증거도 없었다. 그린스펀은 조가 자백을 할 능력조차 없었다는 사실도 입증했다. 결국 조 애러디는 범죄를 해결하기보다는 자신의 편견을 더 신뢰한 경찰이 '죄를 뒤집어씌운 희생양'이었다.

재판 과정에서 정신의학자들은 조에게 정신적 결함이 있다고 말했다. 변호사는 조가 정신이상자로서 옳고 그름조차 구분할 수 없으므로 무죄 선고를 받아야 한다고 말했다. 하지만 정신의학자들은 조가 정신이상이 아니라고 했다. 정신이상자는 정신을 놓기 전까지는 정상이었다는 뜻이지만, "이 피고는 정상이었던 적이 없었다"고 그들은 설명했다. 결국 혼돈스러웠던 배심원들은 그를 죽음으로 내몰았다.

조 애러디는 자신이 죽을 것이라는 것도, 그 말의 의미조차 몰랐다. 집행 명령을 받은 교도소장 로이 베스트는 조가 사형수 수감동에서 가장 행복한 남자였다고 했다. 세상에서의 마지막 며칠을 조는 감방에서 반짝이는 접시에 얼굴을 비춰보며 지냈다. 1938년 1월 5일, 베스트 소장은 조에게 마지막 식사로 뭘 먹고 싶은지 물었다.

"아이스크림." 조가 대답했다.(2011년, 조 애리디는 콜로라도 주지사에 의해 공식 사면을 받았다.)

스티브 그린스펀을 비롯한 일부 과학자들은 지능이 단순한 IQ 개념이 아니며, 지능을 판단할 다양한 방법을 고려해야 하고, 지능의 결핍 또한 다양한 방식으로 판단하도록 법제도를 확장하기 위해 애쓰고 있다.

미국 정신의학협회는 최근의 《정신장애의 진단 및 통계 편람》에서 지적장애(과거에는 정신지체로 불렸다)의 진단 기법으로 사용하던 IQ를 폐지했다. 대신 협회에서는 인지 능력이 행동에 미치는 영향을 중시한다. 그린스펀과 일부 정신의학자들은 미국 법원이 지능을 이처럼 넓은 관점에서 바라보도록 설득하고 있다. 그리고 대상자가 숫자와 시간, 자부심, 준법 능력 같은 추상적 관념들을 어떻게 이해하는지, 그리고 돈을 지출하는 방식과 건강을 위한 노력 등 실용적 기능까지 검사하는 방법을 개발하고 있다.

2013년 협회는 적응행동 진단척도Diagnostic Adaptive Behavior Scale, DABS라는 첫 검사 기법을 공표했다. IQ와 마찬가지로 이 검사에서도 지능을 하나의 수치로 집약한다. 따라서 법원에서도 사람을 구분할 때 충분히 활용할 수 있다. 이 검사의 기준 점수는 100이며, 70점 이하는 지적장애를 지닌 것으로 판단한다. 70점 이하의 사형수는 목숨을 구할 수 있다는 뜻이다. 기준의 범위가 훨씬 좁은 IQ 검사로는 어려운 일이다.

IQ보다 폭넓은 지능검사 기법을 연구하던 그린스펀은 누군가의 제안에 쉽게 동조하며 결과까지 생각하지 못하는 '속기 쉬운 성향'에 대해서도 고찰했다. 이것은 특정한 사회적 상황에서 지능을 폭넓게 활용하지 못하는 경우로, 지능이 높다고 생각되는 사람들조차 남에게 쉽게 속곤 한다.

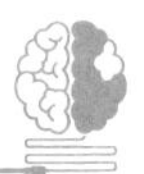

IQ와 사기당할 위험률

2012년 11월, 옥스퍼드 대학교 출신의 물리학 교수 폴 프램튼이 아르헨티나에서 마약을 밀매했다는 혐의로 56개월의 징역형을 선고받았다. 그는 미팅 사이트에서 만난 여성 모델에게 사기를 당했고, 폭력배들에게 속아 가방 안감 속에 코카인을 넣어 운반하게 되었다고 항변했다. 이런 경우 사람들은 보통 '속기 쉽다'고 생각하는 것이 아니라 '멍청하다'고 여긴다. 그린스펀은 이렇게 당하는 사람들은 직관에 지나치게 의존하기 때문에 자신의 풍부한 지성을 특정 상황에 제대로 적용하지 못할 수 있다고 생각한다. 책에서 똑똑할 뿐 현실에서는 그렇지 못한 것이다.

학습 장애가 있는 사람이 '속기 쉬운 성향'을 지닐 경우 성적 학대와 말장난에 현혹되기 쉬우며, 똑똑한 사람도 자살과 같은 극단적이고 어리석은 행동을 할 수 있다. 1997년 캘리포니아의 사이비

종교 '천국의 문' 숭배자 38명이 자살한 채로 발견되었다. 그들은 지나가는 혜성 뒤에 자리한 우주선에서 그들의 영혼을 거두리라는 말에 현혹되어 극단적인 행동을 한 것이다. 일부는 작별 동영상까지 만들었는데, 인터넷에 떠도는 몇몇 동영상을 보면 하나같이 표정도 밝고 말투도 또렷하다. 그린스펀과 동료들은 정신지체자들이 이런 집단의 메시지와 약속에 더 쉽게 현혹될 수 있다는 징후를 찾으려 했지만 헛수고로 끝나고 말았다.

여기서 하나의 패턴이 나타난다. 지적장애를 지닌 사람들은 속기 쉽고 어리석은 행동을 하는 경향이 있지만(자신들을 이용하는 사람들의 말에 쉽게 현혹되고 설득당한다), 지적인 사람들의 어리석은 행동은 이유 있는 자발적 행동인 경우가 많다. 사고로 가장하여 자해하거나 자살하는 천재적인 방법을 찾아낸 사람들의 이야기들이 초창기 인터넷에 수없이 떠돌았다. '놀라울 정도로 멍청한 행동'으로 그들의 열등한 유전자를 스스로 제거한 사람들에게 수여하는 '다윈 상'이 제정되기도 했다.

여기서 몇 가지 인성 유형을 정리할 수 있다. 충동적 모험가들은 안전 지대에서 좀처럼 벗어나지 않으려는 사람에 비해 부서지고 타버릴 가능성이 많다. 또는 이것이 '합리적 사고와 행동'이 결여된 지능을 판단하는 가장 전통적인 방식일 수도 있다.

토론토 대학교의 심리학자 키스 스타노비치는 난독증이 있는 사람이 언어활동에 큰 어려움을 겪듯이, 합리성을 제대로 수용하지 못하는 사람을 두고 '이성장애dysrationalia'라고 했다. 그는 합리적 사고도 측정 대상이어야 한다고 주장하며 이를 'RQ'라고 명명했다. 지능이 높다고 해서 난독증에서 자유로울 수 없는 것처럼, 최고 수준의 IQ가 최고 수준의 RQ를 보증하는 것도 아니다.

합리적(이성적) 사고란 자신의 목표와 신념을 바탕으로 행동하는 것이다. 동시에 이용 가능한 근거를 바탕으로 새로운 신념을 만들고 보유한다는 의미이기도 하다. 인간은 합리적 사고가 가능한 유일한 동물이므로 인간을 가장 지적인 존재라고 한다. 반면 인간은 '비합리적으로' 생각할 수 있는 유일한 동물이기도 하다. 우리 모두는 이성에서 벗어날 수 있는 인지 편향을 지니고 있다. 그중 가장 중요한 것은 기존의 생각과 일치하는 근거만을 선택하고 받아들이는 확증 편향이다. 그리고 또 하나는 이해하고자 하는 노력을 하지 않고 바로 결론이나 판단을 내리는 것이다. 예를 들어 야구방망이 하나와 공 하나를 합쳐 1.10파운드라고 하자. 방망이는 공보다 1파운드 비싸다. 그러면 공은 얼마일까? 대다수가 별 생각 없이, 혹은 잠깐 생각해보고 10펜스라고 대답할 것이다. 하지만 틀렸다. 공이 10펜스라면 전체 가격은 1.20파운드가 된다.

이런 사고방식을 피하기 어려운 이유에 대해서는 오랫동안 많은 논의가 있었다. 여기서 중요한 점은 비합리적 사고에 쉽게 현혹되는 것이 IQ와 직접적인 연관은 없다는 것이다.

스타노비치도 자신의 합리적 사고 관념이 인지 영역과는 별개라고 강력하게 주장한다. 합리성은 지능과는 별개라고 말이다.

그러나 합리적 사고도 부분적으로는 행동으로 측정하듯이, 합리성도 원하는 것을 얻기 위해 사용하는 포괄적인 개념이므로 지능에 포함된다. 목표를 이루려고 신념에 따라 행동하려면 지능이 필요하다. 그 신념이 아무리 비합리적이더라도 말이다.

스타노비치의 논리가 틀렸고 지능과 합리성이 중첩된다는 것은 지능을 향상하는 방법을 찾으려는 우리에게 분명 희소식이다. 합리성은 충분히 향상할 수 있기 때문이다. 호시탐탐 합리성을 갉아먹으려는 인지 편향을 합리적 사고로 물리칠 수 있다. 그저 상황을 다른 방식으로 생각하고 의문을 재구성하는 것만으로 도움이 된다.

> 예) 복권 당첨 확률을 2배로 높이는 확실한 방법이 있습니다. 무엇일까요? 숫자가 다른 복권을 하나 더 사는 것입니다. 축하합니다. 이제 당첨 확률이 1400만 분의 1에서 700만 분의 1로 치솟았습니다. 하지만 아직은 스포츠카를 주문하지 마세요.

말도 안 되는 소리지만, 이것은 사기꾼에서 광고주에 이르기까지 모든 사람들이 당신의 주머니를 털어먹기 위해 사용하는 원리이다. 환경오염으로 암에 걸릴 확률이 '2배'로 올라간다는 기사가 사람들을 불안하게 만드는 이유, 정치인과 이익단체들이 우리의 인지 편향을 부추기기 위해 실제 의도를 캐치프레이즈 뒤에 숨기는 이유도 모두 그 때문이다. 우리는 얼마나 속기 쉬운 사람들인가?

"50파운드를 입금하면 검사용 설문지를 보내드립니다!"

14장

뇌 훈련

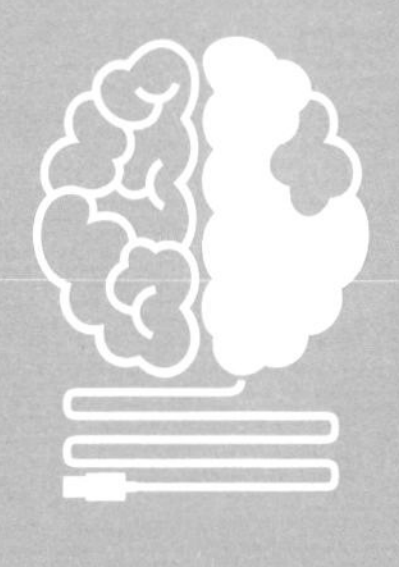

the
genius within

1년 만에 나는 부정한 방법을 동원하여 멘사 시험을 다시 보기로 결심했다. 스마트 약물과 뇌 자극을 조합하여 효과를 극대화하기로 한 것이다. 그런데 이 전략에는 결정적인 약점이 있었다. IQ가 높아졌다 하더라도 모다피닐 때문인지 아니면 전기 자극 때문인지 정확히 판단할 수 없었기 때문이다. 그래도 신경강화 효과에 대해 유용한 답을 얻을 수 있기를 희망했다.

모다피닐 알약이 많이 남아 있었기 때문에 별 문제 없었다. 시험 당일 아침 일찍 일어나 식사와 함께 한 알을 먹으면 되었다. 그러면 내 신경계에서 서너 시간 동안은 효과를 발휘할 것이었다. 하지만 뇌 전기 자극은 훨씬 어려운 문제였다. 전극을 숨긴 스파이더맨 모자를 쓰고 시험장에 들어가서 스위치를 켜는 모습을 상상해보기도 했다. 하지만 위험이 너무 큰 전략이었다. 그런 행동을 숨길 수도 없고, 수시로 스펀지를 적시기 위해 들락거려야 하니 말이다.

기대한 결과대로 진행될 때는 굳이 전류를 흘려보낼 필요가 없다. 다수의 정신의학 실험에서는 뇌를 준비 상태로 만들거나 부드럽게 하기 위해, 치료 단계별로 구분하여 자극한다. 정해진 치료 프로그램에 따라 매일 또는 이틀에 한 번 이 과정을 시행할 수도 있다. 이 방법이라면 괜찮은 타협점이 될 듯했다. 적어도 이상한 모자를 쓰고 앉아 머리에 따뜻한 소금물을 흘릴 필요는 없을 터였다. 그래서 시험을 일주일 앞두고 인터넷으로 구입한 키트로 집에서 매일 20분씩 뇌를 자극하기로 했다.

하지만 뇌의 어느 부분을 자극해야 할까? 노 젓기 실험처럼 운동피질은 분명 아니었다. 근육을 강화하는 목적이 아니었기 때문이다. 인지 활동 및 처리 과정과 관련된 뇌 부분을 자극해야 했다. 그래서 멘사 시험에 가장 적합하고 효과적인 연구 사례를 찾아보았다. 호주 시드니 대학교의 앨런 스나이더라는 신경과학자가 수행한 연구가 있었다.

스나이더는 다른 과학자들과는 생각이 많이 달랐다. 그는 텔레비전 인터뷰를 할 때마다 희한하게 생긴 모자를 삐딱하게 쓰고 등장했는데, 자신의 뇌 자극기를 '생각하는 모자'라고 부르며, 창의력 향상을 포함하여 자신이 믿는 것은 무엇이든 이루어낼 수 있다고 당당히 주장했다.

스나이더는 좌측 전측두엽을 억제하고, 모든 사람의 뇌에 존재한다고 주장하는 서번트 기능을 깨우기 위해 저주파 자기 자극을 시행했다. 그리하여 몇 가지 흥미로운 결과를 얻어냈다. 뇌 자극을 마친 자원자들은 다음 문장에서 틀린 부분을 더 정확하게 찾아냈던 것이다.

A bird in the

the hand is worth

two in the bush

(A bird in the hand is worth two in the bush : 숲속의 새 두 마리보다 내 손 안에 든 한 마리가 훨씬 낫다)

사진을 찍듯이 계산하는 능력

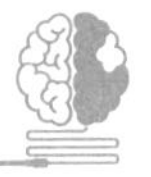

치매 환자들의 뇌 손상 부위와 비슷한 영역에 변화가 일어났고, 그리기 기능도 추상적인 형태에서 구체적인 형태로 향상되었다. 스케치가 더욱 생생하고 세밀하게 발전했던 것이다.

일부는 많은 수량의 물체를 빠르게 헤아리는 서번트 기능을 보이기도 했다. 마치 영화 〈레인맨〉에서 웨이트리스가 떨어트린 상자에서 쏟아진 칵테일 스틱의 수를 레이먼드가 정확히 맞춘 것처럼 말이다. 올리버 색스는 《아내를 모자로 착각한 남자The Man Who Mistook His Wife for a Hat》에서 조지와 찰스(뉴욕의 달력 셈법 천재 쌍둥이)도 그와 같은 능력을 발휘할 수 있다고 했다(책에서는 두 사람의 이름을 다르게 표기했다).

> 테이블에 있던 성냥갑이 떨어지면서 내용물이 바닥에 쏟아졌다. "111." 두 사람이 동시에 소리쳤다. 그러더니 존이 중얼거리듯이 말했다. "37." 마이클도 같은 말을 했고, 존은 같은 숫자를 세 번 반복하고는 입을 닫았다. 내가 헤아려보니(시간이 꽤 걸렸다) 정확히 111개였다. "어떻게 그렇게 빨리 성냥을 셀 수 있죠?" 내가 물었다.
>
> "우리는 계산한 게 아니에요." 쌍둥이가 말했다. "111개를 보았을 뿐이에요."
>
> 숫자 천재인 자차리아스 다제도 이와 비슷하다. 완두콩 한 무더기를 쏟으면 다제가 즉각 '183' 또는 '79'라고 소리친다. 지능이 낮은 그 역시 완두콩을 헤아린 것이 아니라 숫자를 순식간에 '보았다'고 했다.
>
> "그렇다면 '37'이라고 중얼거린 이유는 무엇인가요? 그리고 세 번이나 반복한 이유는?" 내 물음에 쌍둥이는 한목소리로 답했다. "37, 37, 37, 111."

자기 자극 실험에서 스나이더는 1.5초 동안 점 그림을 컴퓨터 화면으로 50개에서 150개까지 보여주며 자원자들에게 매회 몇 개씩 보았는지 말하라고 했다. 뇌 자극 후 12명 중 10명은 향상된 모습을 보였다.

2012년부터 스나이더는 자기 자극에서 전기 자극으로 전환했다. 이번에는 전극을 이용해 자원자들의 뇌 좌측을 억제하는 동시에 우측을 활성화했다. 약간의 수평적 사고가 필요한 고전적 퍼즐을 푸는 능력에 초점을 맞췄는데, 앞서와 비슷한 개선 효과가 나타났다. 이 '9개의 점 퍼즐'은 종이에서 펜을 떼거나 선을 겹치지 않고 9개의 점을 4개의 직선으로 연결해야 한다.

직접 한번 해보자.

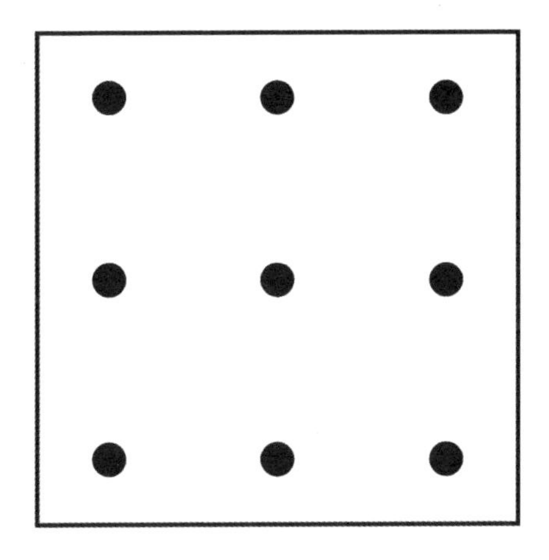

(스포일러 경고. 정답은 다음 페이지 상단에.)

이 퍼즐을 푸는 유일한 방법은 사각형 바깥으로 직선을 확장하는 것뿐이다.

스나이더의 실험에서는 뇌 전기 자극을 받은 사람들만 방법을 눈치챘다. 대부분 잘해 냈다. 실험실에 있었던 브라이언이라는 20대

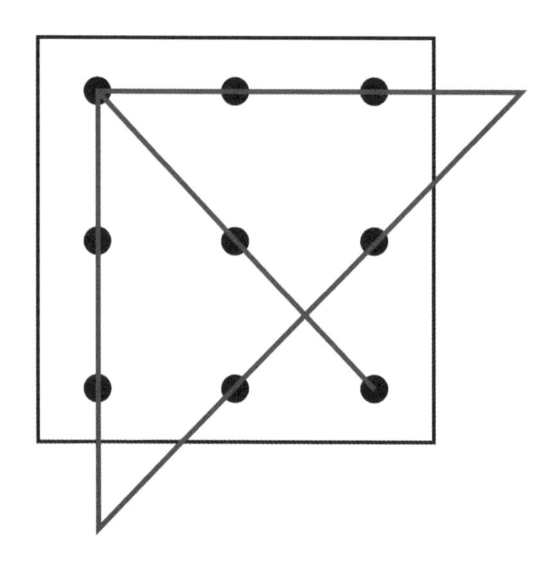

청년은 이 퍼즐 문제에 참여하지 못하도록 했다. 대화를 나누면서 그가 어릴 때 머리에 심각한 손상을 입은 사실을 알게 되었기 때문이다. 하지만 본인이 이 연구에 관심이 많았고 이미 한 자리를 차지하고 있었기에 퍼즐을 풀어봐도 좋다고 했다.

브라이언은 해냈다. 좌측 전측두엽을 억제하는 자극 없이 퍼즐을 푼 유일한 자원자였다. 실험 후 브라이언은 자신이 세상을 바라보는 구체적인 시각에 대해 과학자들에게 설명했다.

> 저는 특별한 것에만 집중해요. 그래서 방에 들어가면 모든 것이 차례로 보여요. 한 번에 하나씩. 저는 한 번에 전체를 보지 않아요. 모든 것을 있는 그대로

바라봐요. 장면 전체가 아니라 사물을 하나씩……. 제가 쓴 글조차도요. 저는 오직 한 부분에만 집중해요. 장기 기억은 아주 좋아요. 6학년 때(그가 열두 살 때) 있었던 일을 전부 기억할 수 있어요.

브라이언은 자신의 의료 기록을 살펴보자고 제의했다. 그를 담당했던 신경학자는 브라이언이 뇌 좌측 반구에 여러 차례 손상을 입은 데다 '좌측두골 골절'까지 있었다고 기록했다. 이 실험에서 억제하려 했던 부위와 동일한 지점이었다.

그래서 나는 이 사례를 모방하여 전측두엽을 뇌 자극의 목표 지점으로 삼았다.

시험에 도움이 되는 뇌 자극기

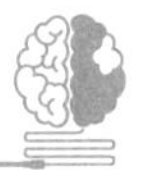

전측두엽 자극은 성공적으로 시작되었다. 전극을 소금물에 적셔서 머리 양쪽에 하나씩 모자 밑으로 집어넣었다. 그리고 꺼진 스위치를 2밀리암페어로 돌리자 놀라운 일이 벌어졌다. 예광탄이 내 머릿속을 관통하듯 시야에 불빛이 번쩍였다. 운동피질을 목표로 했을 때는 전혀 일어나지 않았던 반응이다. 나는 숨을 몰아쉬었고, 내 실험 자체를 걱정하고 있던 아내는 몸을 앞으로 숙인 채 플러그를 뽑을 준비를 하고 있었다.

그것은 실제로 존재하지 않는 '눈 속 섬광phosphene(안내 선광)'으로, 눈 뒤쪽의 망막 또는 뇌의 시각피질에 전기 자극이 가해지면서 생긴 현상이었다. 두 눈을 너무 오래 누르고 있거나 갑자기 일어섰을 때 눈앞에 별이 번쩍이는 현기증과 비슷했다. 눈 속 섬광은 이른바 '죄수의 영화관Prisoner's Cinema' 현상으로 짐작된다. 죄수의 영화관 현상이란 어둠 속에 오랫동안 감금된 사람들이 경험하는 '다양한 색과 빛의 쇼'를 묘사한 것이다.

눈 속 섬광은 해롭지는 않지만, 뇌에 전기를 가하면 예기치 않은 부작용이 일어날 가능성이 있음을 보여준다. 지금으로서는 유해한 부작용이라는 근거는 없지만 뇌 전기 자극이 잘못된 방향으로 흐를 수 있는 것은 분명하다. 이런 유해성은 기술 자체의 위험보다는 장치를 잘못 조립했거나 잘못 사용했기 때문인 것으로 보인다. 자신을 거의 구워버렸다고 말한 사용자도 있다.

뇌 전기 자극을 권장하는 것처럼 보이는 것이 우려스럽기도 하지만 한편으로는 그럴 필요조차 없을 듯하다. 과학계와 소비자 미디어 모두에서 이미 많은 성공 사례들이 등장하고 있기 때문이다. 그리고 의료를 비롯한 다양한 용도로 이 기술이 성장하고 있는 만큼 수요도 덩달아 증가할 것이다. 많은 회사들이 뇌 자극 키트를 판매하고 많은 사람들이 그 키트를 사려고 한다. 일부 과학자들은 DIY 뇌 자극을 경고했고, 또 일부는 판매와 사용을 규제해야 한다고 주장한다. 아직 논란의 여지는 있지만, 그렇다고 자체 신경강화가 무의미한 것은 아니다. 그보다 효과와 한계를 탐구하여 필요한 정보를 비축하는 편이 낫다. 뇌 자극과 기타 신경강화 기술이 효과가 있다면 많은 사람들이 이 기법들을 활용하고자 할 것이다. 규제와 통제의 대상이든 아니든 위험이 있든 없든 말이다.

멘사 재시험은 처음과 마찬가지로 런던 대학교에서 열렸다. 영국이 투표를 통해 유럽연합에서 탈퇴하기로 발표한 바로 다음 날인 후텁지근한 토요일 아침이었다. 국민투표에서는 전문가들의 거부와 지능이 큰 역할을 했다. 스티븐 호킹부터 영국은행 총재에 이르기까지 똑똑한 수많은 사람들이 부정적 결과를 경고했다. 그러나 신문 기자에서 정치인으로 변신했으며 영국의 독자 회생을 주장한 선봉자였던 마이클 고브는 이렇게 되받았다. "이 나라에는 충분히 많은 전문가들이 있다고 생각합니다."

이미 회원이었던 나는 멘사에서 재시험을 허락할 거라고는 생각지 않았다. 그래서 그날만큼은 동생의 신분을 빌리기로 했다. 멘사 감독관에게 그럴듯하게 꾸민 신분증을 내밀자 그도 명단을 확인하고 넘어갔다.

이번에는 시험장이 지하실이었다. 나를 포함해 20명가량의 응시자들이 있었고 나이와 국적도 비슷해 보였다. 시험 감독관은 내가 글래스고 모임에서 만난 찰리와 같은 '교육 및 감독 학교'에서 파견된 사람이었다. 그는 기자들에게 신분을 밝히라고 요구하지는 않았지만 시험 절차를 길고 상세하게 설명했다. 심지어 화이트보드에 여러 개의 선택지를 그리고는 정답을 체크하는 방법과, 실수했을 때 연필 끝에 달린 지우개로 정정하는 방법까지 세세하게 알려주었다. 우리가 별로 똑똑해 보이지 않았나 보다.

시험 문제는 지난번과 별 차이가 없었다. 두 종류의 문제지 중에서 두 번째인 언어 시험에서 나는 무언가를 느꼈다. 첫 번째 문제지는 그보다 훨씬 어려웠다. 여러 개의 원과 삼각형들을 맞물려놓은 모양이 내 눈에는 모두 똑같아 보였다.

시험장에 오기 전 아침을 먹으면서 모다피닐을 복용했는데, 시험이 시작된 오전 중반쯤 되니 머릿속에서 약효가 꿈틀거리는 것이 느껴졌다. 처음 복용했을 때 느꼈던 주의력과 집중력이 되살아났다. 앞부분의 쉬운 문제들은 대략 정리했지만, 시간이 흐를수록 문제가 점점 더 까다로웠다. 그때 이상한 일이 일어났다. 모다피닐은 역시 모다피닐인가 보다. 이 약물은 나를 각각의 문제 속으로 완전히 빠져들게 했지만, 합리적인 추측으로 풀어나가기는 더욱 어렵게 만들었다. 정답이 뻔히 보이는 문제에 대해서는 모다피닐이 가속페달 역할을 했다. 하지만 약간의 노력이 필요한 문제에서는 거의 브레이크와 같았다. 나는 문제 속으로 완전히 빠져들었다. 이렇게 계속 시간을 지체한다면 다음 문제로 넘어가기 어렵겠다는 생각마저 들 정도였다.

시험이 끝나 갈 무렵에 푼 문제는 실종된 탐험가의 운명을 둘러싼 여러 가지 상황에서 결과적으로 그를 해친 것이 목마름과 식인종, 배회하던 사자들 중에 무엇인지 밝히라고 했다. 한 단락을 가득 채울 정도로 긴 글인 데다 논리력과 기억력, 추론 능력이 모두 필요한 문제였고, 앞의 10여 개 문제와 마찬가지로 정답 하나만을 표기하면 되었다. 하지만 나는 더 나아갈 수 없었다. 앞에서도 그랬던 것처럼 단어 하나하나를 읽을 때마다 그 탐험가가 처한 곤경(얼마나 절망적이었는지 그가 쓴 일기의 마지막 부분에 기록되어 있었다)이 눈앞에 떠올랐다. 그는 배고프고 목마르고 겁에 질렸으며, 사냥감이 되고 말았다. 도대체 무슨 일이 일어난 것일까? 가능한 시나리오가 내 머릿속에서 펼쳐졌고, 다음 장면을 생각하기 전에 매번 (불행한 탐험가들에게 늘 똑같이 일어나는) 절정을 떠올려야 했다. 나는 추상적인 관념 속에서 길을 잃었다. 탐험가의 동기, 야생동물에 대한 두려움을 생각하며 나라면 그런 상황에서 어떻게 대처할지를 고민하느라 소중한 시간을 너무 많이 허비했다. 구체적인 정보, 사실, 연속된 사건을 추리하고 처리하는 데 어려움을 겪었던 것이다.

2017년 1월, 독일의 과학자들도 체스 선수들에게서 이와 유사한 모다피닐 효과를 확인했다. 약물을 복용한 선수들의 움직임은 더 나아졌지만 선택하는 데 시간을 너무 많이 허비하는 바람에 벌칙을 받아 게임에서 지는 경우가 많았다.

결국 나는 죽은 탐험가 문제의 답을 찾았다고 확신했고(식인종을 향한 사자들의 위협을 고려하는 것이 핵심이었다) 그 영광스러운 승리의 순간을 답안지에 기록하고 있는데 멘사 감독관이 시간이 다 되었다고 말했다. 그래서 남은 네 문제는 읽지도 못하고 제출해야 했다. 감독관이 답안지를 낚아채는 순간에도 내 머리에는 온통 사자들밖에 없었고, 나머지 문제의 정답을 모두 A로 체크할 생각조차 하지 않았다.

감독관의 말대로 시험 결과는 일주일 내에 우편으로 배달될 것이었다.

모차르트 음악을 들으면 똑똑해진다

스마트 약물과 뇌 전기 자극은 최근의 신경강화 연구의 초점이긴 하지만, 이 이야기의 시작이자 끝은 아니다. 과학자들이 학생들을 대상으로 약물과 전류로 실험하기 몇 년 전에는 지능을 향상하는 방법으로 클래식 음악을 주시했다.

아우구스토 피노체트 장군이 1973년 폭력적인 군사정변을 일으켜 군사독재 정권을 수립했을 때 그의 정적들은 저항의 무기로 특별한 것을 선택했다. 군중이 구치소 밖에 모여 익숙한 노래를 부르기 시작한 것이다. 노랫말은 스페인어였지만 곡조는 분명 베토벤의 '환희의 송가'였다.

많은 이들이 베토벤의 걸작으로 평가하는 '환희의 송가'는 9번 교향곡의 클라이맥스에 등장한다. 노랫말은 형제애와 인류의 단합을 찬미하는 독일의 어느 시에서 인용했다. 그렇게 이 노래는 남아프리카 공화국의 인종차별 정책(아파르트헤이트)과 중국 톈안먼 광장에 연좌한 학생들 등 전체주의 정권에 대한 저항을 상징하는 노래였다.

1998년 1월 14일, 미국 정치인 젤 밀러는 조지아주 의사당에서 열린 연례 예산 심의 과정에서 휴대용 테이프레코더로 '환희의 송가'를 틀며 의원들에게 이렇게 말했다. "벌써, 조금 더 똑똑해졌다는 느낌이 들지 않나요?"

주지사였던 젤 밀러는 클래식 음악이 담긴 CD와 카세트테이프 구입에 쓸 예산을 승인해달라고 부탁했다. 그리하여 새로이 부모가 된 사람들에게 나눠 주고 아기에게 음악을 들려주면, 매년 수십만 명의 아기들의 뇌를 자극하여 지능을 높일 수 있다고 설명했다. 조지아주 북부의 산악지대에서 자란 밀러는 음악이 가져다주는 지적 효과를 직접 확인했다. "그곳의 음악가들은 바이올린만 연주하는 것이 아니라 훌륭한 기술자이기도 했습니다. 그 사람들은 자동차도 고칠 수 있었지요."

조지아주는 인접한 플로리다주에 뒤지지 않으려고 음악의 효과를 이용하기 위해 자체 법안까지 통과시켰다. 주정부의 지원을 받는 모든 보육기관은 주 법률에 따라 하루에 최소 1시간 이상 아이들에게 클래식 음악을 들려주어야 한다.

플로리다주와 조지아주가 이런 방침을 세운 데는 클래식 음악 감상이 지능을 높일 수 있다는 연구 결과 때문이다. 1993년에는 대학생들을 모집하여 실험을 했다. 첫 번째 팀에는 '말로 들려주는 긴장이완 연습', 두 번째 팀에는 아무 소리도 없이, 세 번째 팀에는 모차르트의 '두 대의 피아노를 위한 소나타 D장조'의 1악장 '알레그로 콘 스피리토'를 각각 들려주었다. 그리고 각 집단의 공간 인식 능력을 시험하기 위해 몇 개의 간단한 질문을 했다. 그 결과 모차르트의 음악을 들은 학생들의 점수가 일시적이지만 현저히 증가했다.

모차르트 효과라고 명명된 이 연구 결과는 전 세계의 헤드라인을 장식했다. 하지만 이 과정에서 연구의 결론과 함의가 실제 결과보다 부풀려졌다. 젊은 성인들을 대상으로 한 작은 실험으로 과연 아동과 유아의 지능 향상을 보증할 수 있는지 누구도 확신할 수 없었다. 게다가 왜 모차르트인가? 다른 어떤 클래식 음악이라도 결과는 같지 않을까?

정치인들이 이 연구 결과에 매달리고 있을 때도 다른 과학자들은 여기에 흠집을 내고 있었다. 가장 주목할 대목은, 다른 과학자들이 실험실에서 10여 차례 연구를 거듭했지만 모차르트의 음악이 앞서와 같이 시험 점수를 향상하지는 못했다. 그 아이디어를 옹호하는 사람들이 여전히 있기는 하지만, 20년도 더 지난 이 논쟁을 바라보는 대다수 연구자들의 견해는 2010년 〈인텔리전스〉 저널에 실린 다양한 사례들의 요약과 분석을 집약한 표제로 대변할 수 있다.

"모차르트 효과 – 과장된 효과."

인지 능력을 높일 수 있다는 또 다른 기법에 대해서도 같은 논란이 이어지고 있다. 주로 컴퓨터를 이용해 반복적으로 수행하는 뇌 훈련으로 현재의 시장 규모만 수십억 파운드에 달한다. 그러나 일부 저명한 신경과학자들은 이 프로그램에 등록하는 것은 시간과 돈 낭비라고 입을 모은다.

이 논란의 핵심은 뇌 훈련이 정말 효과가 있는지가 아니라 그 효과가 일상생활로 이어질 수 있느냐에 있다. 예컨대 피실험자들에게 끝없이 이어지는 숫자들을 일주일 동안 반복해서 기억하게 했다고 하자. 이렇게 숫자를 반복해서 기억하면 분명히 그 능력은 향상된다. 하지만 그 능력이 지속될지는 확실하지 않다. 동일한 능력이 다른 유익한 행동에 도움이 될지는 분명하지 않다. 이를테면 퇴근 후 우유 한 통을 사야 한다는 것을 확실히 기억하는 것 말이다.

뇌 훈련의 장점을 시험하기 위해 가장 큰 규모로 진행된 연구는 과학자들이 BBC 과학TV 프로그램인 〈뱅 고즈 더 시어리 Bang Goes the Theory〉 시청자들을 대상으로 엄격한 자체 실험을 시행한 것이다. 5만 명이 넘는 시청자들이 이 실험에 등록했고, 그중 1만 1430명이 매주 최소 2회씩 온라인 테스트를 6주일 동안 이수했다.

자원자들은 연속된 숫자를 기억하는 것뿐 아니라, 일반지능을 반영한다고 알려진 문법적 추론 테스트 훈련을 거쳤다. 먼저 사진 여러 장을 보여주고, 사진과 관련된 진술이 참인지 거짓인지 최대한 빨리 맞혀야 했다. 예를 들어 '동그라미가 사각형보다 크다'는 식의 진술이었다. 또 다른 실험에서는 공간 기억을 파악하기 위해, 상자 속에 숨겨진 별의 위치를 기억하는 것이었다. 이와 관련된 게임으로, 연속해서 등장하는 닫힌 창문들 속에 어떤 물건(모자, 공 등)이 있는지를 기억했다. 그래서 정답을 맞힐수록 문제 난이도와 푸는 속도를 높였다.

연습이 완벽을 만든다고 했듯이, 6주일이 지나자 많은 자원자들이 특정 테스트에서 더 좋은 성적을 거뒀다. 하지만 거기까지였다. 테스트 유형이 바뀌자 두드러진 향상을 보이지 못했다. 지금까지 별 찾기 훈련을 받아온 자원자들이 모자 찾기에는 동일한 성적을 거두지 못했던 것이다. 과학자들은 처음부터 자원자들이 제각기 다른 시험으로 훈련하고 그 결과를 비교하려 했다. 이런 결과는 추상적 추론처럼 동일한 인지 기능을 시험하기 위해 테스트 유형만 바꿨을 때도 마찬가지였다.

자원자들을 연령별로 집단화하면 조금 더 긍정적인 결과가 나온다. 인지 능력과 지능을 높일 수 있다면, 젊고 건강한 사람들보다는 노인들의 사고력 상실을 예방하는 데 활용하는 것이 더 의미 있다. 70대와 80대 인구가 늘어나면서 선진국에서는 치매가 큰 사회적 부담이며, 의료비도 급격하게 늘어나는 추세다. 일부 뇌 훈련 게임은 알츠하이머 같은 퇴행성 질환을 예방하는 방법으로 시장을 형성하고 있다.

집단별로 나눠보면 〈뱅 고즈 더 시어리〉 시청자들 중에 매일 온라인 테스트 훈련을 받은 수천 명의 노인 집단에서 정신 능력이 향상된 것으로 나타났다. 그리고 자주성을 평가하는 척도에서도 60대 이상이 더 높은 점수를 받았다. '수단적 일상생활 수행 능력 척도'라고 불리는 이 평가에서는 전화, 쇼핑, 요리, 세탁, 재무 관리 및 나이가 들어 정신 능력과 함께 퇴화되는 다양한 활동들을 얼마나 잘 해결하는지를 측정했다.

이 연구가 뇌 훈련으로 치매를 완화할 수 있다는 주장을 뒷받침하기에는 무리가 있다. 하지만 적어도 더 심층적인 연구를 할 가치가 있는 것은 분명하다.

뇌 훈련에 적용하기에는 효과가 제한적이라는 비판이 있기는 하지만 심각한 약점은 없어 보이는 것도 사실이다. 이 모든 테스트는 결국 게임이며 사람들은 게임을 위해 기꺼이 돈을 지불한다. 뇌 훈련의 과장된 효과는 검증되지 않은 약물의 위험성과는 다르다. 그래서 뇌 훈련은 근거가 확실한 치료법의 대안으로 매우 자주 언급된다.

현재는 알츠하이머의 고통을 완벽하게 제거할 방법이 없기 때문에 그 문제로 혼란이 생기지는 않는다. 뇌 훈련 게임이 효과가 없다면 유감이다(물론 이 방법으로 큰돈을 버는 사람들도 있다). 하지만 한 번 시도해볼 만큼 합리적이고 공감할 만하다. 가장 완강한 회의론자들까지 납득시킬 정도로 확실한 근거를 축적하기까지는 상당한 시간이 걸릴 것이다. 하지만 뇌 훈련이 필요한 사람들에게는 그렇게 시간적 여유가 많지 않다.

게다가 이 모든 것이 시간 낭비일 뿐이라고 주장하는 회의론자들에게도 인간 본연의 약점이 존재한다. 바로 태만함이다. 뇌 훈련에는 많은 노력이 든다. 젊은이들의 간단한 기억력 실험에서 보여주듯이 개선 효과의 전이가 미미했다('0'에 가까웠다). 그래서 과학자들은 사람들이 한 자릿수를 더 기억하기 위해서는 적어도 4년의 뇌 훈련이 필요할 것으로 추정한다. 앞에서 효과를 경험한 60대 이상의 시청자들도 6개월 동안 매일 적어도 10분 이상씩 온라인 훈련을 해야 비로소 그와 같은 효과를 얻을 수 있었다.

이런 연구에서는 대부분 상당수의 자원자들이 도중에 포기한다. 지속적으로 실험에 참여할 수 없기 때문이다. 신체 훈련도 마찬가지다. 매일 몇십 회의 윗몸일으키기나 10분가량의 빨기 걷기 같은 간단한 운동을 매일 하겠다고 다짐해본 사람들은 공감할 것이다. 많은 사람들이 돈을 지불하면서까지 뇌 훈련에 참여하여 몇 주 동안 실천하지만 장비에 무리가 가기 전에 포기한다.

안타깝지만 지금으로서는 나이가 들면서 인지 기능이 퇴화하는 것을 지켜볼 수밖에 없다. 어휘력과 일반 지식처럼 결정성 지능들은 일흔 번째 생일이 지나도 점점 더 향상될 수 있다. 그러나 질병과 치매가 없더라도 유동성 지능과 추론 능력, 문제 해결 능력은 학령기와 10대 시절에 급격히 발전하여 성인이 되는 초기에 절정을 이룬다.

아이를 똑똑하게 만들어준다고 약속하는 DVD를 덜컥 구입하는 어리석은 짓을 피해야 한다. 2009년 디즈니는 음악과 인형, 화려한 깃발 등이 담긴 〈베이비 아인슈타인〉 비디오를 구입한 수백만 명의 부모들로부터 환불 요청을 받았다. 그 비디오가 교육적이라고 홍보한 것이 문제였다. 물론 그렇지 않다. 교육에 효과가 있었다면 굳이 인지강화를 연구할 필요조차 없을 것이다. 그저 뒷짐 지고 인지강화가 우리를 찾아오도록 내버려두면 될 테니까.

IQ 1000이 가능한 시대?

문틀이 낮은 오래된 집에 들어가다가는 곤란을 겪기 십상이다. 옛날에는 사람들의 키가 작았기에 문도 요즘보다 낮았다. 실제로 최근 선진국의 평균 신장은 150년 전에 비해 10센티미터가량 커졌다고 한다.

머리를 부딪치지 않으려고 다리를 굽혀야 하는 상황은 비단 옛날 집에만 적용되는 것은 아니다. 요즘 축구 선수들은 골대를 가로막고 있는 거인 골키퍼를 피해 공을 차 넣기가 어렵다. 그래서 1996년에는 FIFA에서 골대 크기를 늘릴 필요성까지 고민했다.

사람들의 키가 어떻게 해서 커졌는지 아무도 모른다. 그런데 커진 것은 키뿐이 아니다. 지능도 그렇다. 선진국에서는 세대별 IQ가 일관되게 향상된 것으로 나타났다. 우리가 인지 기능에 역점을 두고, 최선의 교육 방식을 고민하고, 지능을 규명하기 위해 애쓰는 이 순간에도 발밑 세상은 변화하고 있다. 지난 수십 년에 걸쳐 아이들은 부모나 조부모 세대보다 똑똑해졌다. 우월한 미래형 인종이라는 우생학자들의 꿈이 실현되고 있다. 수백만, 아니 수십억 인류의 인지 능력이 향상되고 있다. 무언가가 골대를 변화시키고 있다. 그게 무엇일까?

이처럼 선진국 국민들의 IQ가 지속적으로 상승하는 현상을 플린 효과Flynn effect라고 부른다. 이 현상을 처음 보고한 뉴질랜드의 정치학자 제임스 플린의 이름을 딴 것이다. 플린은 특이한 사실을 발견했다. 사람들이 과거의 IQ 시험지를 더 쉽게 풀어낸다는 것이었다. 같은 문제인데 1940년의 검사에서 측정된 IQ가 1980년대보다 훨씬 높게 나타났다. IQ는 응시자들의 평균 점수와 비교하여 상대적으로 매겨지므로, 두 검사에 응시한 사람이 동일할 때 점수 차이의 원인은 단 하나뿐이다. 1940대와 1980년대의 평균 점수가 다르다는 사실이다. 더 구체적으로 말하면 1940년대의 평균 점수는 상당히 낮았을 것이다. 그래야 동일한 능력으로 해당 검사에서 상대적으로 우월하게 나타날 수 있기 때문이다.

이 원리는 다른 방향으로 적용할 수도 있다. 여러 집단에 동일한 검사를 시행하거나 과거에 동일한 시험을 본 여러 집단의 정답 수를 비교하면 항상 젊은 세대의 결과가 더 좋다. 그것도 현저하게 높다. 플린 효과의 평균치는 10년당 IQ 점수 3점이다. 따라서 1990년 영국에서 태어난 사람들의 IQ는 제2차세계대전 기간에 태어난 사람들에 비해 15점이나 높다. 미국에서는 1932년에서 1978년 사이에 평균 14점, 일본은 1940년에서 1965년 사이에 19점 상승한 것으로 나타났다. 이 모든 사람들의 인지 능력은 해마다 상승했다. 이런 변화는 다른 유형의 지능검사에서도 드러났다.

이처럼 IQ 상승 현상을 뒷받침하는 몇몇 징후들이 있다. 20세기의 마지막 몇십 년 동안 전 세계 상위권 체스 선수들의 평균 연령은 35세에서 25세로 낮아졌다. 연구 논문과 특허 출원 등 과학 생산성도 급격히 늘어났다. 그리고 미국 학교에서 정신지체 진단을 받은 아동 수도 크게 감소했다. IQ의 평균적 증가 외에 다른 이유도 있겠지만, 사회가 점점 똑똑해지고 있는 것은 분명하다. 하지만 모두가 인정하는 것은 아니다. 지능 연구자들 중에는 백치의 세상이 도래하리라는 우생학자들의 시각을 아직도 포기하지 못하는 집단도 있다. 그들은 다방면에서 IQ가 상승했는데도 빅토리아시대 이후로 일반지능이 떨어졌다고 주장한다. 심지어 그들은 프랜시스 골턴이 영국 총리를 비롯한 여러 사람들을 대상으로 측정한 반응 시간 결과까지 들먹이며 자신들의 주장을 증명하려 했다. 그들은 서구 국가들의 평균 반응 시간이 최근에 더 늦어졌고, 이것은 (이민자들을 포함하여) 지능이 낮은 사람들이 너무 많은 자녀를 낳는 바람에 다른 사람들의 수치까지 깎아먹었기 때문이라고 주장했다. 나아가 '1인당

혁신 및 천재성 비율'이 급격히 감소한 것으로 보인다고 했다.

오히려 심각하게 고려할 점은 그 반대의 결론이다. 영국과 미국을 비롯한 선진국들의 IQ가 점진적으로 상승했다면 언제부터일까? 그때의 평균 지능은 얼마나 낮았을까? 그 시대에도 주목받았던 고지능자들이 분명히 있었지만(다리를 건설하고, 삼각함수의 실마리를 해결하고, 천체역학을 예측하고, 미국 헌법을 제정하고, 자전거를 발명한 사람들), 우리의 증조부들은 일반적으로 그리 똑똑하지 않은 것 아닐까?

다시 말하지만 지능은 원하는 것 또는 필요한 것을 얻기 위해 가진 것을 활용하는 능력이다. 지금은 리모트 컨트롤과 지하철 라인이 발명되고, 의무적으로 학교에 다니며 지식경제 속에서 일하고, 누구나 알고 싶은 정보를 원하는 만큼 얻을 수 있다. 하지만 150년 전 사람들은 지금과 다른 것들을 원하고 필요로 했다. 수많은 자료를 검토한 제임스 플린은, 산업화 이전의 사람들은 구체적인 대상에 집중했지만 근대화와 더불어 삶이 변화하면서 그들의 뇌도 추상적 관념으로 이해하는 방법을 배우게 되었다고 설명했다. 이런 추상적 사고, 기억과 시각화, 공간 인식, 여기에 피상적 수준을 넘어서 연결하는 능력이 결합되면서 IQ가 만들어졌다.

플린은 이렇게 기술한다.

> 산업혁명은 교육수준이 더 높은 노동력을 필요로 한다. 새로운 엘리트 지위

를 채우기 위해서가 아니라 글을 읽고 이해하는 노동자들의 평균 수준을 높이기 위해서다. 여성도 노동력에 참여한다. 생활수준이 높아지면 뇌도 발달한다. 가정의 규모도 축소되어 성인들이 가정의 어휘를 지배하고 현대적인 양육 방식이 발달한다(아동의 교육 잠재력을 북돋운다). 직업에서도 육체노동이 필요한 반복적 업무보다는 정신적 훈련을 요구한다. 여가 시간도 단순히 업무에서 벗어나기보다는 조금이라도 인지 능력이 필요한 활동에 투자한다. 세상에는 새로운 시각 세계가 펼쳐져 추상적 이미지가 우리의 의식을 지배하고, 세상의 모습과 그 가능성을 단순히 설명하는 것이 아니라 '그려낼 수' 있게 된다.

한 국가가 사회 및 지적으로 안정된 상태가 될 때까지 약 100~150년에 걸쳐 IQ가 지속적으로 향상된다. 그러다 어느 시점에 이르면 의무교육이 확립되고 가정의 규모는 최소화된다. 그리고 여가 시간도 취미 활동으로 가득 찬다.

국가 IQ는 일부 국가가 편평기에 도달했음을 나타내는 수치다. 이 단계에 이르면 국민들의 지적 능력이 최고조에 달했음을 의미한다. 특히 스칸디나비아 국가들은 이 발달 주기를 빠르게 통과하여 정점에 이르렀는데, 아마도 국가가 교육과 복지에 적극적으로 투자한 덕분인 듯하다. 영국과 독일, 미국을 비롯하여 한국과 일본 등의 동아시아 국가들은 편평기에 근접한 상태이다. 브라질과 아르헨티나, 케냐, 터키 등의 후발주자들은 막 스위트스팟(공을 치기에 가장 적합한 라켓이나 배트 부분)을 때리고 빠른 IQ 축적을 눈앞에 두고 있는 상황이다. 그리고 다른 저임금 개발도상국들은 아직 진행이 더딘 상태이다. 이들 국가에서 측정한 평균 IQ가 일반적으로 낮은 이유도 여기에 있는 듯하다.

다시 플린의 설명을 보자.

> 현대성이란 구체적인 세계를 필요에 따라 교묘히 조작한다는 의미가 아니다. 현대성은 논리적 추상과 생생한 추론, 다양한 어휘를 통한 유형화를 뜻한다. 시간의 흐름과 더불어 성장해온 IQ 검사 기법들은 동일한 수준의 인지적 노력을 요구한다. 여기서 많은 점수를 누적했다는 것은 완전히 새로운 의식 습관을 형성했다는 징후이며, 이것이 직계 조상과 우리가 확연히 구분되는 점이다.

현대의 삶이 IQ를 어떻게 높이는지는 정확히 밝혀진 것이 없다. 여러 가지 의견들이 있을 뿐이다. 이를테면 아이든 어른이든 시험(제한된 시간에 정답을 맞히는 요령)에 익숙해졌기 때문이라는 의견도 있다. 전반적으로 영양 상태가 좋아졌다거나 산모 및 태아 때부터 관리를 잘했기 때문이라는 이야기도 있다. 체형이 커지면서 머리가 커지고 두뇌도 커졌다는 의견, 심지어 인공 조명 등의 영향으로 집 안팎이 밝아지면서 정신도 밝아졌다는 주장도 있다.

하지만 어느 것도 설득력이 없다. 확실한 것은 교육이 인지 능력에 영향을 미쳤다는 것이다. 교육의 발전과 수학 교육의 영향을 무시하기 어렵다. 복잡한 기하학, 대수학, 다단계 문제 등이 기계적 암기를 대체했고, 점점 더 어린이 교과과정에 포함되고 있다. 교육 전문가들은 2005년의 분석 사례에서 이렇게 말한다. "최근의 어린 아동들은 (조부모 세대가 11~12세에 경험했고 증조부모 세대의 일부는 전혀 경험하지 못한) 전두엽에 기초한 작업 기억 기능과 연관된 시공간적 문제 해결 영역을 주기적으로 경험하고 있다."

IQ 향상의 정확한 원인이 유전학 때문만이 아닌 것은 분명하다. 1세기 동안 불과 몇 세대가 존재할 뿐이므로 유전적 변화가 일어나기에는 시간이 너무 짧다. 특히 최근의 지능유전학 연구에서는 유전자가 일반지능 'g'와 IQ에 미치는 영향을 파악하는 것이 바뀐 유전자를 찾아내는 것보다 훨씬 어렵다고 한다. 그렇다고 유전자의 정교한 수정으로, 즉 유전공학으로 IQ를 더 높이 끌어올릴 수 없다는 뜻은 아니다.

이 미래지향적 아이디어의 한 가지 문제점은, 그동안 지능을 주제로 수많은 연구가 있었지만 최소한 중상위 수준에서 IQ의 차이를 낳는 특정 유전자를 규명하는 데 실패했다는 사실이다(물론 정신지체의 원인이 되는 유전자들은 상당수 규명되었다). 유전자가 없는 것이 아니라 명확하지 않다는 것이다. 엄청나게 많은 유전자들이 제각기 조금씩 영향을 미칠 수 있다는 뜻이다.

많은 유전학자들은 지능과 직결된 유전자들이 IQ를 높이기 위해

DNA를 땜질하는 데 장해물이 된다고 생각하는 듯하지만, 스티븐 수는 오히려 기회로 본다. 미시간 주립대학교 물리학자인 그는 2014년에 온라인 잡지 〈노틸러스〉에 '초지능 인간이 다가오고 있다. 유전공학은 머잖아 역사상 가장 똑똑한 인류를 창조해낼 것이다'라는 표제의 기사를 게재했다.

초지능 인간을 복제하다

2007년, 베이징 게놈 연구소BGI는 중국의 수도에서 약 2천 킬로미터나 떨어진 선전으로 본사를 이전했다. 이 연구소를 방문한 빌 게이츠는 눈앞에 펼쳐진 광경에 어리둥절했다. 온갖 전자장치가 복잡하게 돌아가던 그 건물은 빌 게이츠에게 막대한 부를 가져다준 것과는 거리가 멀어 보였다. 그가 본 기계들은 인적 자본을 분해하고 있는 듯했다. 연구자들은 수천 명으로부터 확보한 DNA 정보를 분석하고 측정하고 배열하고 기록하고 있었다.

요즘 이 연구소는 지리적인 오해를 조금이나마 줄이기 위해 BGI라는 약자 명칭을 사용하지만 목표 자체는 동일하다. 사람을 움직이게 하는 것이 무엇인지를 유전적으로 밝히는 일이다. 2012년에 이 연구소가 DNA 배열기를 통해 지능유전학을 파헤치고 있다는 소문이 새어 나오기 시작했다. 연구소는 최고의 과학자들과 IQ 검사에서 최고점을 받은 사람들 등 최고의 성취자들에게 분석 샘플을 제공해달라고 요청했다. 이 계획의 고문 중 한 사람이 스티븐 수였다.

스티븐 수는 IQ에 조금이라도 긍정적인 영향을 미치는 개별 유전자(또는 유전자 변형체)를 밝혀낼 수 있다면 초지능 인간의 유전자를 지도화하고 살아 있는 배아로 생산할 수도 있다고 말한다. 타고난 유전자는 변형될 수 있다. 전선에 연결된 '꺼진' 전구들을 '켤' 수 있다. 그리고 그 결과는 놀라울 것이다.

스티븐 수는 〈노틸러스〉 기사에서 이렇게 주장한다. "수많은 잠재적이고 긍정적인 변이가 존재한다는 사실은 분명하다. 긍정적 변형체를 인위적으로 조성할 수 있다면 표준편차에서 100 가까이 높은 인지 능력을 보여줄 수도 있다. IQ 점수로 따지면 1000 이상을 의미한다."

IQ가 1000이 넘는다? "이 범위에서 IQ 점수가 어떤 의미가 있는지는 분명하지 않다"고 그는 인정했다.

그 의미가 무엇이든 지금까지 존재했던 최대 능력을 능가하리라고 확신한다. 서번트 같은 극대화된 능력이 갑작스럽게 나타날 수도 있다. 이미지와 언어의 완벽한 회상, 초고속 사고와 계산, 기하학적 시각화, 나아가 다중 분석이나 사고 훈련을 병렬적으로 수행하는 능력 등 끝이 없다.

이상적으로 들릴 수 있지만 스티븐 수는 지적 축적이 많을수록 유전적 변화가 가능하리라고 본다. 예를 들어 100개의 유전자 변이를 '꺼짐' 상태에서 '켜짐'으로 전환하면 IQ를 15 정도 높일 수 있다. 이 차이라면 학교 공부를 버거워하던 아동도 대학에서 꿈을 펼칠 수 있다.

황당한 얘기 같지만 미래에는 그렇게 될 것이다. 스티븐 수 계획의 첫 번째 단계인 지능과 연계된 수많은 유전자 변이를 밝히는 과정은 일종의 숫자 놀음이다. 우리는 유전적 영향이 있음을 알고 있다. 충분히 똑똑한 사람들에게서 충분히 많은 DNA를 확보하여 충분한 수준의 배열기에 투입하고 그 데이터를 충분히 분석하여 반대편으로 출력할 수 있는 강력한 컴퓨터를 만든다면, 우리가 원하는 (충분히 차별화된) 결과를 얻을 수 있을 것이다.

유전자를 편집하는 것은 기술적으로 어려울뿐더러 아직은 불가능할 수도 있지만 여전히 앞으로 나아가고 있다. 이 책을 집필하기 시작한 지 18개월이 지났을 뿐인데 '크리스퍼 유전자 가위Crispr-Cas9'라는 새로운 유전자 편집 기술이 급속히 확산되면서 과학계의 판도가 바뀌었다. 이 기술 덕분에 과학자들뿐 아니라 비전문 연구자들도 정확하고 세밀하게 유전자 변형을 할 수 있게 되었다. 2005년 중국의 과학자들은 인간 배아의 DNA를 변형하는 기술을 이미 활용하고 있다고 발표하여 생물학계를 놀라게 했다(연구 프로젝트의 하나일 뿐 이 배아로 실제 인간을 만들어낼 계획은 아니었다). 하지만 현재까지는 대부분 동물에 국한되었다.

인간 배아 연구로부터 몇 개월 뒤 과학자들은 성장과 관련된 유전자를 '끄기' 위해 바마 돼지(크기가 일반 농장 돼지의 절반 정도)의 배아 DNA를 편집했다. 이렇게 변형된 돼지 배아를 대리 암소에 이식하여 임신하면 미니 돼지가 만들어진다. 새끼 돼지가 완전히 자라면 농장 돼지의 약 6분의 1로 강아지와 비슷한 크기가 된다. 미니 돼지들은 애완동물로 팔려나갔다. 같은 팀이 지금은 돼지 외피의 색깔과 무늬를 맞춤형으로 만드는 방법을 연구하고 있다. 이 연구가 완성되면 맞춤형 생산이 가능해질 것이라고 그들은 말한다. 이 모든 연구가 선전의 BGI에서 일어나고 있다.

15장

더 빨리, 더 세게, 더 영리하게

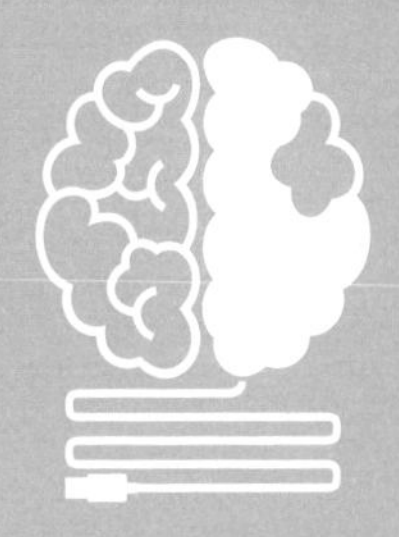

the
genius within

퇴근하고 집으로 돌아오니 멘사에서 보낸 두 번째 봉투가 가스요금 고지서 아래 삐죽 튀어나와 있었다. 일단 가스요금 고지서부터 열어보았다. 사용량이 생각보다 많이 나왔다. 새 IQ도 그러기를 기대했다.

바람대로였다. 언어 영역 점수는 이전 154에서 156으로 눈곱만큼 올랐다. 그리고 온갖 기호 때문에 가장 어려웠던 문화공평성 영역은 128에서 137로 급등했다. 덕분에 두 영역 모두 99분위에 포함되었다.

애초에 뇌 자극으로 향상하려 했던 기호 시험에서는 이전의 125에서 135로 높아졌다. 이 정도면 멘사 가입에 필요한 기준보다 훨씬 높다. 첫 시험 이후 1년 3개월 동안, 아니면 뇌를 자극한 그 주에 일어난 효과인지는 모르겠다. 하지만 멘사의 방식으로 측정한 내 지능은 영국 성인 인구의 3퍼센트, 인구로 따지면 1백만 명 이상을 추월할 정도로 향상되었다.

이 모두가 신경강화 덕분일까? 확신할 수는 없지만 어느 정도 효과는 있었으리라고 짐작한다. 두 번째 검사에서는 일반적으로 점수가 향상되는 것이 맞다. 그렇다면 1년 후에는 그 효과가 얼마나 유지될까? 과학자들은 알지 못한다. 하지만 원하면 얼마든지 시험을 볼 수 있다. 물론 다시 보려면 1년을 기다려야 한다. 게다가 사람들은 시험을 치르는 비용도 기꺼이 감수한다.

두 번째 시험에서도 여전히 문제 하나하나를 해결하기가 쉽지 않았다. 어쩌면 내 잠재의식이 문제들을 기억하고 있어서 조금이라도 도움이 되지 않았을까 생각했지만, 매번 문제를 접할 때마다 처음부터 새로 시작하는 느낌이었다. 분명 준비도 더 많이 했고, 더 집중해서 더 빨리 풀어야 한다는 것도 알고 있었다.

그렇다면 성적 향상은 단순히 통계 차이에서 비롯된 것일까? 인간의 성과는 얼마나 잤는지, 무엇을 먹고 마셨는지, 아침형 인간인지 오후형 인간인지, 시험장의 온도가 어느 정도인지, 옆자리 동료가 기침을 하거나 연필로 이를 딱딱 치는 것 등 의식적 및 무의식적 영향을 받는다. 물론 언어 영역에서 내 점수가 살짝 오른 것은 그런 이유 때문이라고 할 수 있다. 순전히 운이 좋았거나 정답 몇 개만 잘 찍어도 그 정도 점수는 높일 수 있다.

그러나 문화공평성 영역에서 괄목할 성과는 설명하기 어렵다. 대다수 심리학자들은 IQ의 범위와 더불어 분포도에서 해당 점수의 위치가 얼마나 신뢰할 수 있는지를 중요하게 여긴다.

가장 흔한 방식 중의 하나가 이른바 95퍼센트 신뢰 구간이다. 이것은 아래위로 약 5포인트의 오류 구간을 설정한 개념이다. 나의 첫 IQ 측정치인 125점으로 생각해보면, 나의 진짜 IQ는 120에서 130 사이일 확률이 95퍼센트이다. 그리고 두 번째인 135의 경우 130과 140 사이일 확률이 95퍼센트라는 것이다. 물론 이렇게 단순하지는 않으며(분포도는 점수가 낮은 방향으로 몰리는 경향이 있다), 두 경우 모두 내 실제 IQ가 10포인트 범위 밖에 위치할 확률도 5퍼센트 존재한다.

한번 검사한 IQ가 평생을 간다

IQ 검사에서 학교 시험에 이르기까지 현실의 모든 시험 점수는 오차 막대error bar(그래프에서 표준편차의 범위를 나타내는 선 – 옮긴이)를 고려하지 않는다. 대부분 우리의 실력을 입증할 기회는 한 번뿐이고, 그 한 번의 결과를 받아들일 수밖에 없다. 똑같이 3시간의 시험을 볼 때 편차의 통계적 구간이 69퍼센트와 71퍼센트라고 하더라도 아무도 그 사실을 대학 시험관들에게 알려주지 않는다. 대학 입학시험에서 70퍼센트 이상으로 1등급을 받은 사람과 70퍼센트에 미치지 못한 사람은 별개의 대접을 받는다. 그 하루 동안 능력을 조금 더 발휘할 방법을 찾아서 69퍼센트에서 70퍼센트로 점수를 조금만 끌어올릴 수 있다면, 그 사람의 인생은 완전히 바뀔 수 있다. 그리고 이 목적을 이룰 수 있는 한 가지 방법이 인지강화라면 매우 큰 의미가 있을 것이다.

대학원 시절에 나는 돈을 쉽게 벌 수 있는 학위 취득시험 감독관을 맡았다. 밖에서 도로에 구멍을 뚫느라 착암기를 요란하게 돌리던 6월의 어느 지루하던 날, 시험 도중 한 수험생이 눈물까지 맺힌 지친 얼굴로 손을 들었다. 그 학생은 시험장의 후텁지근한 공기와 바깥의 시끄러운 소음까지 고려해서 점수를 매길 것인지를 물었다. 물론 그러지 않을 것임을 잘 알면서도 나는 그럴 거라고 대답했다. 어쨌든 고득점 하위 집단과 저득점 상위 집단의 오차 막대가 중복된다는 것은 결과가 본질적으로 같다는 의미다. 하지만 이런 얘기를 해봐야 그 학생은 그다지 안심하지 못했을 것이다. 특히 그 시험에서 틀린 문제 두어 개 때문에 삶의 기회를 놓치는 상황이라면 말이다.

모든 시험은 구분 점수cut-off point를 기준으로 나뉜다. 올바르다고 하기는 어렵지만 우리 모두는 그 방식을 따르고 있다. 2명의 취업 신청자의 조건이 모두 동일하고 오직 성적 차이만 있다면 누구나 성적이 더 좋은 사람을 뽑지 않겠는가?

멘사 재시험에서는 운이 조금 더 좋아서 더 높은 점수를 얻었다고 할 수 있다. 다른 한편으로는 약물과 뇌 자극을 최대한 활용했다고 할 수도 있다. 최근까지도 IQ 70인 사람은 누군가 처형당하는 장면을 지켜봐야 했고, IQ 69인 사람들은 70 이상인 사람들을 살리는 역할을 했다. 하지만 IQ가 1이 올랐다고 해서 통계학적으로 아무런 차이도 없다는 사실을 죽은 사람에게 설명한들 무슨 의미가 있을까?

여기에 플라세보 효과도 있다. 나는 모다피닐을 복용하고 내 머리에 전극 스펀지를 붙여 전류를 흘려보내 IQ를 높이려고 했다. 어쩌면 두 번째 시험에서 무의식적으로 더 열심히 노력했거나(의도적으로 그랬다고는 생각지 않는다), 아니면 그동안의 인지강화 노력이 지능을 높여줄 것이라고 믿었기 때문에 더 자신 있게 시험을 치렀을 수도 있다.

모든 교란 요인들을 제거하기는 어렵다. 과학 및 의학계에서는 이처럼 통제되지 않은 연구로는 확실한 증거를 이끌어내지 못한다. 내 실험은 과학적이지 않았고 신뢰할 만한 데이터를 도출한 것도 아니다. 인지강화 효과가 있었다고 해도 하나의 방법이 다른 방법보다 우수하다고 말할 수는 없다. 나는 그저 사례 연구의 하나일 뿐이다. 하지만 사례 연구가 유용한 것은 사실이다. 사례 연구가 충분해야 그 효과에 대한 관심과 탐구, 나아가 설명을 할 수 있다.

내 IQ가 향상된 이유는 재시험과 통계학적 가능성에서 비롯된 플라세보 효과의 조합이라고 할 수 있다. 또 한 가지는 모다피닐과 뇌 자극이 실제로 효과를 나타낸 것이다(또 하나가 있다면, 멘사에서 첫 번째 시험과 두 번째 시험을 잘못 채점했을지도 모른다). 찾아내고 탐구하고 설명하기 위한 유일한 방법은 관심을 갖고 조금 더 폭넓고 통제된 연구를 수행하는 것이다.

다른 무엇보다 이 사회가 인지강화와 관련하여 무엇을 해야 하는지 판단하는 데 필요한 근거를 우리가 제시해야 한다.

뇌를 성형하는 시대

의학적, 기술적, 신경학적 의문 등 이 책에서 제기한 모든 의문들 중에서도 가장 중요하고 또 답하기 어려운 것은 아마도 윤리적 문제일 것이다. 예컨대 인지강화의 영향과 감독 및 규제의 필요성에 대한 견해는, 실제로 사회에 어느 정도 영향을 미칠 것이라고 판단하는가에 달렸다.

기회는 무궁무진하다. 실리콘 칩 혁명으로 매년 무수히 많은 일자리가 생겨나지만, 통신 및 자동화의 영향으로 블루칼라 일자리는 이미 공동화에 이르렀다. 현재는 중산층 직종을 향한 기술 진보의 시대이다. 그래서 가장 능력 있고 가장 지적인 사람들을 선발하는 데 학교 시험과 성적 등급을 중시한다. 인구는 증가하지만 기회는 점점 줄어든다. 이런 시장에서 인지강화야말로 사람들이 앞으로 나아가도록 돕는 필수적이고 경쟁력 있는 무기다.

정신적 위상 전이가 원하는 대로 이루어지기 어렵고 효과도 불확실한 데다 연구실의 실험 결과를 현실 세계에서 재현하기는 어렵다 하더라도, 그 원리에 대한 연구와 논의는 여전히 유효하다. 그동안 지능은 너무 오랫동안 과학계의 블랙리스트에 올라 있었다. 더 이상 이 주제를 골치 아프게 여기거나, 미심쩍게 바라보거나, 누군가 조작한 일회성 스캔들로 여겨서는 안 된다. 지능 향상 기술의 미래에 역점을 둔다면, 그리하여 우리의 사고방식과 우리에게 가장 오래되고 또 중요한 인간 능력을 연결하는 방법에 대해 더욱 심사숙고한다면, 신경강화와 신경과학 혁명을 통해 우리의 잠재력을 훨씬 끌어올릴 수 있을 것이다.

찰스 스피어먼이 발견한 긍정적 집합체와 일반지능에 관한 연구는 많은 논란을 야기했다. 그중 아직까지 분명한 해답 없이 이 사회를 관통하는 의문이 있다. 우리에게 주어진 정신 능력은 어느 정도이며, 어느 정도까지 발휘해야 하는가?

인간의 가치를 고려할 때 과분한 특권은 불편할 수도 있다. 이것이 사회 계층화에 따른 구속과 귀족정치 시절의 권리들을 상기시키기 때문이다. 우리는 누구나 가진 만큼 노력하고 그 노력에 따라 보상과 지위를 얻고자 한다.(얄궂게도, 지능이 인간의 가치를 대변한다고 주장하는 사람들은 누군가는 높은 지능을 타고나고, 누군가는 낮은 지능을 타고난다고 믿는다.)

인지 능력을 높이는 일은 1세기 동안 지속된 논란에 또 한 번 불을 지핀다. 지능이 어떤 식으로든 연구해야 할 대상이라면, 인지 능력도 훈련으로 개선될 수 있다면, 신경강화가 횡재를 가져다주는 것은 너무도 분명하다. 누군가 지름길을 택할 수 있다면 경기장 바닥은 그 사람에게 유리하게 기울 테니 말이다.

하지만 지능이 변하지 않고 소수의 운 좋은 사람들만 뛰어난 지능을 타고난다면 경기장은 애초에 나머지 사람들에게 불리하게 만들어진 것이다. 인생의 복권을 획득하지 못한 사람들이 그 격차를 줄이는 기술을 개발할 기회조차 가지지 말아야 할까? 모두 동등한 기회를 얻고 출발선이 공평할 때 비로소 인간의 능력에서 비롯된 성취가 가치 있고, 더 정확히 말하면 성취의 차이를 바탕으로 가치의 높낮이도 구분할 수 있다.

나는 이 모든 윤리적 의문에 대한 정답을 갖고 있지는 않다. 그러나 이 모든 해답을 탐구할 때 성형 신경과학으로 세상을 바꿀 방법도 찾을 수 있다. 이런 노력으로 새로운 세상에서 우리와 자녀들, 손자들이 살아갈 것이다. 지능의 치료와 지능의 차이에 관해 우리가 부모나 조부모 세대처럼 무지할 수는 없다. 우리는 더 훌륭하고 공정한 방식으로 그 일을 해나갈 수 있으며, 인지강화에 대한 논의를 통해 그 일을 수행할 방법을 찾게 될 것이다.

신경과학 혁명의 북소리가 점점 커지고 있다. 우리는 실행 가능한 선택을 준비하고 심사숙고해서 반영해야 한다. 변화를 향한 열망을 인정해야 한다. 그리고 모든 가능성과 위험, 기회를 우리만의 방식으로 우리의 사회 속으로 받아들여야 한다. 좋든 싫든 어떤 방식으로든 이미 다가오고 있기 때문이다. 어쩌면 그곳으로 들어가기 위해 문을 박살 내야 할지도 모른다.

감사의 글

나는 혼자서 이 책을 집필할 만큼 유능하지 못하다. 그 때문에 존 버틀러와 로빈 하비에게, 특히 다양한 아이디어와 기록, 용어를 정리하는 데 도움을 준 신디 챈에게 깊은 감사의 인사를 보낸다.

늘 단호하고 현명한 조언으로 나를 이끌어준 에이전트 캐롤리나 서튼, 너그러이 초고를 읽고 유익한 평가도 덧붙인 스튜어트 리치와 앨리슨 애보트에게도 고마움을 전한다.

그리고 글래스고에서 있었던 멘사 모임에서 나를 따뜻하게 환영해준 동료 회원들, 수없이 많은 대화로 아이디어를 완성하는 데 도움을 준 친구들과 동료들에게도 감사한다. 뇌에 전기를 연결한다고 했을 때 당황하지 않고 끝까지 믿고 지지해준 아내 나탈리, 자신의 그림을 싣는 것을 허락해준 딸 라라, 아들 딜런, 모두 고맙고 사랑한다.

마지막으로 올해 금혼식을 맞이하는 부모님께 축하의 말씀과 함께 이 책을 전한다. 두 분의 삶이야말로 진정한 천재의 작품이다.

참고문헌

머리말

Mason L. *et al.* (2017), 'Brain connectivity changes occurring following cognitive behavioural therapy for psychosis predict long-term recovery', *Translational Psychiatry* 7, 17 January, e1001.

Sreeraj V. *et al.* (2016), 'Monotherapy with tDCS for treatment of depressive episode during pregnancy: a case report', *Brain Stimulation* 9 (3), pp. 457–458.

Shiozawa P. *et al.* (2013), 'Transcranial direct current stimulation for catatonic schizophrenia: A case study', *Schizo\-phrenia Research* 146, pp. 374–375.

1장 우리의 뇌 혁명

Anonymous (1890), 'The First Execution by Electrocution in Electric Chair', *New York Herald*, 7 August.

Hyman S. *et al.* (2013), 'Pharmacological cognitive enhancement in healthy people: potential and concerns', *Neuropharma\-cology* 64, pp. 8–12.

Yu R. *et al.* (2015), 'Cognitive enhancement of healthy young adults with hyperbaric oxygen: a preliminary resting state fMRI study', *Clinical Neurophysiology* 126, pp. 2058–2067.

POST (2007), 'Better Brains', 285 June.

2장 멘사 시험

Binet, A. (1905), 'Le problème des enfants anor\-maux', *Revue des Revues* 54, pp. 308 – 325. Translated in Nicolas S. *et al.* (2013), 'Sick? Or slow? On the origins of intelligence as a psychological object', *Intelligence* 41, pp. 699 – 711.

Sullivan W. (1912), 'Feeble-mindedness and the measurement of the intelligence by the method of Binet and Simon', *The Lancet*, 23 March, pp. 777 – 780.

3장 지능의 문제점

Kuncel N. and Hezlett S. (2010), 'Fact and Fiction in Cognitive Ability Testing for Admissions and Hiring Decisions', *Cur\-rent Directions in Psychological Science* 19 (6), pp. 339 – 345.

Ritchie S. (2015), *Intelligence: All That Matters* (John Murray Learning), pp. 40 – 54.

AP (1999), 'Judge Rules that Police Can Bar High I.Q. Scores', *New York Times*, 9 September.

Anonymous (1921), 'Intelligence and Its Measurement: A Sympo\-sium', *Journal of Educational Psychology* 12 (3), pp. 123 – 147.

Sternberg R. and Detterman D. (Eds.) (1986), *What is Intelligence? Contemporary Viewpoints on Its Nature and Definition* (Norwood).

Legg S. and Hutter M. (2007), 'A Collection of Definitions of Intelligence', *arXiv*:0706.3639v1, 25 June.

Aczel B. *et al.* (2015), 'What is stupid? People's concep\-tion of unintelligent behaviour', *Intelligence* 53, pp. 51 – 58.

Luria A. (1976), *Cognitive Development: Its Cultural and Social Foundations* (Harvard University Press).

Holt J. (2005), 'Measure for Measure. The Strange Science of Francis Galton', *New Yorker*, 24 January.

Spearman C. (1904), 'General intelligence objectively deter\-mined and measured', *American Journal of Psychology* 15, pp. 201 – 293.

4장 치료와 속임수

Kekic M. *et al*. (2016), 'A systematic review of the clin\-ical efficacy of transcranial direct current stimulation in psychiatric disorders', *Journal of Psychiatric Research* 74, pp. 70 – 86.

Geddes L. (2015), 'Brain Stimulation in Children Spurs Hope – and Concern', *Nature*, 23 September.

Chua E. *et al*. (2017), 'Effects of HD-tDCS on memory and metamemory for general knowledge questions that vary by difficulty', *Brain Stimulation* 10 (2), pp. 231 – 241.

5장 약물과 기능

Alexander J. (2013), 'Japan's *hiropon* panic: resident non-Japanese and the 1950s meth crisis', *International Journal of Drug Policy* 24, pp. 238 – 243.

Boseley S. (2014), '£200,000 Smart Drugs Seizure Prompts Alarm Over Rising UK Sales,' *Guardian*, 24 October.

Franke A. and Bagusat C. (2015), 'Use of caffeine for cognitive enhancement', *Coffee in Health and Disease Pre\-vention* (Elsevier), pp. 721 – 727.

Minzenberg M. and Carter C. (2008), 'Modafinil: A Review of Neurochemical Actions and Effects on Cogni\-tion', *Neuropsychopharmacology* 33, pp. 1477 – 1502.

Battleday R. and Brem A. (2015), 'Modafinil for cognitive neuroenhancement in healthy non-sleep-deprived subjects: a systematic review', *European Neuropsychopharmacology* 25 (11), pp. 1865 – 1881.

Tan O. *et al.* (2008), 'Exacerbation of obsessions with modafinil in two patients with medication-responsive OCD', *Primary Care Companion of the Journal of Clinical Psychiatry* 10 (2), pp. 164 – 165.

Bulut S. *et al.* (2015), 'Hypersexuality after modafinil treatment: A case report', *Journal of Pharmacy and Pharmacology* 3, pp. 39 – 41.

Dietz P. *et al.* (2013), 'Associations between physical and cognitive doping – a cross-sectional study in 2,997 triathletes', *PLOS One* 11 (8), pp. 1 – 10.

Rodenberg R. and Holden T. (2016), 'Cognition enhanc\-ing drugs ('nootropics'): time to include coaches and team executives in doping tests?', *British Journal of Sports Medicine*, January 25.

6장 상호부검협회

Burrell B. (2003), 'The Strange Fate of Whitman's Brain', *Walt Whitman Quarterly Review* 20 (3), pp. 107 – 133.

Anonymous (1889), 'A "Mutual Autopsy Soci\-ety"', *The Lancet*, 19 October, p. 809.

Juzda E. (2009), 'Skulls, science and the spoils of war: craniological studies at the United States Army Medical Museum, 1868 – 1900', *Studies in the History and Philosophy of Biological and Bio\-medical Sciences* 40, pp. 156 – 167.

Spitzka E. (1902), 'Contributions to the encephalic anatomy of the races. First paper – three Eskimo brains from Smiths sound', *American Journal of Anatomy* 2 (1), pp. 25 – 71.

Vein A. and Matt-Schieman M. (2008), 'Famous Russian brains: historical attempts to understand intelligence', *Brain* 131, pp. 583 – 590.

MacDonald C. and Spitzka E. (1902), 'The trial, execution, necropsy and mental status of Leon F. Czolgosz', *The Lancet*, 8 February, pp. 352 – 356.

Spitzka E. (1901), 'Report of autopsy on assassin disclaimed', *JAMA* 19, p. 1262.

Unknown (1914), 'Dr Spitzka's Brain Weighs 1,400 Grams', *New York Times*, 15 January.

Deary I. *et al.* (2007), 'Skull size and intelligence, and King Robert Bruce's IQ', *Intelligence* 35, pp. 519 – 525.

Hines T. (2014), 'Neuromythology of Einstein's brain', *Brain and Cognition* 88, pp. 21 – 25.

Jung R. and Haler R. (2007), 'The Parieto-Frontal Integration Theory (P-FIT) of intelligence: converging neuroimaging evidence', *Behavioural and Brain Sciences* 30, pp. 135 – 187.

Amin H. *et al.* (2015), 'P300 correlates with learning and memory abilities and fluid intelligence', *Journal of NeuroEngineering and Rehabil\-itation*, 12 (1)87.

Finn E. *et al.* (2015), 'Functional connectome finger\-printing: identifying individuals using patterns of brain connectivity', *Nature Neuroscience* 18 (11), pp. 1664 – 1673.

Anonymous (1926), 'Racial Purification', *Nature,* 20 February, pp. 257 – 259.

7장 뇌를 갖고 태어나다

Hunt E. (2014), 'Teaching intelligence: why, why it is hard and perhaps how to do it', *Intelligence* 42, pp. 156 – 165.

Parens E. and Appelbaum P. (2015), 'An introduction to thinking about trustworthy research into the genetics of intelligence', *The Genetics of Intelligence,* Hastings Centre report 45 (5), pp. 2 – 8.

Radford J. (1991), 'Sterilization versus segregation: control of the feebleminded, 1900 – 1938', *Social Science Medicine* 33 (4), p. 449 – 458.

Philo C. (1997), 'Across the water: reviewing geographic studies of asylums and other mental health facilities', *Health and Place* 3 (2), pp. 73-89.

Woodhouse J. (1982), 'Eugenics and the feeble-minded: the Parliamentary debates of 1912 – 14', *Journal of the History of Education Society* 11 (2), pp. 127 – 137.

Butterworth J. (1911), 'The diagnosis of feeble-mindedness in school children', *Public Health*, August, pp. 425 – 428.

Shakeshaft N. *et al*. (2015), 'Thinking positively: the genetics of high intelligence', *Intelli\-gence* 48, pp. 123 – 132.

Terry D. (2012), 'Leading Race "Scientist" Dies in Canada', *Salon*, 6 October.

8장 최근의 사고방식

Carragee E. (2012), 'Penetrating neck injury: George Orwell is "struck by lightning"', *The Spine Journal* 12, pp. 769 – 770.

Beveridge A. and Renvoize E. (1988), 'Electricity: a history of its use in the treatment of mental illness in Britain during the second half of the nineteenth century', *British Journal of Psychiatry* 153, pp. 157 – 162. And: Elliot P. (2014), 'Electricity and the brain: an historical evaluation', *The Stimulated Brain* (Elsevier), pp. 3 – 33.

Fox D. (2011), 'Brain Buzz', *Nature* 472, pp. 156 – 158.

Clark V. *et al*. (2012), 'TDCS guided using fMRI significantly accelerates learning to identify concealed objects', *Neuroimage* 59 (1), pp. 117 – 128.

Looi C. and Kadosh R. (2014), 'The use of transcranial direct current stimulation for cognitive enhancement', *Cognitive Enhancement: Pharmacologic, Environmental and Genetic Factors* (Eds. Knafo S. and Venero C.) (Academic Press), p. 307.

Clark V. and Parasuraman R. (2014), 'Neuroenhancement: Enhancing brain and mind in health and in disease', *NeuroImage* 85 (3), pp. 889 – 894.

Santarnecchi E. *et al.* (2015), 'Enhancing cognition using transcranial electrical stimulation', *Current Opinion in Behavioural Sciences* 4, pp. 171 – 178.

Underwood E. (2016), 'Cadaver study casts doubts on how zapping brain may boost mood, relieve pain', *Science,* 20 April.

9장 우는 법을 배운 남자

Barrett D. and Gonzalez-Lima F. (2013), 'Transcranial infrared laser stimulation produces beneficial cognitive and emotional effects in humans', *Neuroscience* 230, pp. 13 – 23.

Robison J. (2016), *Switched On: A Memoir of Brain Change and Emotional Awakening* (Spiegel & Grau).

10장 뇌와 다른 근육들

Gardner H. (1983), *Frames of Mind: The Theory of Multiple Intelligences* (Basic Books)

Visser B. *et al.* (2006), 'Beyond g: putting multiple intelligences theory to the test', *Intelligence* 34, pp. 487 – 502; and Visser B. *et al.* (2006), 'g and the measurement of multiple intelligences: a response to Gardner', *Intelligence* 34, pp. 507 – 510.

Goleman D. (1996), *Emotional Intelligence* (Bloomsbury).

Vestberg T. *et al.* (2012), 'Executive functions predict the success of top soccer players', *PLOS One* 7 (4), e34731.

Okano A. *et al.* (2015), 'Brain stimulation modulates the autonomic nervous system, rating of perceived exertion and perfor\-mance during maximal exercise', *British Journal of Sports Medicine* 49 (18), pp. 1213 – 1218.

Vitor-Costa M. *et al.* (2015), 'Improving cycling performance: transcranial direct current stimulation increases time to exhaustion in cycling', *PLOS One* 10 (12), 16 December.

Fiori V. *et al.* (2014), '"If two witches would watch two watches, which witch would watch which watch?" tDCS over the left frontal region modulates tongue twister repetition in healthy subjects', *Neuroscience* 256, pp. 195 – 200.

Zhu F. *et al.* (2015), 'Cathodal transcranial direct current stimulation over left dorsolateral prefrontal cortex area promotes implicit motor learning in a golf putting task', *Brain Stimulation* 8 (4), pp. 784 – 786.

11장 그림을 그릴 줄 알던 여자아이

Selfe L. (1977), *Nadia: A Case of Extraordinary Drawing Ability in an Autistic Child* (Academic Press).

Treffert D. (2012), *Islands of Genius* (Jessica Kingsley Pub\-lishers), and from interview with the author.

Treffert D. and Rebedew D. (2015), 'The savant syndrome regis\-try: A preliminary report', *WMJ*, August, pp. 158 – 162.

Iqbal S. *et al.* (2013), 'Emotional indicators across Paki\-stani schizophrenic and normal individuals based on Draw a Person test', *Pakistan Journal of Social and Clinical Psychology* 11 (1), pp. 59 – 65.

Simis M. *et al.* (2014), 'Transcranial direct current stimulation in de novo artistic ability after stroke', *Neuromodulation* 17 (5), pp. 497 – 501.

Nave O. *et al.* (2014), 'How much information should we drop to become intelligent?', *Applied Mathematics and Com\-putation* 245, pp. 261 – 264.

Miller B. and Hou C. (2004), 'Portraits of artists. Emergence of visual creativity in dementia', *JAMA* 61 (6), pp. 842 – 844.

Takahata K. *et al.* (2014), 'Emergence of realism: enhanced visual artistry and high accuracy of visual numerosity rep\-resentation after left prefrontal damage', *Neuropsychologia* 57, pp. 38 – 49.

Murray A. (2010), 'Can the existence of highly accessible concrete representations explain savant skills? Some insights from synaesthesia', *Medical Hypotheses* 74, pp. 1006 – 1012.

Simner J. *et al.* (2009), 'A foundation for savantism? Visuo-spatial synaesthetes present with cognitive benefits', *Cortex* 45, pp. 1246 – 1260.

12장 내 안의 천재성

Verhoeven J. *et al.* (2013), 'Accent attribution in speakers with Foreign Accent

Syndrome', *Journal of Communication Disorders* 46, pp. 156 – 168.

Blanke O. *et al.* (2016), 'Leaving body and life behind: out-of-body and near-death experience', *The Neurology of Consciousness,* Second edition (Elsevier), pp. 323 – 347.

Adachi N. *et al.* (2010), 'Two forms of déjà vu experiences in patients with epilepsy', *Epilepsy and Behaviour* 18, pp. 218 – 222.

Moriarity J. *et al.* (2001), 'Human "memories" can be evoked by stimulation of the lateral temporal cortex after ipsilateral medial temporal lobe resection', *Journal of Neurology, Neurosurgery and Psychiatry* 71, pp. 549 – 551.

Polak A. *et al.* (2013), 'Deep brain stimulation for OCD affects language: a case report', *Neurosurgery* 73 (5), E907 – 10.

Tomasino B. *et al.* (2014), 'Involuntary switching into the native language induced by electrocortical stimulation of the super-ior temporal gyrus: a multimodal mapping study', *Neuropsychologia* 62, pp. 87 – 100.

Hesselmann G. and Moors P. (2015), 'Definitely maybe: can unconscious processes perform the same functions as conscious processes?', *Frontiers in Psychology* 6, pp. 584 – 560. And: Loftus E. and Klinger M. (1992), 'Is the unconscious smart or dumb?', *American Psychologist* 47 (6), pp. 761 – 765.

Sklar A. *et al.* (2012), 'Reading and doing arith\-metic nonconsciously', *PNAS* 109 (48), pp. 19614 – 19619.

Lewicki, P. *et al.* (1987), 'Unconscious acquisition of complex procedural knowledge', *Journal of Experimental Psychology: Learning, Memory, and Cognition* 13, pp. 523 – 530.

Spitz H. (1995), 'Calendar counting Idiot Savants and the smart unconscious', *New Ideas in Psychology* 13 (2), pp. 167 – 182.

Snyder A. (2009), 'Explaining and inducing savant skills: privileged access to lower level, less processed information', *Philosophical Transactions of the Royal Society* B 364, pp. 1399 – 1405.

13장 사형수 수감동에서 가장 행복한 남자

Bates S. (2011), 'The prodigy and the press: William James Sidis, anti-intellectualism and standards of success', *Journalism and Mass Communication Quarterly* 88, pp. 374 – 397.

Kealey H. (2014), 'Why Do Geniuses Lack Common Sense?', *Telegraph*, 14 November.

Charlton B. (2009), 'Clever sillies: why high IQ people tend to be deficient in common sense', *Medical Hypotheses* 73, pp. 867 – 870.

Perske R. (1995), *Deadly Innocence* (Abing\-don Press).

Greenspan S. *et al.* (2015), 'Intellectual disability is a condition not a number: ethics of IQ cut-offs in psychiatry, human services and law', *Ethics, Medicine and Public Health* 1, pp. 312 – 324.

Greenspan S. *et al.* (2001), 'Credulity and gullibility in people with developmental disorders: a framework for future research', *Inter\-national Review of Research in Mental Retardation* 24, pp. 101 – 134.

Stanovich K. and West R. (2014), 'The assessment of rational think\-ing: IQ ≠ RQ', *Teaching of Psychology* 41, pp. 265 – 271.

14장 뇌 훈련

Snyder A. *et al.* (2003), 'Savant-like skills exposed in normal people by suppressing the left fronto-temporal lobe', *Journal of Integrative Neuroscience* 2 (2), pp. 149 – 158.

Snyder A. *et al.* (2006), 'Savant-like numerosity skills revealed in normal people by magnetic pulses', *Perception* 35, pp. 837 – 845.

Chi R. and Snyder A. (2012), 'Brain stimulation enables the solution of an inherently difficult problem', *Neuroscience Letters* 515 (2), pp. 121 – 124.

Franke A. *et al.* (2017), 'Methylphenidate, modafinil, and caffeine for cognitive enhancement in chess: A double-blind, ran\-domised controlled trial', *European Neuropsychopharmacology* 27 (3), pp. 248 – 260.

Pietschnig J. *et al.* (2010), 'Mozart effect – Shmozart effect: a meta-analysis', *Intelligence* 38, pp. 314–323.

Underwood E. (2014), 'Neuroscientists speak out against brain game hype', *Science*, 22 October.

Owen A. *et al.* (2010), 'Putting brain training to the test', *Nature* 465, pp. 775–778.

Corbett A. (2015), 'The effect of an online cognitive train\-ing package in healthy older adults: an online randomized controlled trial', *JAMDA* 16, pp. 990–997.

Lewin T. (2009), 'No Einstein in Your Crib? Get a Refund', *New York Times*, 23 October.

Flynn J. (2013), 'The Flynn effect and Flynn's paradox', *Intel\-ligence* 41, pp. 851–857.

Howard R. (2005), 'Objective evidence of rising popula\-tion ability: a detailed examination of longitudinal chess data', *Personality and Individual Differences* 38, pp. 347–363.

Woodley M. *et al.* (2013), 'Were the Victorians cleverer than us? The decline in general intelligence estimated from a meta-analysis of the slowing of simple reaction time', *Intelligence* 41 (6), pp. 843–850.

Blair C. *et al.* (2005), 'Rising mean IQ: cognitive demands of mathematics education for young children, population exposure to formal schooling, and the neurobiology of the prefrontal cortex', *Intel\-ligence* 33, pp. 93–106.

Hsu S. (2014), 'Super-intelligent humans are coming', *Nautilus*, 16 October.

Hsu S. (2014), 'On the genetic architecture of intelligence and other cognitive traits', *arXiv:1408.3421v2,* 30 August.

Cyranoski D. (2015), 'Gene-edited micropigs to be sold as pets at Chinese institute', *Nature*, 29 January.

15장 더 빨리, 더 세게, 더 영리하게

Kaufman A. (2009), *IQ Testing 101* (Springer), 5장

옮긴이 김광수

중앙대학교 문학사. 베이징 소재 프랜차이즈 회사 임원.
1999년부터 경제·경영, 리더십, 실용서 전문번역가로 활동하며 50여 권을 번역 하였다.
대표 역서로는 중년기의 고뇌를 철학적으로 분석한 《어떡하죠, 마흔입니다》를 비롯하여 《미친 듯이 심플》, 《서번트 리더십》, 《가치 투자, 주식황제 존 네프처럼 하라》, 《우리는 왜 실수를 하는가》 등이 있다.

나는 천재일 수 있다

초판 1쇄 인쇄 2019년 7월 23일 | 초판 1쇄 발행 2019년 8월 5일

지은이 데이비드 애덤 | 옮긴이 김광수
펴낸이 김영진

사업총괄 나경수 | 본부장 박현미 | 사업실장 백주현
개발팀장 차재호
디자인팀장 박남희 | 디자인 당승근
마케팅팀장 이용복 | 마케팅 우광일, 김선영, 정유, 박세화
출판기획팀장 김무현 | 출판기획 이병욱, 강선아, 이아람
출판지원팀장 이주연 | 출판지원 이형배, 양동욱, 강보라, 전효정, 이우성

펴낸곳 (주)미래엔 | 등록 1950년 11월 1일(제16-67호)
주소 06532 서울시 서초구 신반포로 321
미래엔 고객센터 1800-8890
팩스 (02)541-8249 | 이메일 bookfolio@mirae-n.com
홈페이지 www.mirae-n.com

ISBN 979-11-6413-204-1 03400

* 와이즈베리는 ㈜미래엔의 성인단행본 브랜드입니다.
* 책값은 뒤표지에 있습니다.
* 파본은 구입처에서 교환해 드리며, 관련 법령에 따라 환불해 드립니다.
  다만, 제품 훼손 시 환불이 불가능합니다.

「이 도서의 국립중앙도서관 출판시도서목록(CIP)은 서지정보유통지원시스템 홈페이지(http://seoji.nl.go.kr)와 국가자료공동목록시스템(http://www.nl.go.kr/kolisnet)에서 이용하실 수 있습니다.
(CIP제어번호: CIP2019026532)」